都市　この小さな国の

Cities for a small country
by
Richard Rogers and Anne Power

Copyright © 2000 by Richard Rogers and Anne Power
First published in Great Britain in 2000
by Faber and Faber Limited
All rights reserved
Published 2004 in Japan
by Kajima Institute Publishing Co., Ltd.
This translation published by arrangement
with Richard Rogers Partnership
through The English Agency Japan Ltd.

都市　この小さな国の

リチャード・ロジャース
アン・パワー

太田浩史+樫原 徹+桑田 仁+南 泰裕 訳

鹿島出版会

目次

序　ウィル・ハットン　　　　　　　　　　　　　　　vi
まえがき　　　　　　　　　　　　　　　　　　　　viii

1　イントロダクション―都市の未来をどうするのか？　　1
2　社会の変化と断片化　　　　　　　　　　　　　　21
3　郊外への脱出とコンパクトシティの衰退　　　　　53
4　都市と交通　　　　　　　　　　　　　　　　　　89
5　都市と環境―なぜ変化が必要なのか　　　　　　127
6　中心市街の再生―きめ細やかな都市　　　　　　175
7　都市を機能させるために　　　　　　　　　　　217
8　都市と市民　　　　　　　　　　　　　　　　　277

注　　　　　　　　　　　　　　　　　　　　　　293
参考文献　　　　　　　　　　　　　　　　　　　297
索引　　　　　　　　　　　　　　　　　　　　　305
著者略歴　　　　　　　　　　　　　　　　　　　309
訳者解説　　　　　　　　　　　　　　　　　　　310
訳者あとがき　　　　　　　　　　　　　　　　　312

序
ウィル・ハットン

文明を知るには、都市を知ればよい。都市は多くの人々が住む場所であり、多くの人々が働き、交流し、政治をし、遊び、愛し合うところである。都市には議会があり、新聞が発行される。都市には劇場があり、ビジネスが行われる。そして人々の生活が、今日も営まれている。もちろん、私は田園を軽んじようとしているのではない。ただ、都市が躍動する現代生活の中心である、という現実を述べたいのだ。もしも都市が十分に機能するならば、都市が体現する文明も機能するだろう。そして都市が機能しないとしたら、文明も停滞してしまうだろう。

しかしイギリスは、なかでも特にイングランドは、都市を正当に評価してこなかった。都市生活といえば、何かを耐える生活であり、本当の暮らしは田園にあると思われていたのである。詩人がイングランドを讃えるとしたら、詠われるのは草木や花々の溢れる田園風景である。都市の賑やかさは忌まわしきもの、避けられるべきものとして扱われてしまう。街路の楽しさと広場の魅力は受け入れられるかもしれない。なぜならそれはわれわれ自身を映し出す小世界であるからだ。

この本は、いくつかの前提によって成立している。たとえば、もしもわれわれがより良い、豊かな暮らしを望むならば、都市がよくデザインされ、十分に機能し、人を抑圧することなく、思い思いの交流を育むことが重要だ、という著者の信念である。その思いはバルセロナの再生でも、ビクトリア朝、ジョージア朝の建築の再生でも変わることなく、われわれへのメッセージとなっている。良い生活と、高い質の都市のデザインは切り離すことはできないのだ。読者は、そんなことは自明であって、述べるまでもないことだと思うだろう。しかしイギリスにおいては、このメッセージは革命的ですらあるのだ。私はこの本のもととなったアーバン・タスク・フォースのレポートに対して、大臣や官僚たちがいかなる反応を示したかを知っている。彼らはレポートを賞賛するどころか、まったく誤った憶測によって書かれていると批判したのである。都市の物理的な構造が、いかに富の創出や人々の社会的統合と関連しているかを、彼らは理解できなかったのだ。たとえば、本書の中心的な議論の1つである郊外の緑地へのスプロールが、直接的に、もしくは相乗的に中心市街地に影響を与え、その経済的・社会的な停滞を引き起こしているという指摘は、彼らが決して理解しようとしなかったものである。大事なのは良き学校であり、安価な公共交通であり、雇用の活性化である。しかし、これらの政策を支える都市という背景については、誰も問題にしてこなかった。

最低賃金の向上、近年のニューディール政策、そして交通や教育分野の優遇など、政府の個別の改革は、それぞれ重要なものであり、歓迎されるべきものである。しかしそれらは単独ではイギリスの深刻な都市問題を解決するものではない。陸の孤島となった中心市街の学校はその好例であり、

いくつかの地域で、統合型の中学校がまずまずの成果を見せている。しかしこうした統合型中学校が機能するのは、それぞれの学区が社会的にバランスが取れている時である。生徒の大部分が貧しく、社会的圧迫を受けている家庭から来ている場合、学校の教育水準が低迷してしまうことを、われわれは皆知っている。

社会的なバランスが取れた街のネイバーフッド（近所、近隣界隈）は、市場原理だけで出現するものではない。むしろ市場原理は収入を分極化させて、ネイバーフッドの住民の不平等を強めるものなのだ。だからこそ、ネイバーフッドの再建とデザインが必要なのであり、なかでも有効なのが都市の密度を上げ、さまざまな所得の人々が関係しあうようにすることである。そうすれば、学区のバランスは良くなり、所得層の偏りもなくなるであろう。こういう議論の展開は、読者にとっては驚きかもしれない。しかし、教育と都市政策、建築の質などは密接に関係しており、このような議論こそ、経済的にも政治的にも重要なのである。

教育の問題は、議論のほんの一角である。この本には多くの重要な議論があり、その論点は著者の強い知性によって明確にされている。内容は分かりやすく、一般の市民にも議論への参加を呼びかけるものである。つまり、都市再生が単に経済問題、社会問題だけではなく、われわれが市民として、人間として生きるための問題であることを、この本は示しているのだ。文化、そして政治は、何千という議論の上に成り立つものである。だからこそ、議論に手がかりを与える本書は、社会に変化を与えるものとなるのだ。この本の読者それぞれが、議論を受け継ぎ、より良い未来を築くことを私は願ってやまない。

まえがき

1998年、イギリス政府は緊急都市問題対策本部、アーバン・タスク・フォースを設立し、25年間で400万戸という住宅需要にいかに備えるか、すでに開発や建設がなされている土地＝ブラウンフィールドをいかに再利用するか、の議論に着手した。本書はアーバン・タスク・フォースの報告書を反映しつつ、都市再生を推し進めようとするものである。都市の場所場所は断片化し、中心市街は見捨てられ、田園部のスプロールはいまだに止まらない。それにわれわれは対抗したいと考え、議論を重ねてきた。

建築家、そしてコミュニティ形成の実践者としてわれわれは出会い、ロンドンのアイル・オブ・ドックスの集合住宅の計画で協働した。そこで住民の要求とデザインが影響し合うのを目の当たりにして、それぞれの共通点、そして違う見方を確認したのである。その時に考えたのは、追い込まれている低所得層のコミュニティをいかに救うか、ということであった。以来16年、コミュニティと都市について協働し、住民を手助けしつつ、都市を良き場所とすることに努めてきた。本書はその成果でもある。

われわれの研究対象はイングランドである。しかし、議論が世界的なものとなるように、イングランド以外の多くの都市を例にして、われわれの考えを当てはめている。もちろん、本書はすべての領域をカバーするものではない。むしろわれわれが日頃感じている問題、そして実践可能な解決法に議論を集約させようと考えている。

本書は、多くの人々の助力によって実現した。何よりもアーバン・タスク・フォースには多くを負っており、アンドリュー・ライト、ピーター・ホール、マーティン・クルックストン、ウェンディー・トンプソン、フィル・カービー、アラン・チェリー、ローナ・ウォーカーとジョン・ルースなどの専門家から、深い知見を示して頂いた。ロンドン大学政治経済学部のスタッフからも多くの力を頂いた。ジョン・ヒルズ、ルース・ラプトン、キャサリン・マンフォード、ベッキー・タンストールとマリア・ステシアックからは詳細な意見やアドバイスを、マイケル・ケネディ、ポーラ・オブライアン、ニーナ・ウッズ、レベッカ・モリスとジェーン・ディクソンからは、文章と図版、参考資料について協力を仰いだ。ニコラ・ハリソン、リッキー・バーデットとキャロライン・パスケルから編集、研究、イラストレーションのサポートを、研究全般については、ジョセフ・ロンツリー財団からの助成を受けた。湖水地方の国立公園、グレンリディングのオフィスとシャーマンズには図面の提供を、環境庁のジョン・ロバーツとジョー・ムルタ、アレックス・ブラムとジュリアン・ルースにもサポートを頂いた。モーリス・ブレナンからはかけがえのないアドバイスを、シェルターのクリス・ホームズとケンブリッジ大学のアラン・ホルマンからは有意義な示唆を頂いた。何か間違いがあれば、それはわれわれに責がある。

都市の状況については、数百の団体の努力に負っており、そのすべてに感謝を捧げたい。彼らの協力がなかったらこの仕事はあり得なかった。

1　イントロダクション － 都市の未来をどうするのか?

1 数十年におよぶ衰退の後に、バルセロナは再生を遂げた。「アーバンスペース」という概念が、市民を活気づけ、再生を可能にしたのである。40年間にわたってカタロニアの言語と文化を抑圧してきたフランコ独裁政権が終結し、初の自治政府が樹立された1979年、地中海において最大、最古であったバルセロナの港は急激な衰退に苦しんでいた。衰退は港だけではなく、荒廃した中心市街地や、都心とのつながりを欠く郊外にも広がっていた。そのために、バルセロナ大学出身の建築家、オリオル・ボイガスが率いる市の都市再生チームは、「すべてのネイバーフッド（近隣界隈）」に1つ以上のオープンスペースを」という目標を立てたのである。オープンスペースは新設、もしくは再生によって用意され、都市のコンパクトさの回復が目指された。そして1981年から1987年の間に、数百に及ぶパブリックスペースが中心市街に、郊外に、貧困地区から富裕地域にわたって、バルセロナ全体にくまなく出現する。都市全域の市民も、この再生に参加することとなった[1]。

170万人が暮らすスペイン第2の都市、バルセロナ。それは極度に高密で、中心市街では1ヘクタールあたり400戸と、ロンドンの中心市街の100〜200戸、もしくはロンドン市全体の50〜70戸という水準を超える都市である。6階建ての集合住宅が歩道と狭い車道に寄りかかるように立ち並び、ガウディのサグラダファミリア教会をはじめとする傑作群、ノーマン・フォスターなどによる現代建築が、訪れる者に強い印象を与えている。整然とした街並みは19世紀の都市計画家セルダにより計画されたもので、中世の骨格の上に、綿密に編成された格子状の街区が海岸線まで続いている。イギリスではグラスゴーのみに見られる格子状パターンによって、小さな中庭を見下ろすことのできる中層の集合住宅が発達し、街路と建物のにぎわいが混合する文化が生まれたのだった[2]。

長い海岸線と高い山々に挟まれているバルセロナは、大規模な計画のための余剰地が少ない。建物を撤去して、街路から人々と活気を奪うことも難

▲ ix頁
夜間の衛星写真にあらわれたヨーロッパ都市の分布
W T Sullivan III and Hansen
Planetarium/Science Photo Library

▲ 前頁
セルダによる19世紀バルセロナのグリッド都市計画
Barcelona City Council

◀ マンチェスター：質の高い公共領域
Manchester City Council

◀ バルセロネータ（バルセロナ旧市街）の伝統的で高密度のネイバーフッド（近隣界隈）
John Hills

しい。それゆえに、再生の目標は郊外へのスプロールを最小限にして、エネルギーと土地の濫用を抑えることに定められた[3]。失業率が高く、スペイン経済も弱体であり、資源も十分ではなかったから、効果的な運営と保存が計画の中心となった。オープンスペースのプロジェクトはそれぞれ既存の要素を活用して行われることとなり、やがて、少ないコスト、短いスケジュールのなかでの成功という結果が、目に見えて現れるようになった。

小さな広場「プラセタ」が、旧市街の混み合う街路から人々を守るように設けられ、2、3のベンチと小さな噴水が公共性を象徴するように置かれはじめた。中央駅の駐車場が、歩行者専用の広場へと作り替えられた。そして、再生を広く知らしめるように、衰退した港が市民の生活の舞台へと変わりはじめた。新しい岬、デザインされた歩行者用ブリッジ、レストランの設置、そして海岸沿いに広がる古代の舗道の復元によって、そぞろ歩きをする市民で夜更けまで賑わう場所へと港が変わったのである。

アーバンスペース・プロジェクトを背景として、1982年に市長に選出された社会主義者のパスカル・マラガルと、彼に続く2人の市長は、バルセロナの実験と建設投資の促進に力を注いだ。マラガルはバルセロナの1992年のオリンピック競技会への立候補を有利に進め、成功へと導いたのである。都市空間の急速な回復は、ついに都市圏すべてを巻き込む規模の再生へと広がった。汚染され、見捨てられていた広大な港湾地区も、海岸、マリーナ、遊歩道を持つ5kmに及ぶオリンピック村として生まれ変わった。評判の悪かった新興住宅地も緑化され、沿岸部も日光浴と遊歩者が喜ぶような、統一感のある風景へと再生した。こうして新しいバルセロナが古いバルセロナを覆い始めるのと時を同じくして、活気と新しさ、民主的な雰囲気と街路の再生が街に現れはじめた。オリンピックが大きな活気を都市にもたらしたのである。

とはいえ、バルセロナの国際的な名声は観光だけによってもたらされたので

▲ バルセロナ：再生前のウォーターフロントの航空写真

▲ バルセロナ：再生後のオリンピックビレッジの航空写真

◀ バルセロナ：衰退した海岸を再生した新しいビーチとコンパクトなネイバーフッド（設計：エリアス・トーレス & JA・マルチネス・ラペーニャ）

はない。バルセロナは、環境と経済の衰退という、ありふれた問題に直面した1つの地域の拠点都市である。その再生が熱狂的に生じたのは、市民の参加と、再生の進展が目に見えるものであったからである。人々が街路を好むようになったのは、街路が安全になりはじめたからである。1990年代を通じて、犯罪は最も貧しい地域だけではなく、バルセロナ全地域において減少を見せた。たとえば1998年の調査では、住民たちの地域への帰属意識は政権交代以来、最も高いものとなっている[4]。

バルセロナの成功には、いくつかの鍵がある。高密で、コンパクトで、伝統があり、山と海が結びついた都市の特徴を生かすこと。公共空間の開発を、あらゆる所得層の市民を巻き込む手段として活用すること。大きな戦略のもとで、都市の各地域で局所的なプロジェクトを生じさせること。参加の実感と、都市に対する誇りを人々に与えること。責任者の任期と政党を超えて継続する、強力なコンセンサスを形成すること。優れた才能を持つデザイナーを採用すること、それらがバルセロナの成功の鍵である。常に新しい目的を創造すると同時に、そのチェックを国際的なアドバイザーや、建築家、芸術家のグループに依頼することで、バルセロナは勢いを持続してきたのであった[5]。

バルセロナが拠点都市として大成功をおさめた一方で、マンチェスターは敗者となった。バルセロナと同様、1992年のオリンピックに立候補をしたものの、マンチェスターは落選したのである。悪天候という地理的要素も不利な条件となったのではあるが、なによりも都市生活に対する取り組みが悪かった。そもそも、マンチェスターは世界で最も古い産業都市であり、ヨーロッパ最大の産業地域の中心である。しかし中心市街に残る貴重な産業革命の遺産は放置され、荒れ果て、崩壊しつつある。歴史的に蓄積された都市資源が、最も困難な局面に直面しているのだ。都市内部の広大なネイバーフッドが、人口と個性を無くしつつあり、すでに再生の時は逸してしまった感さえある。急激で、かつ継続的な衰退のなか、マンチェスターから自

信が失われつつある[6]。

マンチェスターは再生への第2の道も見失った。1985年、弱体であった広域市政府が廃止され、いくつかの行政単位のグループに分割された。強固な境界によって巨大で貧しい中心街が取り残された。マンチェスターの中心市街は裕福な郊外と分割されて運営されることとなり、腐敗し、投資も少なく、空洞化したネイバーフッドが単独で再生に立ち向かうこととなったのである[7]。

あなたが夜にマンチェスターの駅に着いたとしよう。そこにはあなたの手助けとなる案内所が存在しない。街路の人だかりも存在しない。マンチェスターを知らないあなたが、半ば廃墟と化した中心市街を歩けば、抱くのは不安だけだろう。バー、レストラン、クラブが何軒か開いてはいるが、街路の印象は依然寂しい。これでは、都市の再生どころではない。しかし、あなたが運良く古い港湾地区へといたるひっそりとした街路に、倉庫を新たにリノベーションしたホテルを発見したとしよう。ビクトリア朝の巨大な建物でぐっすり眠り、アーウェル川のゆっくりした深い色の流れを横に目覚めるとしたら、それはエキサイティングな、驚くべき体験である。それこそ、都市の再生の現れである。

1996年、マンチェスターの再生のきっかけとなる出来事が起きた。テロリストがショッピング・センターを爆破して、開始されていた再生計画に弾みを与えたのである。60年代のモダニズム建築は取り返しのつかない被害を受けて、街を象徴する公共建築群に囲まれた、大きな広場へと姿を変えることとなった。歩行者優先の新しいショッピング・ストリートは、トラフォードにある郊外型のショッピングモールと肩を並べ、多くの店舗の出店が後に続いた。マンチェスターの中心と郊外の関係が変わりはじめたのである。

マンチェスターはイギリスではじめてトラムを復活した都市となった。今や中

▲ マンチェスター：都市の中心部を破壊した爆破事件。1996
Manchester City Council Special Project Office

▲ マンチェスター：新しい公共広場。1999
Manchester City Council Special Project Office

心市街と裕福な郊外が、野心的に結ばれようとしている。大学が優秀な人材を誘致して、その若さと才能に科学産業の発展を託そうとする。5年後に導入される南部とスコットランドを結ぶ超特急ペンドリノ線によって投資を引きつけ、「遠すぎて、廃れすぎたマンチェスター」という偏見を打破しようとしているのである[8]。

バルセロナに劣らず、マンチェスターには独得の雰囲気がある。産業革命以来の運河、倉庫、オフィスビルが際立った個性を与えているのだ。われわれはバルセロナを再現することはできないが、密集と繁栄、そして住民参加の都市として、マンチェスターに自信を築くことはできる。ビジネス、そして居住もマンチェスターの都心に回帰している。市全体の人口は減少し続けてはいるものの、中心部の人口は増えはじめ、新しいアパートも完成前に売り切れてしまうほどである[9]。

人々の心を都心へと向けさせることはできないし、そうすべきでもないという主張がある。郊外に住宅を建設することは自然な流れなのである、と。だが、われわれは別の見解を採る。確かに過剰な混雑や不健康、不法占拠から逃れるべく人々は都心から脱出し、都市もそれに対応するべく改良されたのだった。しかし、今日われわれは過度のスプロール、過度の交通への依存、過度の社会的分化という状況に到達した。マンチェスターがそうであったように、人々は都心の空洞化を理由に都市を去る。去る人が裕福となるかわりに、分断され、辺境となったコミュニティがその後に残される。しかし都市が繁栄するためには所得階層や職種の混合が必要なのである。都市がよく計画され、よく運営されるのであれば、人々は都心に戻ってくるだろう。

いくつかの都市は正反対の問題に直面している。早すぎるペースでの成長である。ハイテクや情報に依存した新たな経済は国際都市を繁栄させている。しかし、その成功は深刻な環境問題、社会問題、空間の争奪、そして貧富の拡大を産みだしているのだ。富める人々は生活の糧を得ることがで

きるだろう。しかし、現代都市は新しい経済を機能させるためのサービス業を必要としており、それを担う人々の状況こそが問題である。ニューヨーク、ロンドン、パリ、アムステルダム、ローマ、ベルリン、上海、東京、ジャカルタ、メキシコシティ。これら世界都市のすべてが第三世界のコミュニティを内部に持っている[10]。世界各地の行政当局と市民を悩ませるのは、交通や土地、コミュニティの問題である。急激に変貌を遂げる大都市に、われわれは幾つかの課題を学ぶことができる。たとえばニューヨークは、8年間の集中的な再開発によって、公園、街路、地下鉄を安全なものへと再生した。新しい誇りがニューヨークを満たし、街路は人々でにぎわっている。ロンドンにはニューヨークのような問題は存在しないが、ニューヨークの変革への意志は、われわれの再生に自信を与えている。

コペンハーゲン、ポートランド、サンフランシスコ、ロッテルダム、リヨン、クリティバ。これら小さく自足的な都市は、住民参加によって実験的な都市再生を行っている。公共空間と公共交通の複合的な開発。社会的統合と環境への配慮。これらの都市はコンパクトで計画的な土地利用という新たなアプローチの先駆者である。コペンハーゲンを例に挙げよう。過去20年以上にわたって車の増加を抑制してきたコペンハーゲンは、他のヨーロッパ都市が渋滞を放置し、問題を拡大させてきたことに逆行している[11]。彼らが試みたのは、駐車スペースを減少させつつ、バス、トラム、自転車そして歩行に対する関心を高めることだった。現在のコペンハーゲンの街路が人々にとって快適なのはそのためである。

輸送能力を満たしつつも、交通量を減らすことに成功した都市こそが未来の都市である。同じことが住居にも当てはまる。低所得層向けの安価な住居を提供しつつ、雇用主にも住みたいと思わせる都市こそが成長可能なのである。なぜなら経済的な階層の混合こそが、安全性と公共サービスを両立させて、技術の高い労働者の定住を促す環境を作り出すからである。混合を欠けば、都市は貧民街の集合となってしまう。それがわれわれの都市

が直面する最大の脅威である。マンチェスターは、現在、中心街とそのネイバーフッドに新たに労働者を誘致しようとしている。スプロールに対抗するならば、局所的な発想ではなく、都市の中心から周辺部にまで視野を広げた考えが必要なのである。

イギリスはバングラデシュと韓国に次いで世界で3番目に人口が密集している国である[12]。数世紀に及ぶ富の追求のため、都市は酷使され、荒廃し、醜い近代デザインと交通がわれわれの都市を非人間的なものとした。住民の2/3以上が都市犯罪を最大の心配事として挙げており、自らの都市に恐怖を感じている[13]。これらの問題から逃れるためにわれわれは都市の中心部の放棄とスプロールという二重の問題を生み出し続けている。では、いかに都市を人々が安全な環境として再生できるのだろうか？

建築は秩序と美を都市空間に与え、コミュニティを具体的に束ねていく役割を持っている。そのような絆なくしてはコミュニティはバラバラとなり、都市中心部からの人々の離脱は免れない。こうした状況に介入し、物理的な都市環境を再生しなければ、都市の未来は危険にさらされてしまう。

◀ 東マンチェスターのばらばらになった街路、団地と破綻した土地
Jefferson Air Photography

より良い環境として未来の世代に手渡すことができてはじめて、都市はサステナブルといえる。しかし、われわれはまだ何も行っておらず、むしろ加速する消費の要求にともなって、都市環境をその成立条件の限界に近づけているだけである。われわれは自然資源の濫用を止めて、人々を社会的に分断させない住みやすい都市を必要としているのだ。住みやすい都市はより多くの人々をその内部にひきつける。

都市が機能するには一定以上の人口と活動規模が必要である。情報技術の爆発的な発展にもかかわらず、顔の見える人と人との応対は、人類の発展の本質である。新たに生まれつつあるコミュニケーションのネットワークの舞台は、依然として都市である[14]。アクセス、交流、創造性の母体とな

るネットワークの密度を高めるべく、建築と都市空間をデザインする。新たな要求に応じるためにも、都市は常に造り替えられ続けなければならない。優れた都市デザインは都市の密度感を機能性へと結びつけている。伝統的なライフスタイルに流行を採り入れた、コンパクトで複合した都市空間。それが現代の都市デザインである。

機能の変化に伴って、都市は繁栄し、衰退する。サステナブルな都市デザインとは、機能を失った建物、ブラウンフィールド（都市の中の低・未利用地）、そして外部空間を再利用し、美しくすることである。利用されなくなり、衰退した都市の中心市街は再生されなくてはならない。既存の都市の建物や都市空間を魅力的にすることは、道路を無作為に拡げ、その場しのぎの都市構造を作ることよりずっと価値がある。郊外の新規開発は確かに新しく、ダイナミックではあるだろう[15]。しかし同時にそれは浪費的で、醜く、利用者によっては意味を成さない。それに引き替え、都市の中心市街には人を引きつける磁力がある。名建築や公共空間という豊かな文化資産が人々をくつろがせ、経済の中心ともなるのである。

問題なのは、都市が出会いの場、交流の場と考えられていないことである。ネイバーフッドの衰退によって、都市への投資、都市への人口流入は少なくなってきた。それなのに衰退した貧しい地域を小綺麗に仕立て、留まろうとする者たちを路上へと追い立てる。そうやってわれわれは市民の生活を、つまるところ都市を崩壊させてきたのである。年間2000戸の割合で公営住宅を取り壊してきたグラスゴーは、まさにこのようにして多くのホームレスを抱えることとなった。そしてホームレスの増加の一方で、住み手のいない土地も増やしているのがマンチェスターである。ホームレスと土地の余剰。この悪循環は都市を破滅へと向かわせてしまう[16]。教育水準の低い学校に通わせまいと、親たちは環境の良い場所へと引越し、残された場所では暴力と犯罪が増加する。雇用者も見切りをつけて、雇用そのものが姿を消す[17]。ネイバーフッドの運営が弱体化すれば、留まろうとする人々の気持ち

▼ ニューキャッスル：ヘクタールあたり60戸の伝統的かつ魅力的なタウンハウス
Professor Alan Simpson

も切れてしまう。それこそが、本当の危機なのだ。アメリカの都市が極端な形で示したように、社会やコミュニティの崩壊が生じてしまうのだ[18]。

世界は1つであって、その土地は有限である。だからこそ、われわれはグリーンフィールド（新規開発地）とブラウンフィールドの過度の利用を抑えなくてはならない。環境へのダメージはディベロッパーの予想を超えて、開発地以外の地区にも影響を与えている。スプロールは建造物の散乱と交通の混雑を広域にわたって産み出すのに、その環境ダメージのコストをわれわれはどこにも支払ってはいないのだ[19]。もしグリーンフィールドの開発に相当のコストを課したとしたら、われわれは都市を機能させるために必要な財源を得ることができるだろう。そうすれば、われわれはイギリスの3つの慣習、つまり郊外の戸建て居住、衰退した都市の中心市街、弱者を破滅させるコミュニティの崩壊という悪弊から抜け出ることができるのだ[20]。他の国はわれわれより上手にそれをやっている。

現在、世界人口の50%以上が都市に居住している。イギリスではこの割合は90%を超えており、今後20年間で400万戸の住居の国内生産が必要とされている[21]。これは都市を再考するチャンスである。密度は都市に生命をもたらすが、都市計画者たちは密度とのその活力を、調和と生産性、そして人間性に富んだ方法でデザインすることができなかった。貧富を問わず、すべての市民のために都市を機能させる方法こそ、新しいミレニアムの重要課題ではないだろうか？　1戸に1人しか住まない郊外居住をスプロールさせるのか、それとも都市を住む価値のあるものに変えていくのか。その岐路にわれわれは立っているのだ。

「人々によって共有され、人々を結びつけ、人々を危機から守る世界」[22]。われわれが築く世界はそのようでありたい。われわれの都市は、富が生まれて分配される活気ある場所になるのだろうか。それとも、われわれを圧倒し、われわれを分断させ、ついに脱出せねばならないような場所になるのであろう

か。成功した都市では、さまざまな世代、所得階層、人種、文化が出会い、親しく結ばれる。街路、広場、公園、中庭、路地や庭園が、私的な領域とは異なった戸外の公共の部屋となる[23]。公共空間こそが、われわれの家庭や仕事、社会や経済を結びつけ、都市がどのように機能するかを語るものなのだ。もし公共空間を放置すれば、それは瞬時に汚れ、騒々しく、混雑した、閉ざされた空間となるだろう。そしてコミュニティは分断されて、スプロールへの道のりが始まってしまう。だからこそ、公共空間が重要なのである。

都市とその内部のネイバーフッドは絶えず更新されて、安定することはない。そのダイナミズムはわれわれの創造性を育てる揺籃である。そして都市の未来に関する研究は、都市再生の一般論の可能性を予感させる。ヒューマニティの推進が、土地の欠乏と社会の崩壊という課題に、一筋の可能性を与えてくれるのである。イギリスの都市研究はケーススタディである。しかし、その可能性は大部分の都市に対して適用可能であるだろう。

100年前にグリーンフィールドを茶色い舗装の街路に変えはじめて以来、イギリスの人口は3倍になり、世界の人口は8倍に増えることとなった[24]。地球上で最も人口の多い国の1つにおいて、コンパクトな生活以外にサステナブルな将来は描けない。そう考えてはじめて、われわれは今まで以上の未来を築くことができるのだ。都心の再建に着手したマンチェスター。都心のネイバーフッドの崩壊、破壊の爪跡、モダニズムの計画とその挫折については、もう少し語る必要があるだろう。第2章で、いかなる社会の変化がわれわれの都市を襲ったのかを見ていくことにしよう。

2　社会の変化と断片化

パラダイス・ロウ

産業革命の負債

都市人口の減少

雇用の変化

所得の格差

人種構成の変化

世帯の変化

世帯構成の新たなパターン

家庭の崩壊と社会の崩壊

学校と地域

都市の不安

社会的な疎外

2   パラダイス・ロウ

1800年代、ロンドン北部のローワー・ホロウェイは郊外から都心の肉市場へと牛を運ぶ経路であった。ジョージア朝様式のパラダイス・ロウは、そのホロウェイに職人たちを住まわせるべく、高密に建てられた集合住宅である。狭く、曲がりくねった道に沿って、高い段差が続いている。それは道を行く牛から住民を隔てるための舗道であった。

1900年を迎えるころには、この地区はアイルランドとスコットランドからの移民が住むようになり、1つの住戸に2家族が居住する過密な地区となった。1930年代、保健衛生局はここをスラムであると宣言し、1950年代には道路の拡幅と、公園をつくる計画が準備された。1000戸の住居と2000世帯の家庭が、スラムクリアランスの対象となったのである。

1970年代、パラダイス・ロウは、過密で崩壊寸前の都心のスラムであった。たとえば当時の調査では、6世帯用のテラスハウス1つに45人の子供と13の家族が住んでいたのである。道路の拡幅計画のために建物に手は加えられず、モーリシャス、カリブ、トルコ、インド、アイルランドからの移民がすし詰めになったまま、地域一帯は衰退した。ホロウェイはロンドン市内でも最も貧しく、過密な地区となった。オープンスペースはどこよりも少なく、「新しい英国連邦の移民[25]」はどこよりもここに集中した。先ほどの調査に戻るならば、テラスハウスの端部には工場と倉庫が1つずつ、裏庭と中庭に非合法の工場が2つ設けられていたという。街区の角部分は利用され、全体では5つの店舗、1つのパブ、3つの小学校が存在していた。

2000年、街路拡幅とスラムクリアランスの計画は消え失せていた。同様に学校1つと角の店舗のすべても消え去り、パブは封鎖され、子供も家族もちりぢりとなった。住宅そのものは保存され、登録され、改良され、ウッドバイン社の工場があった場所も、子供の遊び場、都市農園や公園となった。地

▲ 前頁
斜陽産業が見捨てた汚染された土地が、新しい用途の可能性を備えている
Ulrike Preuss/Format Photographers

◀ ホロウェイのパラダイス・ロウ：大きな都市的可能性を秘めた街路
John hills

域一体に手が加えられたが、その裏側で、社会的なインフラストラクチャーはばらばらになった。コミュニティが縮小し、住民の数が減ったために、快適な環境を維持するコストが増えてしまったのである。4つの寝室、裏庭、公園への開口、公共交通とロンドン中心への近接など、パラダイス・ロウは集合住宅としては理想的なものである。しかし現在、それは庶民にはあまりにも高価であり、裕福な家族には寂しすぎている。社会の変化が住宅を時代遅れにしてしまう例は、もちろんパラダイス・ロウだけにとどまるものではない。

19世紀の工業化はわれわれの都市と田園に深い爪跡を残し、20世紀の社会と経済の変化がさらにわれわれを翻弄した。パラダイス・ロウはその縮図であり、都心や都市周辺部への衝撃がいかに大きかったかを示すものである。なぜなら都心と都市周辺部は、われわれの急速な工業化の舞台であって、数知れぬ破壊がここに重ねられてきたからである。この地域のネイバーフッド（近隣界隈）には人が寄りつかなくなり、その結果、都市全体が不穏な雰囲気をまとってしまう。「悲惨さの地理学」が都市を支配し、都市のネイバーフッドの状況が悪くなるにつれ、人々は安全で魅力的なネイバーフッドに移り住もうと考える[26]。経済と社会の変化が、人々の移動の背景となっているのである[27]。

産業革命の負債

イギリスが牽引した産業革命は、世界中の人々の生活と考え方を変えるほどの影響を社会や経済に与えてきた。風景を激変させ、都市を醜く改造しながら、われわれは富と力と科学の優位を手にしてきたのである。蒸気機関、鉄道、そして工場のシステムはその最たるものであった。

イギリスはこれらを発明し、世界のトップに上り詰め、それと引き替えに他国と全く異なる都市問題を抱えることとなった。過密なスラムが急増し、健康

と、社会的な安全が失われたのである。雇用は不安定となり、食の質は急落し、暖房も日光も水も手にすることができない人々が、貧困と疫病のなかで命を落としていった。平均寿命は短くなり、1800年から1850年の間、スラムの死亡率は上がり続けた[28]。そして多くの犠牲のあとではじめて、市民の協調と行政の運営によって、ようやく都市環境のコントロールと、健康と安全と住居の確保が可能となったのである。地方自治体が誕生し、ビクトリア時代の社会改革が進められた[29]。しかし時を同じくして交通革命が起き、路面電車の拡張と郊外鉄道の新設によって、人々が争うように都市から脱出しはじめたのである。産業の発展は、少しずつ、そして確実にわれわれの都市を衰退へと向かわせたのだった。

産業時代は、われわれの都市に老朽化した環境と、再生の必要性を残すこととなった。まず何よりも、2世紀にもわたって全国に築かれた古いインフラが、物理的な負債として残されている。そして第2に、資源の濫用を防ぎ、市民に充実したサービスを届けるべき都市行政が、都市に信頼を置かなくなっているという状況がある[30]。そのせいで都市居住者がいかに都市に興味をなくしてしまったか、地方選挙の投票率の低下が物語っているであろう。第3に、産業時代の都市に対する忌まわしい記憶が、いまだに低密な郊外住宅地への嗜好を育てているということがある[31]。産業革命が残したこの3つの負債を順に見ていくことにしよう。

現在、イギリスは4万5000ヘクタールの汚染開発地と、およそ100万の廃棄建造物を抱えており、その多くは巨大なものである[32]。イギリス国内の住居の1/4は第一次世界大戦以前のものである。その古さが魅力となる場合があっても、大部分は見捨てられた開発地にあるために、売ることすらままならない。都市の間には3000マイルにのぼる貴重な運河が残されているが、もはやネットワークとしては機能しておらず、かろうじて住宅地の景観要素やレクリエーション、環境保護のために利用されているだけである。

19世紀の地方分権は、秩序と平等をイギリスにもたらしてきた。その保健制度や教育制度は世界に先駆けるものであり、市民の安全は今もなお堅く守られている。しかし、20世紀初頭の地方自治体は、つぎの4つの理由によって政府の人口分散政策を忠実に実行し、都市部の教育と福祉の水準を下げてしまった。第1に、民間賃貸を制限したこと。第2に、郊外の不動産所有を助成・奨励したこと。第3に、スラムクリアランスによって都市内部のコミュニティを壊滅させたこと。そして最後に、低所得者向けの公営住宅を都市周縁部に集中させたこと。貧しい人を都市に留め、一方で裕福な人々を郊外に向かわせていったことこそ、都市部の教育と福祉の急落の原因なのである[33]。

都市計画の分野でも、イギリスは世界へと大きな影響を与えてきた。グリーンベルトや田園都市、ニュータウンや歴史的中心街区の概念、テラスハウスという集合住宅。しかしこれらの発明の一方で、新しいコミュニティへの欲求が、膨れ上がる都市をさらに混乱させてきたことも事実である[34]。郊外への夢がイギリスの都市を痩せ細らせ、その自治と経済地盤を揺るがし、社会的・政治的な活力を奪ってしまったのである。まだわれわれは、イギリスの負債を把握しはじめたばかりである。いかに、この状況を変えることが可能だろうか？　それを考えるためにも、われわれの目の前で生じつつある10の変化を確認していくことにしよう。

都市人口の減少

第1の変化は、都市人口の減少である。1800年当時、イギリスの都市人口の割合はわずかに10%であったが、19世紀末にはその割合は90%となった[35]。そして今日、その都市人口の半数近くが郊外へと流出している。1900年以来の郊外の住宅地開発によって、都市はより低密に、より広域にスプロールした。都市の境界は広がり、多くの小都市が生まれ、都市圏が広く形成された。都心の人口が急落する一方で、開発地域全体では人

口は40％も増加して、開発面積も20世紀初頭の45％増、つまり80万ヘクタールも拡大することとなった。それなのに、都市人口の成長率は1/3以下にも減ってしまったのである[36]。たとえばロンドンの都心でも、1901年の450万人から1991年の220万人へと、人口は急落している。しかし、ロンドンは1990年代半ばから人口はふたたび増加傾向となり、他の都市との対照を見せている。サルフォード、リバプール、ニューキャッスルとグラスゴーでは、同じ90年間で人口は2/3に減少した。さらにそれらの広域都市圏も、1950年代以降は人口が減少し、たとえば大ロンドン都市圏では1951年から1991年の間に人口の20％が失われている[37]。これらの人口減少の大半は計画によるものである[38]。しかし、結果として残った深刻な都市人口の断片化は意図されたものではない[39]。表2.1は1950年代以来、郊外や小都市への移住によって、広域都市圏の人口がどのくらい減少してきたかを示したものである。

30年ほど前までは、政治家や都市計画家、ディベロッパーのほとんどは人々が都市の外部へと移住することを良いこととして考えていた。実際に、住居とインフラに関する投資の多くが、雇用と投資を都市の外部に移すことに向けられていたのである[40]。しかし1960年代後半より、クリアランスや新たな建設よりも、都市内部の再生と伝統的コミュニティの保護へと人々の意識が変わりはじめた。ただロンドンだけを例外として、都市の内部の人口減は止まることなく、巨大なタンカーのような慣性力で事態は悪化したのである。こうなると、正しい意図があったとしても、対処策が予想外の結末を迎えてしまうことがある。スラムを取り除くために建設された都心の集合住宅は放棄され、人口の少ない地域では、新築のローンが支払い終わる前に建物が破壊されてしまう。街路が健全で、集合住宅に魅力があっても入居者は不足する[41]。表2.2を見れば、この30年間の都市人口の急減が雇用の喪失と並行していることを理解できる。ただ、リーズは興味深い例外である。都市の内部で郊外型の成長が可能となるように都市域が比較的大きく定められていることがその理由の1つとなっている。

公共サービスの衰退、見捨てられた商店や住宅、定員に達しない学校。今や人々は、貧困の集中が生み出した都市の荒廃に見切りを付けて、都市の外部へと立ち去ろうとしている。地方自治体はそれを食い止めようとしているものの、ハックニーやニューキャッスルなどを除けば、効果はまだ十分に現れてはいない。グラスゴー郊外の5万人の住宅地、イースターハウスでコミュニティ活動をしているボブ・ホルマンによれば、イースターハウスでは6つのうち5つの中学校が失われ、人口は半減し、建物の撤去が日常となり、住民は生存と秩序の維持に追われているという[42]。このような状況は極端に聞こえるだろうが、イースターハウスは特別な事例ではないのである[43]。

もし、今と同じようなペースで人口が減少し続けるならば、多くのネイバーフッドが完全に崩壊するだろう。道路や建物、空地などの残された都市インフラは、低密な都市空間をさらに寂れたものに見せ、荒廃した印象を創り出してしまうだろう。都市は郊外への脱出と都心の空洞化という悪循環に陥り、犯罪が多発し、社会は破壊され、場所性が喪失される。こうした都心の放棄は止むことがなく、現在も、われわれの街や都市に大きな影響を与えている[44]。

雇用の変化

雇用システムも、現在大きな変化を見せている。その範囲は世界的であるが、その影響は局所的である。新たなグローバル経済は国際的な生産システムを基盤としており、国家のコントロールも超越しているため、都市行政は孤立し、対応が難しい。しかしわれわれの産業構造は、苦痛を伴いつつも着実に状況に適応してきており、新たな職種、新たなサービス、新たな技術が、衰退する製造業に取って代わりつつある。グローバル経済の衝撃は情け容赦のないものだが、そこには新しい技術者の雇用という、建設的な側面も存在する。表2.3は、製造業の衰退が、いかに広域都市圏に影響を与えているかを表している。

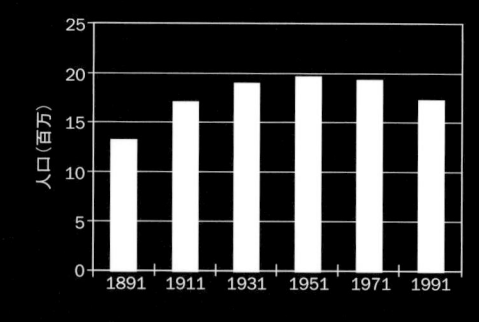

◀ 表2.1：広域都市圏の人口（すべての
メトロポリタンカウンティを含む）
出典：国立統計局（2000）

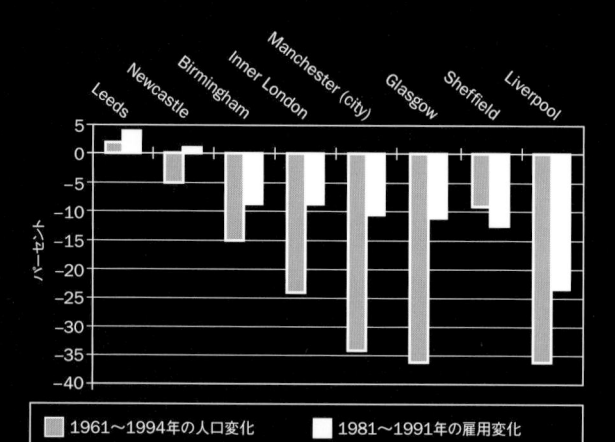

◀ 表2.2：イギリスの都市圏の
人口変化（1961-1994）と雇用変化
（1981-1991）
出典：UTF（1999）、DoE（1996）

製造業以外の職種の割合は、第一次世界大戦時の1/4から1996年の2/3へと、今や大きな増加を見せている。つまり製造業に関わる人々は、1911年は全労働者の3/4を占めていたのが、1996年においては1/3と激減したのである（表2.4）。しかしマンチェスターとニューキャッスルの都心部の成人住民は、その3/4が今なお自らの職種を製造業だと考えている[45]。つまり彼らの技術は、彼らが手にする雇用数とは対応していないのである。

製造業の伝統を持つ地域は、イギリスの他の地域より深刻な打撃を被ってきた。1980年から1996年の間に、マンチェスターでは全体の2/3、ニューキャッスルでは約半分の製造業が消滅した。そして多くの人々が解雇され、求職することすらも断念させられた[46]。これらの人々は、もはや失業者として統計に登場しない。これが失業率が5.9%に減少しながらも、20%の家庭において1人も働くものがいない状況の理由であり、その多くは単親の家庭となっている。かつての産業地域と産業都市の大部分で、このような停滞が広がっている。社会のモラル、コミュニティ、若い世代への影響は破壊的なものである。

製造業・工業経済からサービス中心の経済への移行、男性中心の労働社会から男女が均等に働く社会へと移行するにしたがって、製造業の多い都心のコミュニティと、低密で仕事の多い郊外のあいだに深い分裂が生じた。その主要な原因が、イギリスの技術水準の低さである。国民の1/5以上が簡単な指示書を読むことができない、あるいはささいな買い物リストの値段を合計することができない。都市内部の貧困地域では、基礎技術の問題はさらに悪い[47]。都心に仕事と技術を持った人々を引きつけ、住民の技術水準を高めなければ、二極化の傾向はアメリカのような人種的分化となるだろう。表2.5は男性の仕事の減少と女性の仕事の増加、そして都心の仕事の減少と郊外での仕事の増加を表している。

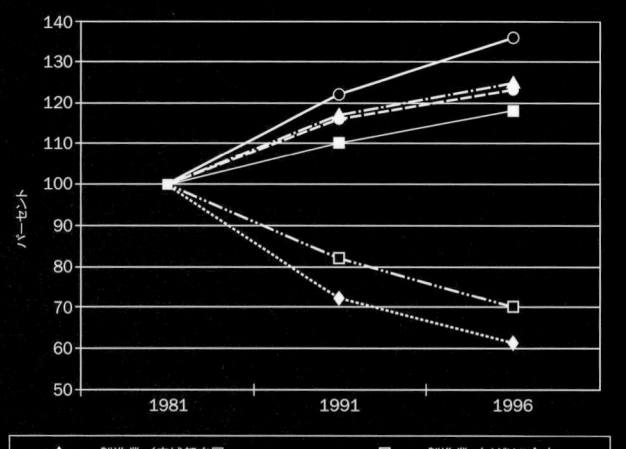

◀ **表2.3：雇用から見た、製造業の衰退とサービス業の興隆**
出典：Turok, I & Edge, N (1999)
注：すべての業種における1981年の雇用水準を100とした。

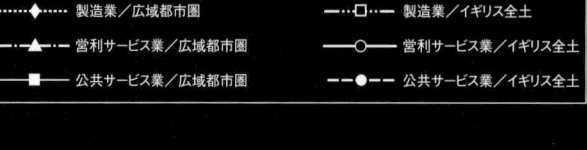

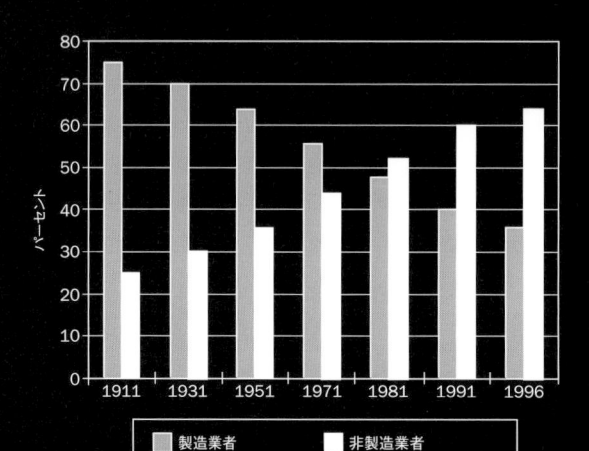

凡例：
- 製造業／広域都市圏
- 製造業／イギリス全土
- 営利サービス業／広域都市圏
- 営利サービス業／イギリス全土
- 公共サービス業／広域都市圏
- 公共サービス業／イギリス全土

◀ **表2.4：製造業に従事する労働者の割合（1911-1996）**
出典：Halsey, A H (1998); Office for National Statistics (2000)

凡例：製造業者／非製造業者

所得の格差

第3の変化は、所得の格差の増大である。世界的な情報社会は、クリーンで、繁栄し、相互に強く連結された都市という新たな可能性をあらわしている。しかし、その急速な変化によってわれわれの所得格差が広がりつつある。新たな社会的・経済的圧力が押し寄せつつあり、それへの適応のためにわれわれの社会は緊張を強いられている。

第二次世界大戦以来、われわれの所得は常に生活費よりも高く保たれ、働くのに応じて皆が徐々に豊かになった。しかし1979年以降、所得は生活費に対して少なくなるようになった[48]。1980年代から1990年代を通じ、社会福祉費の給付が富の増大より抑えられたため、相対的な貧困が増大した。低賃金労働の雇用数が減少し、それによって実際の賃金も低下した（表2.5a、b）。この傾向は低技術の男性労働者層を直撃し、結果として、都市域の古い製造業が最も厳しい打撃を受けた[49]。かくして、伝統的な産業が失業と貧困にあえぐこととなったのである。

表2.6は1980年代と1990年代にわれわれの所得にどのように格差が生まれたかを示している。15年の間に、われわれは全体として40％豊かになった。しかし、下位の10％の人々はより貧しくなってしまった。このカテゴリーに属する人々のほとんどが仕事を持たず、ほぼすべてが都市に集中して住んでいる[50]。

人種構成の変化

コミュニティが断片化する一方で、都市では人種的混合が進んでいる。第二次世界大戦以降、200万人におよぶ移民がイギリスにやってきている[51]。彼らはロンドン市内、バーミンガム、マンチェスター、ブラッドフォード、レスター、その他多くの小都市などに、平均の4倍以上の集中度をもって住ん

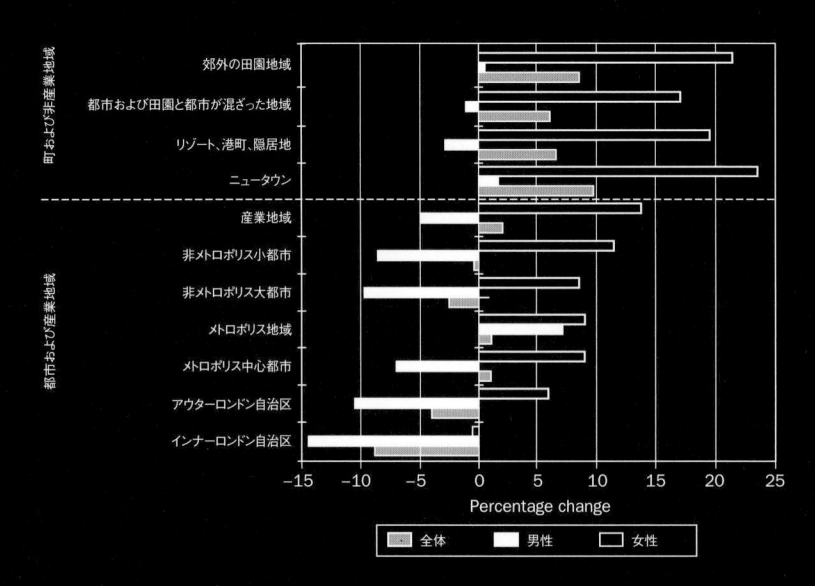

◀ 表2.5a：地域別に見た雇用の変化（1984-1991）

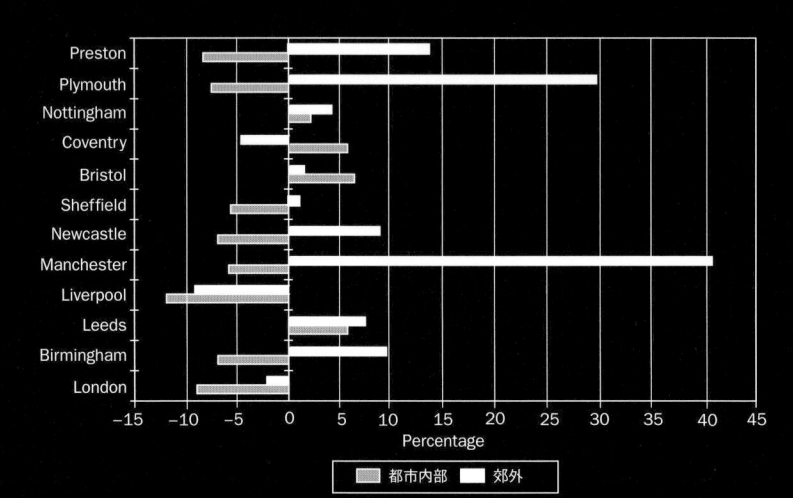

◀ 表2.5b：イギリス12都市の内外における雇用の変化の割合（1984-1991）
出典：DoE

でいる[52]。表2.7は主要広域都市圏における、異なる人種グループの集中を全体人口比と比較したものである。中国人はより分散しており、他の人種と興味深い対比を示している。

明白な人種的差別が、都市内部における黒人とアジア人の集中に一役買っている。移民たちは最も貧しく人気のない地区に追いやられ、クリアランス対象地のなかの劣悪な施設に高い賃料を払って住んでいたり、望んでもいない地所を買わされたりしている[53]。新参者は低技術の職にありつこうと悪条件でも働くために、地元の人々との感情的な対立は絶えることがない。

現在、人種的マイノリティが集中する地区のほとんどが、あまりにも荒廃した状況に置かれている[54]。幾つかの人種グループが富と地位と高い教育水準を得て、より広く社会に迎え入れられているにもかかわらず、移民と人種の問題が疎外と貧困を結びつけている。ケリ・ピーチとタリク・モドゥードが示したように、人種の集中と分散は並行して生じており、その傾向は人種グループによって異なるパターンをたどる[55]。

流入する移民の野心とエネルギーだけが、都市を機能させるための救いである[56]。確かに、あまりに多くの学校や店舗が閉鎖されてしまった。しかし、移民は自らの意志で人生を変えようとした人たちである。彼らは技術を備え、自ら進んで行動を起こそうとしているのである。たとえばニューヨークでは、1990年以来100万人もの移民が移り住み、都市の復興に多くの貢献をしてきているのである。他のアメリカの都市でも、移民は同じような貢献をしている[57]。それなのに、彼らはあちこちで差別に直面し、低い待遇というかたちで対価を支払わされている。これは不正であり、能力の濫用なのだ。イギリスでは1976年の人種関係法によって、人種を利用とした差別待遇が禁じられている[58]。

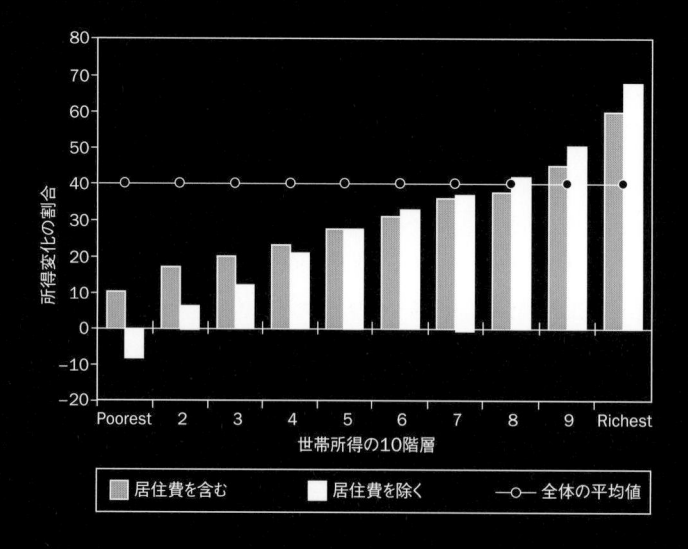

◀ 表2.6：所得における純益の変化
（1979-1994/95）
出典：Hills, J (1998)

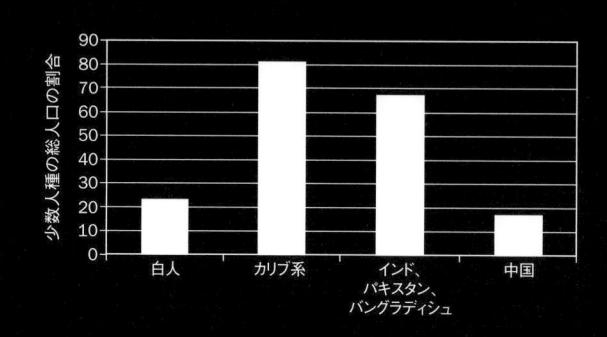

凡例：■ 居住費を含む　■ 居住費を除く　—○— 全体の平均値

（グラフ：世帯所得の10階層、縦軸：所得変化の割合）

◀ 表2.7：4大広域都市圏（グレーターロンドン、ウェストミッドランド、グレーターマンチェスター、ウェストヨークシャー）における少数人種居住者
出典：Modood, T et al. (1997)
注記：民族的マイノリティ自体の割合は、アジア系が全体人口の3％、黒人（カリブ系を含む）が2%、残り1%未満がそれ以外（中国人を含む）である。

（グラフ：白人、カリブ系、インド・パキスタン・バングラディシュ、中国；縦軸：少数人種の総人口の割合）

世帯の変化

19世紀以来の人口と雇用の変化は、世帯の変化を伴うものだった。

1900年当時、1世帯といえば5人の家族であったのに対し、今では平均世帯人員は2人強と、約半分になっている[59]。一方で、独身世帯は1961年には全体の1/7であったのが、今日では1/3と急増している[60]。この変化の背景には、平均寿命が伸びたこと、晩婚と高齢出産、離婚と単身家庭の増加、女性の自立など多数の理由が存在する。とはいえ、多くの女性がパートタイムの仕事を持っているにもかかわらず、彼女たちの家族内での独立と地位はそれほど高まっていない。ただ、これによって都市に住む男性の稼ぎの減少は補われ、男性の自信は揺るぎ、家族の内部の力学が変化する。表2.8a～gは変容の概要を表している。

変化の影響は、都市の内部においてより明らかである。なぜなら、そこに子供のいない世帯と単親の世帯が集中しているからである。都市は若者と移民を呼び寄せる一方で、仕事のある安定した家庭を流出させる傾向にある。そして高齢の人々が、そのまま放っておかれる傾向も強い。

われわれの富が増えるということは、1世帯1住戸という目標の達成が可能であるということである。居住環境の過密さは、貧困層においてさえ25年前の半分になった。しかし貧しい世帯のなかでも、子供のいる家庭、人種的マイノリティの家庭においては、その1/5が未だに部屋数よりも世帯人員が多い。これは他の階層に比べると、ほぼ倍の水準である[61]。このように過密な居住が集中するのも都市である。

19世紀以来、われわれの居住は根本的な変化を重ねてきたが、住宅供給に対する考えはまだそれに追いついていない。住宅需要の議論の大半は、過去につくられた住居のタイポロジーを前提に行われている。われわれの

平均寿命は1900年から30年以上も伸びており、圧倒的に沢山の人々が1人暮らしをしているのだから、住居とコミュニティを現代的な条件のもとでデザインし直す必要がある。表2.9は結婚したカップルによる世帯数が、依然として世帯の大半を占めながらも、まもなく、初めて全世帯の半分以下となることを表している。

世帯構成の新たなパターン

イギリスの人口はゆっくりと増えて、30年間のうちにそのピークを迎えると予想されている。しかし大家族よりも独身か2人だけで住む傾向が続くのならば、世帯数はまだまだ増加するはずである。これが第6の変化であり、これによって公共サービスの役割や、居住空間の種類や、コミュニケーションのあり方が劇的な影響を受けるはずである。大きな世帯のためではなく、増えつつある小さな世帯のための居住形式を新たに創造しなければ、われわれはますます孤立し、コミュニティは適切なサポートや施設を提供することができなくなる。そうしなければ、コストも建設面積もかかり、今後のわれわれの世帯には大きすぎる住居がいつまでも増えてしまうのだ。

世帯が小さくなり、少子化が進めば、親戚同士で支え合う昔ながらの習慣は少なくなる。組織的なサービスの需要が増えるわけだが、こうしたサービスは高密度居住においてのみ可能である。たとえば1人暮らしの人には、地元に詳しい管理人の存在は心強いものだろう。街路に定期的に見回りがなされていれば、それもやはり安心である。同様に人のいない公共交通より、満員の交通のほうが安心である。つまり都市の共同体においては、街路を維持し、サービスを持続させる「密度の臨界点」が存在するのである[62]。これについては3章でより深く議論することとしよう。

► 表2.8a：世帯の規模
► 表2.8b：女性1人あたりの子供の数

► 表2.8c：婚外子の割合
► 表2.8d：単親世帯の割合（子供を持つ家庭のすべてとの比較）

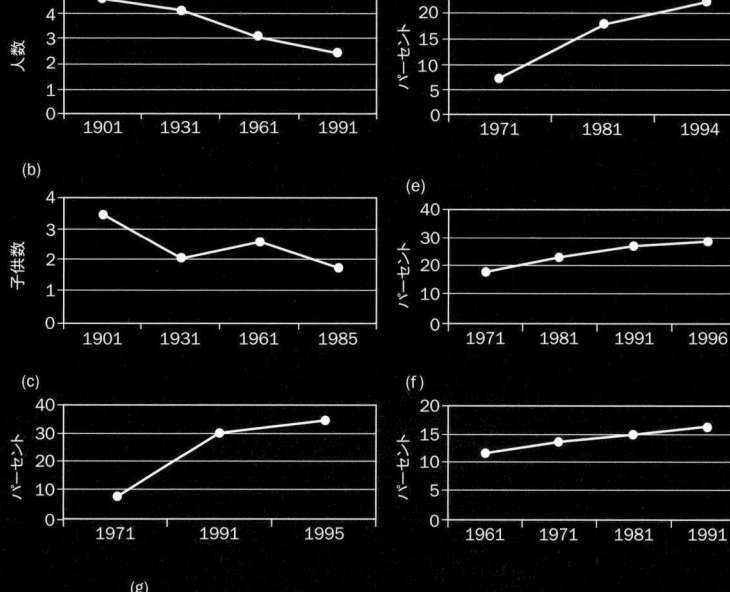

► 表2.8e：単身世帯の割合
► 表2.8f：65歳以上の老人の割合

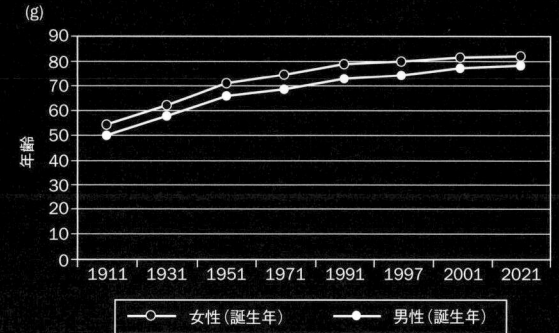

► 表2.8g：性別平均余命の推移予想
出典：Office for National Statistics (2000)

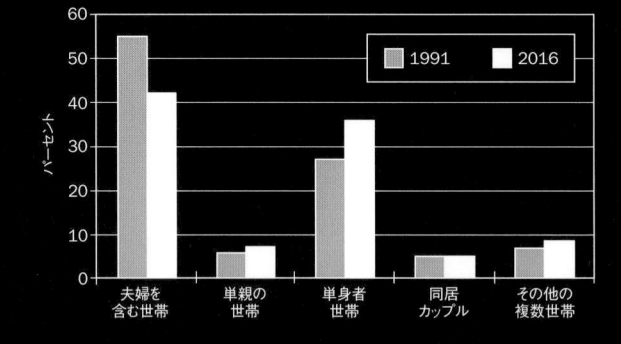

◀ **表2.9：イギリスにおける世帯タイプ別の世帯解体に関する予測（1991年と2016年）**
出典：Office for National Statistics (2000)

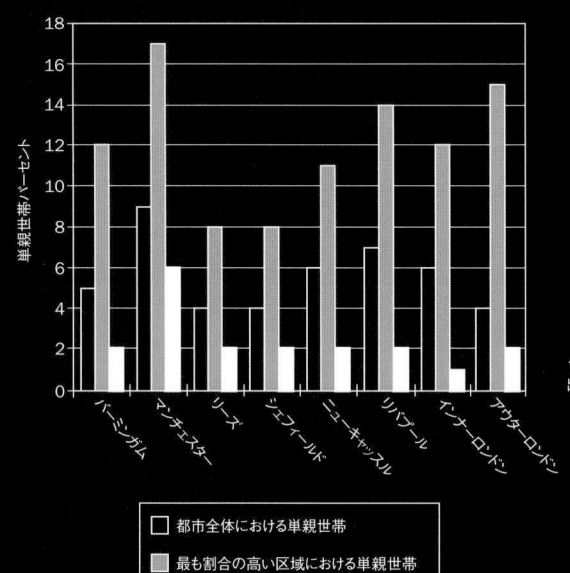

◀ **表2.10：全世帯に対する単親世帯の割合**
出典：DoE (1996)

凡例：
- 都市全体における単親世帯
- 最も割合の高い区域における単親世帯
- 最も割合の低い区域における単親世帯

家庭の崩壊と社会の崩壊

家庭の崩壊と単親世帯の増加という第7の変化は、まだ十分に認識されていないものである。結果として、社会の対応はまだ不十分である。都市の最も貧しいネイバーフッドにおいては、子供のいる家庭の半分以上が単身家庭となっている[63]。都心全域に範囲を拡げても、子供の1/3は単親の家庭で育てられており、その割合は非都市地域の10倍となっている。表2.10は、各都市における貧困地区と富裕地区の単親世帯の相違を表している。

急増する家庭の崩壊は、われわれに全く新しい問題を突きつけている。親それぞれが貧困と養育の重荷と孤独な闘いを強いられる。子供の生活にも大きな影響が押し寄せる。老人も晩年の衰弱に1人で耐えなくてはならなくなる。別れる親には別居用の家が必要となり、彼らの子供は新たな家庭を望まず、早い自立を試みる。これらの問題が、家庭の維持と養育の成功を困難なものとしているのだ[64]。

家族環境の不安定、単親世帯の孤立、そして最も価値があり、確実であり、頼ることができる家族の支え。これらの衰退によって、われわれの社会はますます傷つきやすいものとなっている。

学校と地域

心に傷をもつ家族にとっては、学校が唯一の希望となることがある。しかし、学校もまた、困難を抱えた児童の無秩序な行動と集中の欠如、高い攻撃性やいじめなどの問題に苦しんでいる[65]。教師だけでなく、医師や、他の公共施設で働く者も同様の問題に直面している。都市サービスへの高い要求と、職員のモラルの低さ。これら二重の問題が公共サービスに立ちはだかっているのだ[66]。

イギリスの学校は、全体的には多くの試験合格者と、読み書き、計算力の基準達成を実現している。しかし都市内の貧しい地域の学校では、こうした基準を達成する生徒は全体の1/3である[67]。都市の住民がさらに分極化し、裕福な親がより良い校区を選択するようになると、貧しい地域からは高い教育環境をもつ家庭の児童がほとんどいなくなり、貧しい家庭の子供が置き去りにされてしまう[68]。

貧困と学業の断念には相関がある。表2.11は、給食費の免除を受ける児童の割合と、修了試験のGCSEの合格率が反比例していることを表している。このような統計によって、親は子供を都市の外部の学校へ入れようとするのである。

ネイバーフッドの過疎化と同様に、学校の少人数化も発生している。ニューキャッスルでは1999年に3600人分もの欠員が生じている[69]。表2.12は学校の問題がネイバーフッドの衰退といかに結びつき、住宅の価格と生徒の流出を引き起こしているかを表している[70]。

しかし、幾つかの学校はこの傾向とは無縁であり、われわれを勇気づける先進的な事例も確かに存在する。教育雇用大臣のデビッド・ブランケットがコミュニティの衰退を正しく理解しているならば、彼は気力を保ち続け、その改革を進めていかなければならない[71]。

都市の不安

都市にはよそ者たちが集まり続ける。しかし現代の人口流動は、弱い人々を、他の人々が近づこうとしないような場所に集中させる傾向を持っている。この現象を利用しようとするのが犯罪である。社会の結束や自浄作用が弱い地域では、混乱と暴力を抑える力は発揮されないからである。

人々が最も恐れているのは、犯罪である。表2.13a~cが示しているのは、都市の最も荒廃した地区ではほとんどの人が犯罪を恐れ、1/8の人が実際によそ者からの攻撃に対する身の危険を感じているということである。これは根拠のない不安と片づけることはできないだろう。われわれが知っているのは氷山の一角であり、報告よりもずっと多い犯罪行為が、都市内のネイバーフッドにおいて発生しているからである[72]。

管理の欠如、それに乗じた反社会的行為の頻発によって、皆に共有されるべき都市空間が全く維持不可能なものとなっている。第1章で述べたように、社会や制度の問題が、公共空間や建築のデザインに悪影響を与えてしまっているのだ。いかに都市や公共空間を大切にするかによって、人々の街路の使い方は変わり、結果として都市の安全が生まれてくるのである[73]。

都市の内部のネイバーフッドの衰退は、ピーター・ホールが「都市不安」と呼んでいる状況を加速させている[74]。人々は街路に出ていくことを嫌がるようになり、それがますます犯罪を増やしてしまうのである。表2.14aとbは、都市のネイバーフッドの住民が何を問題だと感じているかを示している。郊外や田園地方の人々はこうした問題は抱えておらず、都市だけがこうした不安を濃縮してしまっている。だからこそ人々はみな都市の外へと逃げていくのであり、問題の緊急性が分かるのである。都市のネイバーフッドの再生は、たとえばロンドンのホクストンやショアディッチ、もしくはマンチェスターのヒュームやモス・サイドのように、「都市不安」の影響を打ち消すための努力を強いられている。もともとのネイバーフッドの貧困に、単に再生によって裕福さを回帰させることは、都市の緊張を高めるだけだからである。

コミュニティが衰退し、空き家と空き地が増えるに従い、暴力行為と犯罪が都市に発生する。若者はギャングとなり、先鋭化した犯罪が弱い人々を苦しめるようになる[75]。いくつもの家庭がこのようなカオスを日常としており、暴

▲ 犯罪と堕落が都市の沈滞を生む

中等教育修了試験成績5以上(A-C)の割合(中央値)

横軸: 無料給食対象生徒の割合

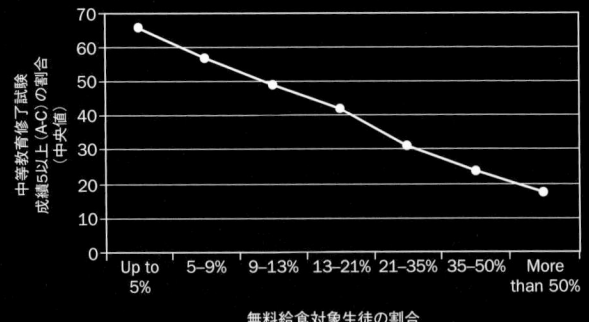

- Up to 5%: 約66
- 5–9%: 約57
- 9–13%: 約49
- 13–21%: 約42
- 21–35%: 約31
- 35–50%: 約24
- More than 50%: 約18

◀ **表2.11：無料給食対象者と中等教育修了者の結果の相関**
出典：DfEE（2000）

◀ **表2.12：ネイバーフッドと学校に対する親の選択**

学校の質の低さのために家族世帯が都市から流出する

↗　　　↘

優れた学校を備えた
近隣への引越しの殺到により
住宅価格は大きな影響を被る

↑

地域の空洞化はそれに先行する
不良学校の空洞化を追随する

↑

貧しい学校の児童不足が増大する

↑

可能であるならば
校区内に引越しすることを両親は望む

↑

子供を自動車で送り迎えする両親が増える

両親は子供のために
最良の教育環境を求める

↓

1960年代から引き続く学校の不活性化

↓

高度な教育と人気のある学校を
選択する両親が殺到する

↓

そのような学校は試験により
学生を選抜することが可能である

↖　　　↙

人気のある学校が一層の名声を得る一方、貧しい学校は児童を失う

A.W. Kemp & Co
SOLICITORS
SHOWROOM
LEASE FOR SALE
Commercial Property Department
071-729 7799
SUPER LEATHER WEAR LTD
247 7359
Kodak
CASH & CARRY
ALL ELECTRICAL & FANCY GOODS
WHOLESALE · RETAIL
NO TAX FOR OVERSEAS VISITORS
LET
STRETTONS
THE BELL
TO LET
JAMES LEWIS
071·631 4565
Kodak
WHOLESALE & RETAIL
TDK
Audio & Video

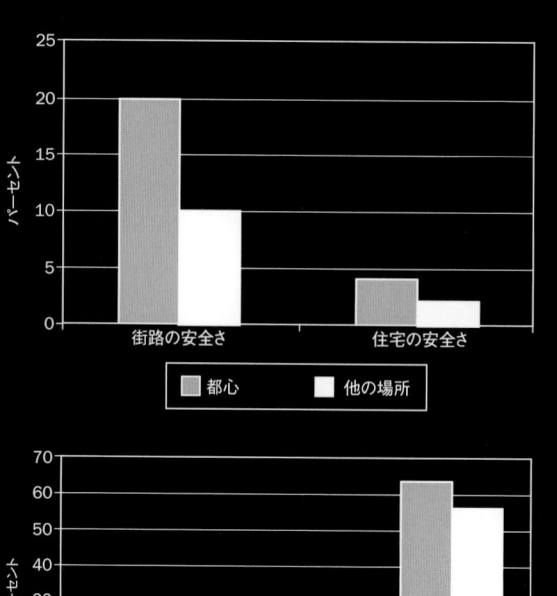

◀ **表2.13a：犯罪と地域性の関係**
出典：Home Office (1998)

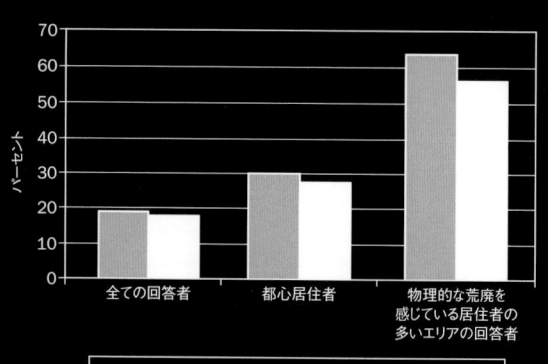

◀ **表2.13b：立地、物理的状況が生む犯罪に対する心配**
出典：Home Office (1998)

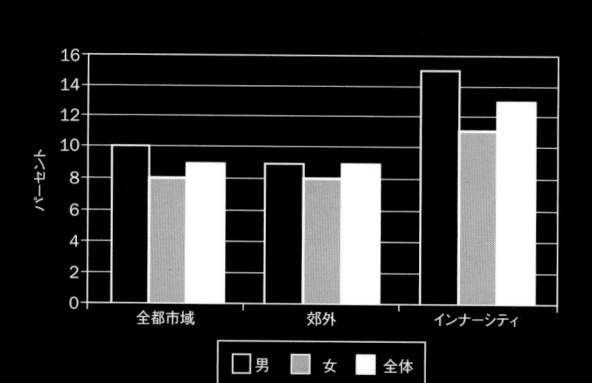

◀ **表2.13c：他者からの攻撃の危険に対する感覚**
出典：Home Office (1998)

力で染められた、「地獄の隣人[76]」との生活を余儀なくされている。社会の秩序が失われ、監視が行き届かなければ、都市は恐怖と混乱に支配されてしまうのである[77]。

社会的な疎外

10番目の変化は、最も深刻な都市問題に関するものである。社会問題を抱えるイギリスの自治体の上位100位は、みな都市であり、その上位20位までは、産業都市の都市圏か、ロンドン市内の自治体によって占められている[78]。世帯構成の変化と雇用の変化が、これらの地域に大きな影響を及ぼして、社会的な問題の集中が生じてしまうのである。

社会のすみずみまで目を届けることができないがゆえに、われわれの周囲で疎外が生まれている。弱く、困難を抱えた人々を貧しい地域に追いやり、公共の利益からも遠ざけ、メインストリームから外れたように思わせてしまうのである。そしてこの疎外が生じているのは、使われなくなった建物や、閉鎖された商店、砕けたガラスとごみと暴力行為にまみれた、われわれの都市なのである。

▲ 前頁
都市開発が社会の変革を推進させる
Martin Bond/Environmental Images

都市のなかでの貧富の差は、しばしば劇的な対照を見せる。貧しいネイバーフッドにおいては、都市全域に対してわずか1/3の所得しかない[79]。そしてこうしたネイバーフッドは1つだけ孤立しているのではなく、似たような状況のネイバーフッドと群を成しているのである。表2.15は、こうしたネイバーフッドにおける失業と欠乏の状況と、全国の状況を並べたものである。表2.16では、貧しいネイバーフッドがいかに群となっているかが示されている。

巨大で、富も蓄積している世界都市ロンドン。ここで生じている疎外は住民を今も分極化させつつあり、雇用パターンの変化がいかに低技術者層と人種的マイノリティを苦しめているかを示している。ロンドンは、1980年代に

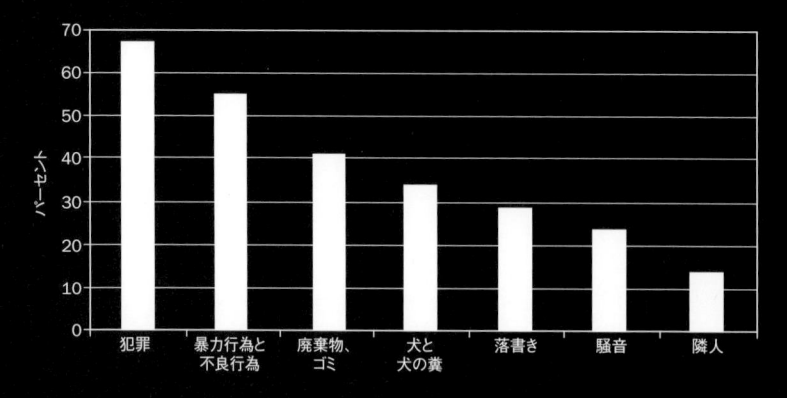

◀ **表2.14a：世帯主が挙げる問題の順位**
出典：UTF（1999）based on British Crime Survey

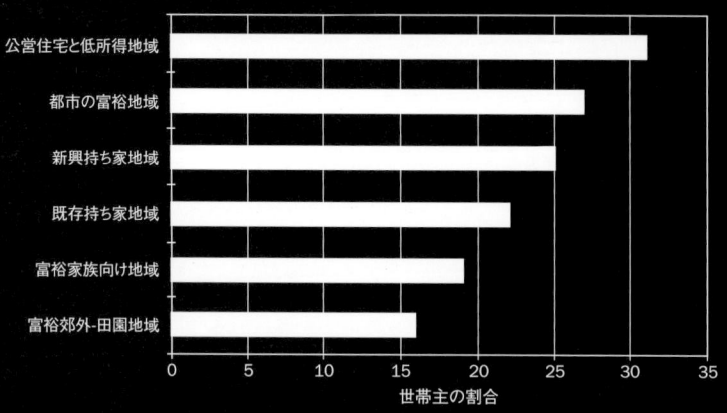

（グラフ：パーセント）
- 犯罪：約68
- 暴力行為と不良行為：約55
- 廃棄物、ゴミ：約41
- 犬と犬の糞：約34
- 落書き：約29
- 騒音：約23
- 隣人：約13

◀ **表2.14b：犯罪、暴力行為、その他の問題を心配する世帯主の割合**
出典：UTF（1999）based on British Crime Survey

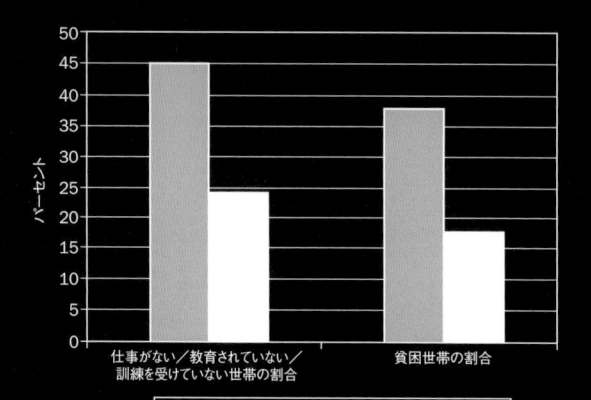

（世帯主の割合）
- 公営住宅と低所得地域：約31
- 都市の富裕地域：約27
- 新興持ち家地域：約25
- 既存持ち家地域：約22
- 富裕家族向け地域：約19
- 富裕郊外-田園地域：約16

◀ **表2.15：イングランドおよびウェールズにおける最貧区域の失職、貧困世帯の高度な集中**
出典：Glennesters, H et all（1999）

（パーセント）
- 仕事がない／教育されていない／訓練を受けていない世帯の割合：最貧困区域 45、イングランドおよびウェールズ全体 24
- 貧困世帯の割合：最貧困区域 38、イングランドおよびウェールズ全体 17

凡例：■ 最貧困区域　□ イングランドおよびウェールズ全体

失業率が高くなり、それによって多くの人々の流出と、社会構成の分極化、そして低技術者層の集中を経験してきた。ようやく雇用が増え、労働人口が不足し始めてきてはいるものの、雇用の変化に対応できない東部では、いまだに失業率は低下しない[80]。

ロンドンは経済面でも雇用面でも巨大なマーケットを誇っており、イギリスの他の都市に比べて圧倒的な富を持っている。しかしそれでもロンドンは都市問題が存在し、富の公正な配分がなされないままである。先ほど例に挙げた問題を抱える20位までの自治体の、実に半分までがロンドンの行政区によって占められているのである[81]。ただ、ロンドンが他の産業都市と違うのは、その経済力と多様性ゆえに、市外に脱出しようという傾向にまだまだ抗うことができるということである[82]。

市街への脱出にはコストがかかる。それゆえに、裕福な人たちだけが都市を離れていく。これまで都市では悲惨ばかりが演じられてきた。貧しさ、疎外、失敗。これらのイメージがわれわれの社会を大きく引き裂いてしまっているのだ。

今日の個人社会では、人々は分断化され、そのコントロールはますます難しくなっている。都市の崩壊の徴候は明らかであるから、人々はそれから目を背け、より環境のいい場所へと移り住んでしまうのだ。コミュニケーションは刹那的になり、社会の絆は弱まっている[83]。なぜ、社会の発展が、このような不均衡を生んでしまったのだろうか？　それは都市に原因があるのだろうか？　この傷を直す手だては都市にはないのであろうか？　少なくとも、今までみてきたような変化に対し、新たなデザインと、新たな建設と再生が期待されているということは確かである。世帯の変化に応じた新たな居住の姿を描き出せるのだとしたら、社会の崩壊をとどめる可能性も出てくるはずである。これは住居を単に小さくしていくというのではなく、よりコンパクトな空間利用を目指すという方向性である。社会の変化に併走し、新たな都市環境

Staircase G

を生み出さなければ、人々の脳裏から衰退の恐怖は消えないだろう。今、前に進まなければ、崩壊は止まらないのである。

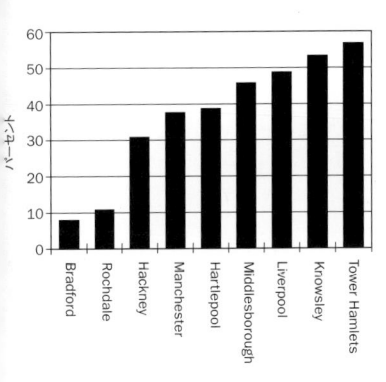

▲ 表2.16
地方自治体別にみた最貧困地域の居住人口
出典：Glennesters, H et all（1999）

◀ 物理的な荒廃は社会的疎外と等価である
David Hoffman

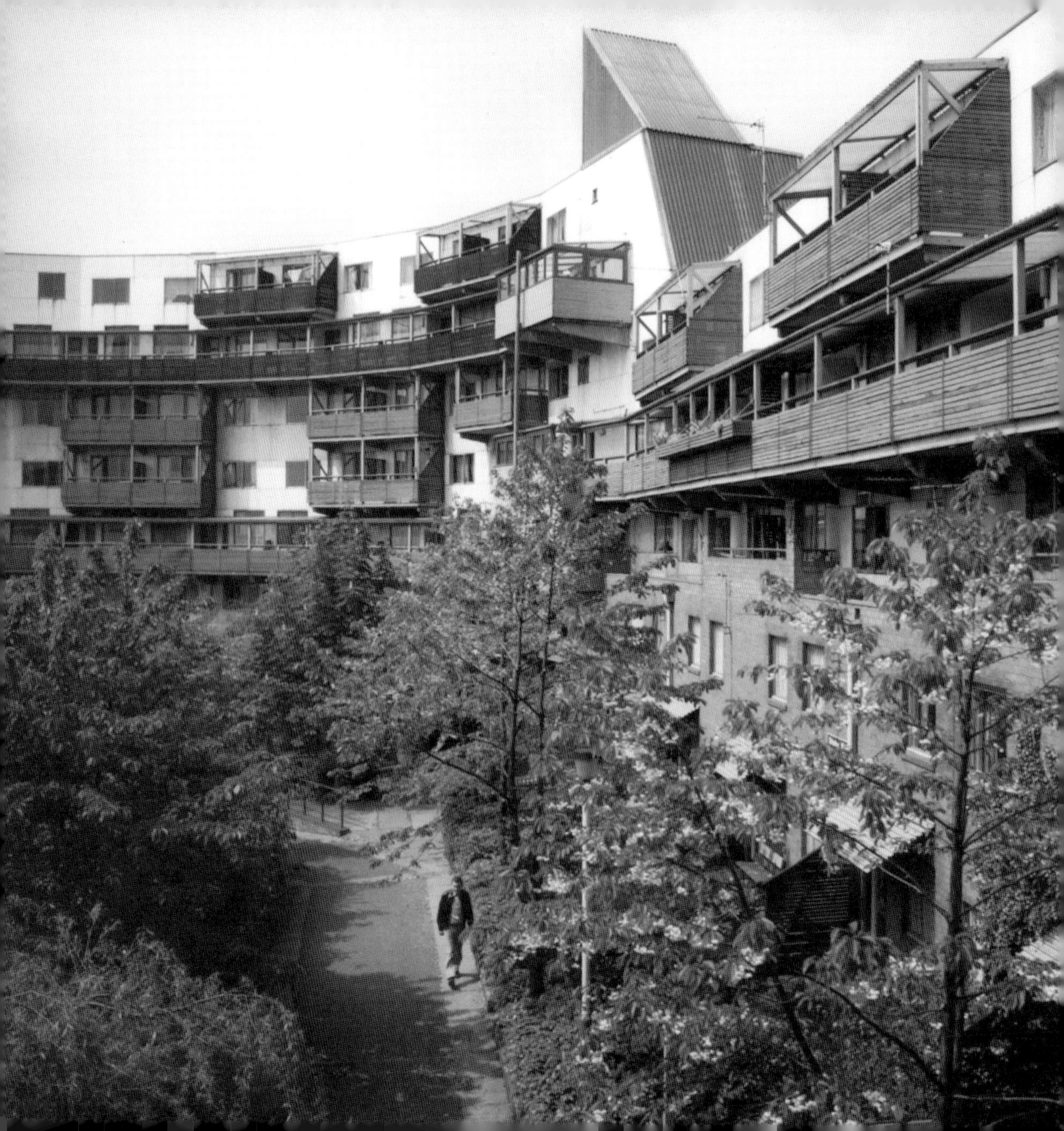

3　郊外への脱出とコンパクトシティの衰退

バイカー・ウォール

都市の構造

秩序のある都市

イギリス固有のテラスハウス

田園都市

郊外

投資家の撤退とスラムクリアランス

大規模公営団地

サステナブルでない都市

3 バイカー・ウォール

1950年代、ニューキャッスルのバイカー地区は、強い絆で結ばれた労働者階級のコミュニティであった。急な斜面に建つ古いテラスハウスからは波止場とタイン川を望むことができ、どの家族も1人はそこで働いていたのだった。住居は安定した賃料で地主から借りられたのだが、修繕にはほとんど資金が出されず、バスルームも専用のトイレもなかった。やがて、バイカーは市のスラムクリアランスの対象となった。4000人の住民が立ち退かされて、隣接する新しい集合住宅に移り住むことになったのである。プライドと連帯感、そして住み慣れた場所への愛着から、人々は立ち退きに抵抗した[84]。

若く、才能豊かなスウェーデンの建築家ラルフ・アースキンは、新たな集合住宅をコミュニティの人々が住み続けられるものにすることを住民に約束した。1人も転出する必要がないように新たなバイカーを段階的に建設すること、計画に誠実に取り組む証として、設計者たちも1年間そこに住みこむことを宣言したのである。彼らはデザインが本当に機能しているかを見ることで、立ち上げ時期の問題を解決しようとしたのだった。

▲ 前頁
バイカー・ウォール：古いテラスハウスを建て替えたモデル団地（設計：ラルフ・アースキン）
City Repro, City of Newcastle-upon-Tyne

彼らの計画は伝統を打ち破るものだった。地区を貫通する計画となっていた高速道路—実際にはできなかったが—に対しては、北向きの高いレンガ壁によって騒音を防ぐように計画された。「バイカー・ウォール」と団地が名付けられたのは、この壁にちなんでのことである。そしてその壁の内側、つまり南側の斜面に沿って、住戸が段状に配置された。以前の街とは似てはいないが、段丘と斜面は住民には親しみやすかった。さらに巨大な壁の中に入れば、本物のコミュニティに足を踏み入れたような雰囲気が作り出された。すべてのフラットには日が当たり、小さい庭や通路には囲まれ感と適度の秩序がある。そしてすべてが歩いて回れる距離の中に納められていた。

バイカーの巨大な壁の内側は高層の住戸となっていて、その前面には木製の階段やバルコニー、庭、そして遊び場が設けられた。包まれるような落ち着いた感覚は、コミュニティの維持に効果的であると思われたが、実際はその努力も完全には成功しなかった。バイカーにとどまった人々はもとの住民の40％程度だったのである。その理由はある老婦人の言葉に端的に示されていた。「欲しかったのはバスルームだったのに、どうして通りや建物まで壊したの？　引越しなんてさせなくても、ただパイプを建物に通せば良かったのよ[85]」

団地は大きく、住戸数は3000戸近い。失業率は非常に高く、単親家庭が多く入居する。団地が完成してから20年が経過した現在、バイカーの課題は維持管理となり、団地とつながりのある人々、とくに住民の子供たちのために、短期間部屋を貸し出す「コミュニティ・レント」が必要になっている。

そうした中、1999年に市は団地の一部のクリアランスを提案した。何ヶ月にもわたり賃貸も管理もされてこなかった地区を撤去しようとしたのである。これに対して住民は団結し、提案に対して戦った。昔のバイカー地区はもはや存在しない。新しいバイカーは困難にあるとはいっても、予想されたよりも長く生き残っている。どうして、再び破壊をしなくてはならないのか？　バイカー・ウォールはバイカー・ウォールのやり方で、伝統と問題を抱えつつもコミュニティとして育ってきたのである。破壊は解決ではない。それはただ問題を繰り返すだけのことなのだ。そして、今度は住民側が勝利した。バイカー・ウォールをデザインしたラルフ・アースキンが有名であることと、団地のユニークなデザインがイングリッシュ・ヘリテージにリストアップされていたことも勝因だろう。しかし何よりも、住民が自ら団結し、貧しいコミュニティがひっきりなしに強制退去させられることに抵抗したことが勝利の理由だった。市の方でも住民への対応を変化させ、より理解があり、より謙虚になり、色々な手法を受け入れるようになってきたことも理由の1つであった[86]。

都市の構造

過去200年にわたってわれわれを襲った社会変動は、都市の物的構造に影響を残してきた。今や秩序、魅力、美しさからはほど遠く、都市は断片化した風景と無秩序な街路に満ちている。都心のネイバーフッドは破壊され、都市周辺部の団地もスプロールを引き起こしている。歴史ある公共建築は無視されて、しばしば威圧的なコンクリート建築に取って代わられる。緑地と公園は管理者を失い、手入れもされず、荒れ果てる[87]。都市は、その特徴であった連繋と、密度感を失った。だから人々は「コミュニティ」のイメージを懐かしみ、「コロネーション・ストリート」や「イースト・エンダーズ」といったTVドラマを何十年も愛しているのだ。

20世紀の偉大な建築家たちが「反都市的」だったのは、都市がとても悲惨な状況だったからである。太陽、空気、そして光。それがル・コルビュジエやグロピウス、フランク・ロイド・ライトが夢見たものである。彼らは田園都市を生み出したエベネザー・ハワード[88]のように、「田園に都市を植え込もう」と考えた。しかし彼らのビジョンにもかかわらず、今も人気があるのは場所や秩序がコンパクトにまとまった地区である。都心のネイバーフッドやマーケット、小都市や伝統的な集落。場所と秩序のコンパクトさこそ、都市の大事な個性となっている。街路や広場の周りに存在する、多目的で、混合して、細かく織り成されたネイバーフッド。それこそが、都市の原形であり[89]、人間の本来の居住地なのだ。

20世紀を通じて、政府は都市から人々を排除することで、都市運営の改善と秩序への要求に応えてきた。単世帯向け住居を手に入れて自分の好きなように住みたいと、人々の郊外への脱出は始まってはいた。しかし、この動きに政府が荷担したことは67ページに挙げたポスターにも明らかである。都市の再構成という名目で住居と職場の距離は広がってしまい、やがてそれらは切り離されることとなった。商業、工業、余暇。生活と混ざり合い、

▲ 周縁に建つ団地：貧困なデザインで、高層・低密な街区が土地を貪る
Paul Herrmann/Profile

人を引きつけていた伝統がほとんど失われてしまったのである。分離政策によって作られた郊外は、いまだに人々の流入先となっており、個のための空間、いくらかの社会秩序が提供されている。しかし、郊外には空虚も漂っている。人々が混合して作り出す、活動の濃密さがそこには存在しないのだ[90]。

この章では、いかにわれわれが都市の姿を変えてきたかを述べてみたい。次の3つの政策を順に検討していくこととしよう。1.テラスハウスと田園都市を捨て、無秩序な郊外開発を選んできたこと、2.段階的なリニューアルではなく、大規模なクリアランスを行ってきたこと、3.都心部に、低所得者用として大規模な団地を建設してきたことである。これら3つが今日のような状況を引き起こすとは誰もが予想しなかっただろう。しかし、これらこそ、われわれが立ち向かおうとしている社会の異常な分極化を説明すると思われる。

秩序のある都市

都市の限られた空間をめぐって、絶えざるせめぎ合いがある。それは変化する経済と社会に応じて新たな機能を付加させようとする、建築や道など構築物の物的なせめぎ合いである。小都市などを見てみると、変化の少ないコミュニティでは構築物は秩序化しやすく、個人とコミュニティの関係が確固とした物的環境に支えられていることが分かる。教会、パブ、通り、店、緑地、広場、墓地やバスの停留所。これらは公共空間を形作り、生活と環境をつなぎ、人々の暮らしを秩序立てる。これらはコミュニティの象徴であり、人々にそれぞれの行く先を示す道標である。

物的な構造の変化がゆっくりとしたものならば、都市は良く混ざり合い、調和に向かう[91]。ロンドン、ヨーク、エジンバラの中世の街路パターンは、今もなお機能的であり、訴えかけるものがある。しかしこれらのパターンは、ユートピアへの理想を抱いた当時の指導者、計画家、建築家が、まわりの雑然と

した地域から人々を追い出しながら、強引に秩序を築いてきたことの証でもある。建物のプロポーション、都市空間のスケールときめ細かさ、それらの並び方と周辺環境との関係は、場所の感覚を生み出している。エジンバラのニュータウン、ケンブリッジ大学、ルネッサンスのフィレンツェ、サンクトペテルブルグ、パリの中心部やロンドンのナッシュのテラスハウス。これらには、秩序と物的な美しさがあるが、その開発手法を現代の都市で模倣することは難しい。

なぜ難しいかといえば、教会、貴族、政府などの強力なパトロンはもう存在せず、かつての「大計画」のように都市全体のコミュニティに権力をふるうことは、現代の民主主義政府ではありえないからである。しかし、それは都市計画ができないということではなく、ただ、もっと注意深く、上手く行う必要がある、ということである。むしろ現在も、国や地域の行政は衰退したネイバーフッドを一掃し、権力を見せつけているのだ。イギリスのスラムクリアランスは、1960年代から70年代にかけて都心の団地を生み出したが、これらは結局「新たなスラム[92]」を生み出しただけである。この方法の失敗については、また後で述べることにしよう。

変化の速い都市では、ランドマークは生まれては消え、人々は拠り所を見失う。こうした秩序の破壊は、結局人々を遠ざけてしまうのだ。行政が都市を機能させようとしても、住民は退去によって反対を表明し、都心の活気は奪われる。コミュニティを再創出し、人々を回帰させ、物的な秩序を取り戻すことは困難だろう。醜い開発と空間の放置によって、公共空間は損なわれ、都市の中心部は衰退し、郊外も空虚となった。とはいえ、今日、イギリスには多様な居住の形式が残されている。ジョージア朝時代以来のネイバーフッド、中世の都市、村落や街路、その外側の古い郊外と、単調で拡散した近代の開発。産業都市のさびれたテラスハウス、そして古い街区パターンに押し込まれた、スラムクリアランスによる大規模な団地。これらの居住の形式は、われわれの都市にどれほど適合しているのだろうか。テラスハウスか

◀ ビクトリア朝時代の高密モデル住居。現在でも人気があり、埋まっている
Richard Townsend
▶ 変わり行く都市の風景
▼ 1900年「に建設された条例住宅：高密な"コロネーション・ストリート"は、しばしば再利用されている
Katharine Mumford/Anne Power

The HARDWARE STORE.

ら都心部の団地まで、順に見ていくこととしよう。

イギリス固有のテラスハウス

イギリス都市のネイバーフッドは、もともと雑然としたものでも、無計画に造られたものでもない。ダブリンの広場、バースのクレセント、ロンドンのテラスハウスなど、高密さと威容を誇るジョージア朝時代の都市は、われわれのバランス感と高貴さへの趣味を表している。狭い間口に奥行きを取り、採光豊かな4〜5階の建築は、コンパクトであり、フレキシブルであり、使い勝手の良い公共空間のまわりに経済的に建てられている。その手法はビクトリア朝の都市に引き継がれ、新興の中産階級のためには洗練されたテラスハウスが、工場労働者のためにはドラマの「コロネーション・ストリート」のような住宅が建てられたのである。これらのテラスハウスはイギリスの都市に独自の個性を与えている。そして大規模な破壊と2つの世界大戦にもかかわらず、1914年以前の住宅は500万戸も残っており[93]、場所によっては最も手に入りにくい人気物件となっている。1ヘクタールあたり100〜200世帯（約300人）を収容し、人気があり、コンパクトで新たな用途に対応できる。テラスハウスはフレキシブルであり、リノベーション向きであり、家族も1人住まいも住みやすく、プライバシーと近所とのコミュニケーションを両立させる。これはイギリス固有の発明である。

ヨーロッパやスコットランドとは違って[94]、イングランドではフラットやテナメント（積層集合住宅）は、ほとんど建設されなかった。代わりにテラスハウスが採用されたために、貧しい人々は他国とは比較にならないほど良い状態で住むことができたのである。上階に2部屋、下階に2部屋が配されたテラスハウスが列状に通りに建ち、収集車が夜中にごみを集めることができるように裏路地も備えられた。これらには工業時代の貴族である熟練工が住み、やがて初期の郊外が形成されたのである。古いタイプのテラスハウスには上下水道が十分でなく、悪条件の住居も見られたが[96]、それも改善されて、

ヘクタールあたり1000人までの高密度居住と住民自身による運営が可能となっていた[95]。それは模範的な住宅供給会社やジョージ・ピーボディのような博愛主義者が建設した、管理人を必要としたフラット形式の集合住宅とは異なっていたのである。

しかし当時の郊外は、拡がる都市圏に瞬く間に飲み込まれた。快適に建てられたテラスハウスも、都心の貧困、疾病、無教育、無秩序といった悪禍からは逃れられなかった。スラムは、デザインや建築によって生じるのではない。それはアメニティの不足、荒廃、投資の不足、過密と貧困から生じるものである[97]。テラスハウスの多くは堅固に建てられたにもかかわらず、次第に見放されはじめた[98]。人々はやがて親しみにくく、押しつけがましく、テラスハウスよりもキャパシティの低い公営団地を好むようになり、見晴らしの良い、低密度の郊外に向かい始めた。そして都市と社会の混合が失われていったのである。

テラスハウスの復活は、1960年代にスラムクリアランスがピークを迎えたころに始まった。広範囲な取り壊しが、コミュニティ、政治家、建築家や投資家の危機感に火をつけて、都市デザインの伝統と、ネイバーフッドの救済、そして街の復活をめぐる闘争へと発展したのである。ロンドン、エジンバラ、そしてヨーク、ノーリッジ、ブリストルなどの小都市において、ジョージア朝、ビクトリア朝の街区のコンパクトな都市居住が評価され始めたのである。スラムクリアランスの対象であったイズリントンも美しく修復されジョージア朝時代の街区を残すことになった。

田園都市

田園の平和と静寂。それは悪化した都市環境にとっては魅力であった。1898年、理想主義者のエベネザー・ハワードは都市に秩序をもたらし、労働者に住まいを提供するための方法として、「田園都市」を発明する。20

世紀を通じて、彼のユートピア像は世界中の都市計画に影響を与えることとなった[99]。

田園と都市の長所を組み合わせ、孤立する田舎の後進性と都会の混沌を避けるという「田園都市」は、働く大衆を汚らしさから解放し、雇用者を繁栄させるものと考えられた。その建設のための初期投資は、民間企業によって行われ、土地からの収益はすべて、コミュニティ内部に再投資される。エベネザー・ハワードと建築家であるレイモンド・アンウィンはヘクタールあたり30戸で田園都市を計画したが、これは伝統的な都市の密度の1/8以下である。彼らは緑地にも、街路にも、公共施設や福祉施設にも、すべてに大きなスペースを割いた。図3.1と3.2に、ユートピア的なアイデアと実践的なアプローチの両方を反映させた、ハワード自身によるデザインが示されている。

田園都市は、イギリスではレッチワースとウェルウィンの2つが建設されたが、コストが高くつくことと、大きなスケールでの実践が難しいことが明らかになった。しかしその思想は人々の脳裏に残り、多くの国々に模倣者を生んだ。労働、居住、社会施設が統合された自律的な都市というハワードのコンセプトは、今でも包括的で、刺激的なモデルを与えている[100]。

第一次世界大戦以降の政府の住宅建設プログラム、いわゆる「英雄のための家」のプログラムは、マーク・スウェナートンによって、郊外開発という思想の崩壊として記されている[101]。その崩壊は、今のわれわれの都市と同様である。周囲から隔離され、「住む」といった単一の機能しか持たず、低所得者には広すぎる郊外。物的にも階層的にも多様性を欠いて、活気のあるコミュニティが生まれるには至らない。結局のところ、田園都市のアイデアは進展しなかったのである。

第二次世界大戦後も、田園都市をモデルとしたニュータウンは人々を引き

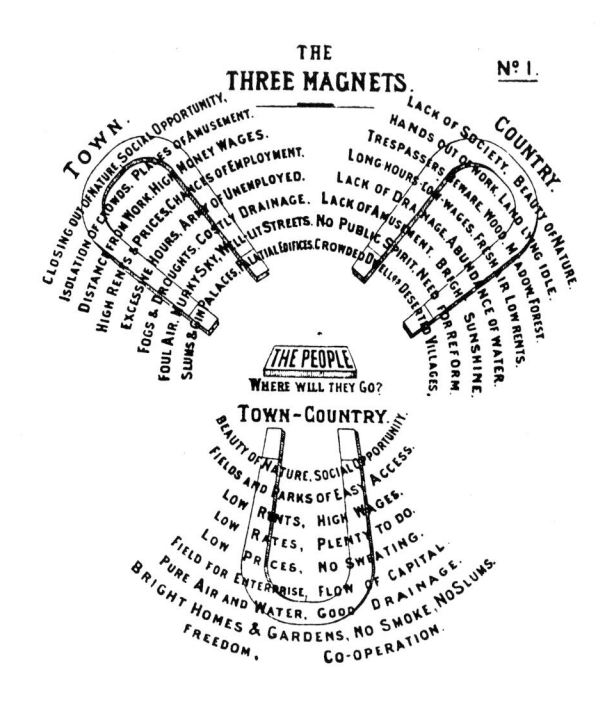

▶ 図3.1：3つの磁石
出典：E.ハワード『明日の田園都市』(1985年の新版)

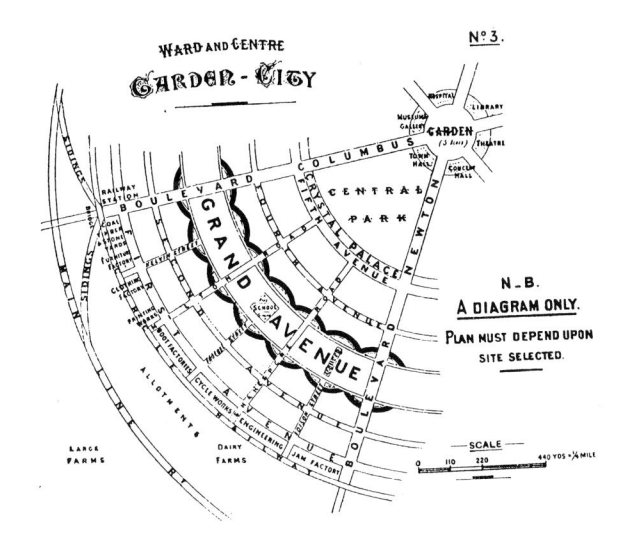

▶ 図3.2：田園都市
出典：E.ハワード『明日の田園都市』(1985年の新版)

付けた。アーバークロンビーの大ロンドン計画（図3.3）が提案され、全国で28の都市開発が行われた。都市の過密を解消し、統合された高密度のコミュニティ。労働と居住と社会生活を備えた、機能的な新都市。しかし、現実は計画のようにはならなかった。ニュータウンは大都市のベッドタウンとなり、都市に対して害を及ぼすことが分かったのである。郊外に移転された工業地帯に沿って、裕福で能力のある労働者を、ニュータウンが都市から吸い出したのである[102]。

ニュータウンを田園に築くことは難しくなった。そこで別のコンセプトの「拡張都市」が導入された。これはアッシュフォードやスタンステッドに現在の政府が提案しているものと似ており、初期のニュータウンの欠点を修正しようとするものである。ニュータウンと田園都市は、民間による郊外開発よりコンパクトで、土地利用と所得階層は多様である。しかしこれら大きな規模の建設は困難であったため、歴代の政府は、無計画な民間開発と都心のスラムクリアランスに頼らざるを得なかったのである。

表3.4は、イギリスの都市が人々を追い出しながら都市を秩序化することに、いかに腐心してきたかを示している。政府の戦略は、今では人口の半分を収容している都市の郊外と、すべての都市の中心部に影響を与えたクリアランスという2点に集約される。その2つのアイデアを、順番に分析してみよう。

郊外

郊外とは、低密度の開発が都心から連続して広がる都市外縁の地域のことである。2戸1組のセミ・ディタッチドハウス、もしくは庭付きの1戸建てが繰り返されて、シングル・ファミリー用の購買物件となっている。初期の郊外は鉄道沿いに成長したが、新たな郊外が依存するのは自動車である。敷地は広く、そのため住居は道路からも分離され、私的で孤立したものとなる。

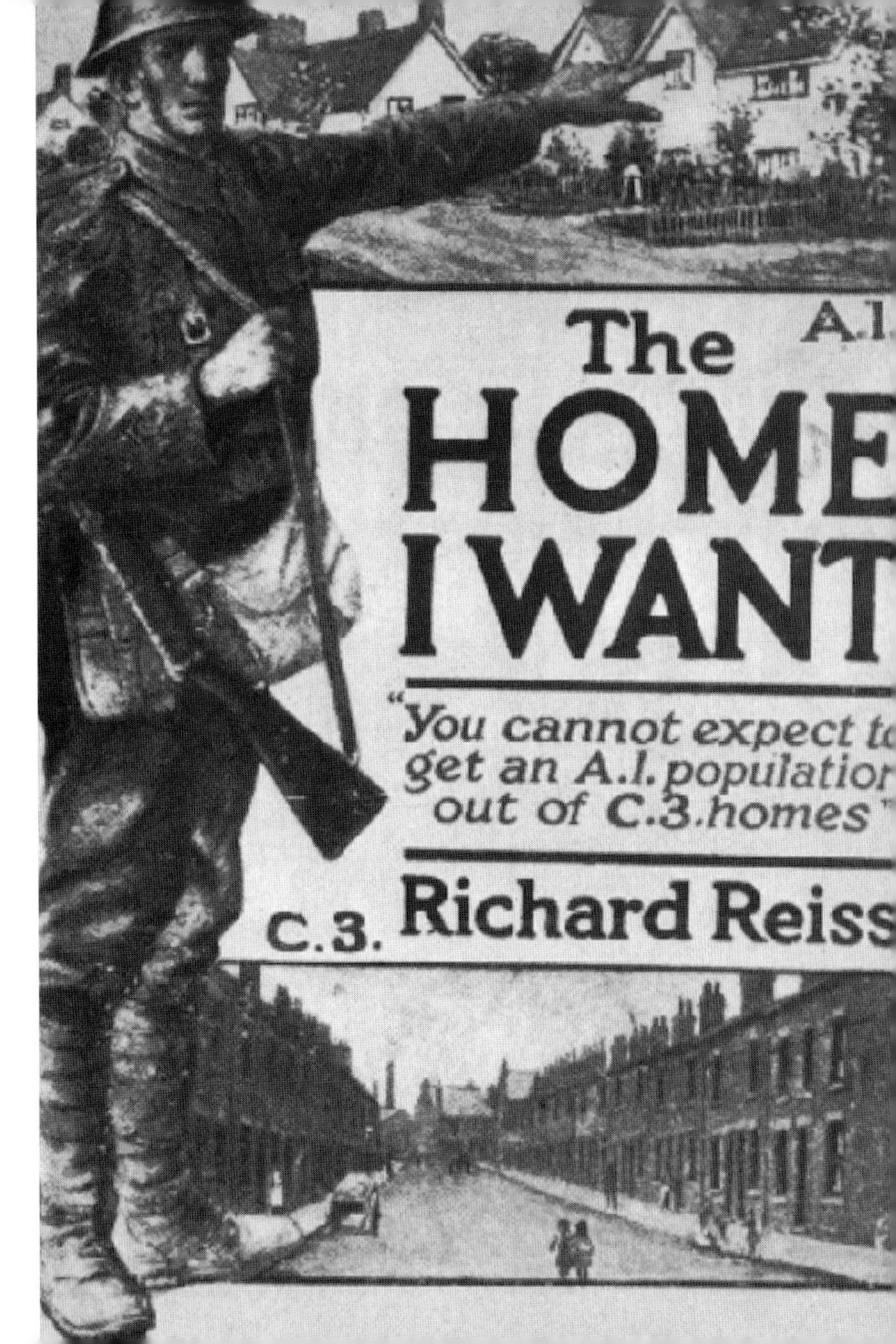

▶ 英雄のための家：都市に背を向け、郊外に逃げ込む。1918

3/68

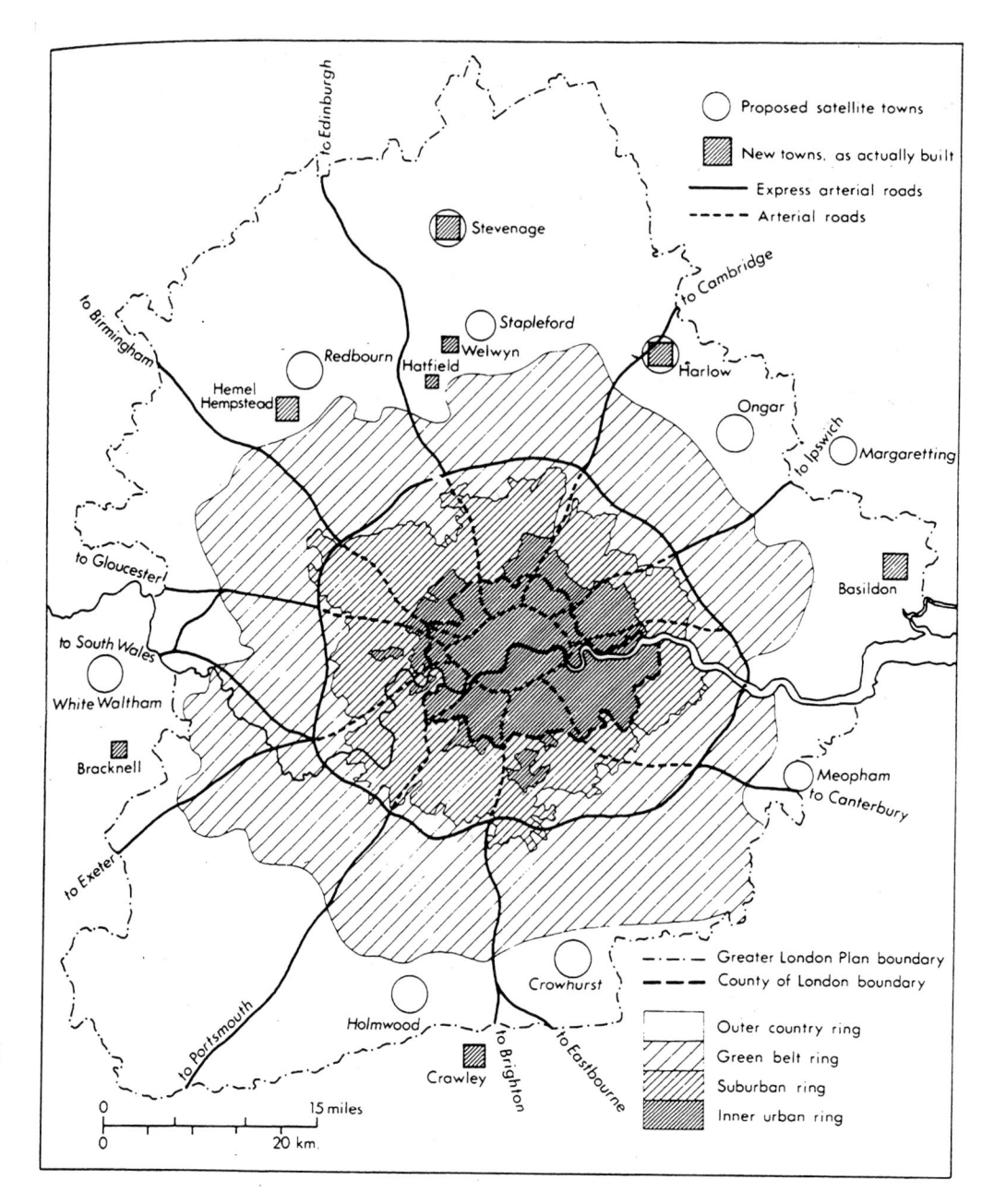

土地は一定の大きさで分割され、建物も陳腐なのだが、その単調さ、そして公的補助が、建設費用を最小化するのを支えている[103]。

郊外志向はつねに根強く存在していた。そもそも郊外の拡大は、第一次世界大戦後の住宅不足への安直な対応が契機となった。500万人の兵士が「英雄のための家」を約束されて帰還したため、テラスハウスのある都市の周縁部の外側に、あらゆる種類の住宅が建設されたのである[104]。1930年までには住宅価格は賃貸価格と同等となり、セミ・ディタッチドハウスは成功の証として人気を博した。

この第一次世界大戦後の建設ブームは、緑のなかの住宅という、田園都市のイメージの影響下にあった。しかし、プランニングもデザインも、コストもすべて最小限で、単純につくることだけが目標とされた建設ブームのなかでは、田園都市の理想は瞬時に忘れられた。この時期だけで1000万戸もの郊外住宅が建設されて、多くの労働者階級の住まいとなった[105]。その結果、今も郊外住居はイギリスにおいて唯一かつ最も一般的な居住形態となっている。

◀ **図3.3：グリーンベルトとロンドン周辺のニュータウン**
出典：アーバークロンビーの大ロンドン計画、1945

郊外が急速に拡大したおかげで、イギリスは極めて良く住宅が供給された国となった。住環境はどこも基本的な快適性を備えており、1人あたり2部屋の居住空間があるとされている。他のヨーロッパの国々では5割に達しないのに比べ、9割の世帯が庭付きの戸建住宅に住んでいる[106]。表3.5が示すように、1960年代から現在まで、世帯を上回る数の住戸が供給されている。これはますます広がる郊外に、絶え間なく建設を続けているためである。

1969年のバリー・カリングワースの警告にもかかわらず、建設業界は世帯の少人数化に対して、ほとんど軌道修正をしていない[107]。郊外居住は確かに人気があり、安く、便利で、個人の自由は最大である。しかし同時に、土

1750年以前の有機的な都市成長～中世都市

- ローマ時代から残る街区パターンに建設された都市　例：カンタベリー、ヨーク、チェスター、ロンドン
- 高密、コンパクト、狭い街路　　　　　　　　　エジンバラ旧市街
- マーケットの建つ広場
- 商人組合

1750-1820 計画された都市成長～ルネッサンス都市

- 旧市街の外側にできあがった都市　　　　　例：バース、ロンドンのピミリコ、エジンバラのニュータウン
- ジョージア朝様式のテラスハウス、広場、クレセント、ジョージア朝時代のダブリン
- 広い大通りと狭い街路
- 教会と公園

1800-1850 無秩序な都市成長～産業都市

- 既存の街や村、旧市街に付け加えられた都市　例：マンチェスター、バーミンガム、ブラッドフォード、東ロンドン、リバプール、ニュー・ラナーク
- 労働者向けの「モデル」住宅
- 昔からのテラスハウスも残る
- 新しいビクトリア朝様式のテラスハウス
- 詰め込まれた長屋住宅

1845-1912 都市の秩序と分散～都市の再構成

- 公衆衛生法とクリアランス　　　　　　　例：ロンドンのニューハム、マンチェスターのモッシド、ニューキャッスルのバイカー
- モデル住宅
- 条例住宅、都市内部の郊外開発
- 水、衛生、街路灯

1890-1919 ユートピアの計画～田園都市

田園都市 ➡
- 田園のなかの都市
- 低い密度
- オープンスペースとアメニティ
- 高コスト、実現の難しさ
- 例：レッチワース

新しい労働者住宅 ➡
- 職住近接
- アメニティ
- 健康
- 例：ボーンビルのポート・サンライト、ニュー・イヤーズウィック

田園郊外
- 既存の町に付加される
- 団地居住のモデル
- 例：ハムステッド田園郊外

1919-1980 政府の住宅政策～大量供給

補助金付きの住宅分譲 ➡
繰り返される単調な郊外

団地建設 ➡
- 都市の外部での田園住宅開発
- 都市の内部のクリアランスと高密街区の再建設

ニュータウン
- 田園都市の模倣
- 選ばれた人だけが移住可能

地開発の拡大、インフラの増加、そしてタウンセンターや市民サービスとの連関が弱いという欠点を持っている。もはや都市近郊の土地と交通は使い尽くされたため、郊外は更に拡散し、スプロールを続けている。コンパクトな都市居住に比べると、郊外は倍の道路面積を必要として、土地利用の混合という大事な要素もない。後に4章で詳述するが、郊外居住によってわれわれの移動時間は増大し、道路と自動車への出費は急速に増え続けてきた。もしも郊外開発に必要とする交通のコスト、インフラとサービスについてのランニングコストを価格に算入するとしたら、郊外住宅は際立って高いものとなるだろう。

アメリカではスプロールは大問題となっており、インフラ、道路、下水施設のための州の補助金は、郊外住宅1戸あたり2万5000ドルと見積もられている[108]。都市部では人種の分離、貧困の集中、信頼の喪失が問題となっており[109]、その負担はやはり大きい。イギリスも、同じように郊外居住に対して補助金が支払われている。ただしそれは「隠された」補助金で、その存在は気付かれにくい。1つは短期的な社会資本の整備に対する補助であり、学校、道路、インフラなどが行政から援助を受けている。もう1つはもっと長期のランニングコストに対する補助である。これについては6章で論じたい。

◀ 表3.4：英国の都市パターンの進化

スプロールを続ける郊外にかかる費用は、イギリスではまだ算出されていない。しかしわれわれの風景を侵し、われわれの社会を分極化するスプロールは、多くの人々に影響を与える現象である。たとえば通勤による交通の増加は都市の街路や公共空間を損ない、郊外の風景を退屈にしている（4章参照）。われわれは都心に残る魅力的な街区を再利用し、持続させることをせず、ただただ都市の外側へと投資を続け、重要な資源を浪費しているのだ。第一次世界大戦後の古い郊外を例にとっても、その公共交通へのアクセスの良さは大切な資産であるのに、投資がないまま徐々に、確実に衰退が生じつつある。いかにこれらの地域を機能させるか？　それについて

は7章を待つこととしよう[110]。

土地を得て、そこに独立した作品のように建物を建てる。これがわれわれが慣れ親しんでしまったやり方である。本来ならば、新たな土地開発も、既存のネイバーフッドの再生も、社会の結束と市民生活を高めるものとして同じように発想されるべきではないだろうか?[111]　郊外の成長は都市の衰退を誘発するが、郊外は、その定義から考えても都市から独立して存続することはできない。郊外は都市に依存しているのだ。そして都市もまた、その繁栄を郊外に依っているのだ。

投資家の撤退とスラムクリアランス

第二次世界大戦後、郊外が急速な成長を始めたころ、人口の90%は民間の賃貸物件に住んでいた。もともと民間の貸主の存在は、近代都市と郊外開発にとって決定的に重要なものとされている。しかしイギリスは、ヨーロッパで唯一と言っていいほど、民間の貸主が力を失うように誘導されて、都心の街区が大規模な公営団地と化してしまった国である[112]。家賃の厳格な統制は1915年に導入されたが、それは戦時の家賃上昇による社会の動揺を抑えるためであった[113]。以降70年間にわたって家賃が統制されたため、最低限の修理も近代化も困難となった。事実上、すべての都市のストックが朽ち果てて、50年代までに、どの都市でも、中心部は落ちぶれていった[114]。20世紀を通じて、賃貸不動産は驚くべき速度で消滅した。賃主であることを止める人に比べ、新しく貸主となる人々が、あまりにも少なかったからである。民間の賃料は、1998年になるまで不当な規制から解放されなかった。その後ようやく、民間賃貸が数十年ぶりに拡大し始めたのである。

民間賃貸住宅の比率は、1900年の90%から1990年の10%以下に落ち込んだが、これは住宅供給がすさまじく拡大した時期としては劇的な減少

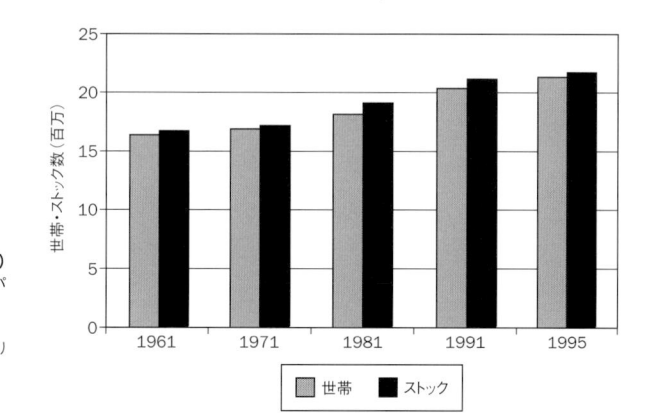

▶ **表3.5：世帯数と住宅ストック（単位：100万）**
出典：H.グレナースター、J.ヒルズ（1998）、A.パワー（1987）

▼ 大戦間に建築された物件：ヘクタールあたり35戸という低密度コミュニティが建てられた
Paul Herrmann/Profile

である。民間賃貸住宅の戸数は、700万戸から200万戸へと減少したが、住宅全体としては800万戸から2300万戸へと、3倍となっている。200万人を超える都市内の民間貸主は、荒廃したテラスハウスを持ち家向けに売り払い、減少に拍車をかけた。それ以外の200万人の貸主は、スラムクリアランスによって建物を失った。表3.6は、他のヨーロッパ諸国やアメリカと比べて民間賃貸がいかに少ないか、またその結果として、われわれがいかに集合住宅を少量しか建設してこなかったかを示している。

今日、民間賃貸の不足は、求職者、新規居住者、若い世帯など、住居を早急に手にしたい人すべてにとって、問題を引き起こしている。お金があろうがなかろうが、われわれは、人生のある時期には賃貸住宅を必要とする。裕福な人々は、賃貸集合住宅を簡単に見つけるかもしれないが、それは単に普通の物件に、高い割増料金を払うかどうかという話である。1998年に賃料統制が緩和されるまで、買ったほうが簡単で安いこともしばしばであった。このことはわれわれの住宅供給システムを二重に硬直的なものにしたのである[115]。

民間賃貸の不足こそ、都市の住宅不足の主な原因である。急を要する住宅問題を抱えている人々は、家賃補助があるか、家賃が統制された住宅に入居できるまで、順番待ちをして生きていくわけにはいかない。街のはずれに、すぐに入れる賃貸住宅があれば、住宅不足問題は緩和されるだろう。ニューヨークには部屋の賃貸を組織的に行い、さまざまな所得階層の人々、なかには以前ホームレスであった人々をも混合させる試みが存在している。マンハッタンの繁華街のホテルや簡易宿泊所がこのプログラムに参加している[116]。

シングル・ファミリーや、単身での居住など、われわれの都市居住がより小さく単位化するのに応じて、長期にわたって住む家、短期滞在のための家など、さまざまな住み方に対応した居住が用意されなくてはならない。若い人々

は、都市に生活基盤を築くまで、家賃を低く抑え、日を追って変わる生活状況に対応できるように、ルーム・シェアをしたいと考える。それに対応できる「アダプタブル」な住宅の必要性は、ロンドンの住宅供給の可能性についての研究が力説するところである[117]。安い部屋と小さなフラット、簡易宿泊所、ルーム・シェア用の下宿などは、豪華な集合住宅や、サービスの行き届いたホテルと同じく、都市の活性化にとって必要不可欠である。商業的にも社会的にも、それらは人々の混合を担うであろう。

最も小さな賃貸のケースを考えてみよう。住んでいる家が大きすぎるとか、部屋が余ったからという理由で1部屋、2部屋といった小さな物件を提供する人がいたとする。それを後押しできたなら、居住ストックは最大限に利用され、投資の可能性も高まることとなる。ドイツでは、自分の所有地のなかの家を賃貸する人々に対して、税法上の優遇措置が定められている。ところがイギリスでは、そうした物件は逆に課税の対象となっている[118]。

民間貸主に対する冷遇と、自治体中心の賃貸物件の供給という2つの方針が重なって、われわれが持っていた賃貸物件のストックは取り壊されてしまうこととなった。都心のテラスハウスは長期間修理されず、民間貸主も徐々に姿を消して、多数の人々が都市を脱出したのである。都市の衰退とスラム化の原因は、こうした政策にもあるのだ[119]。

大規模公営団地

慢性的な荒廃、投資の不足、貧困と過密。政府はこれらの問題を解決しようと苦悩したあげく、スラムを消し去ることを思いついた。1930年、破壊こそが進むべき新たな道となった[120]。

当初は、まさに最悪の、最も過密な地域だけが標的であり、予算は貧困する家族を新しい住居に転居させるためのものだった。郊外に住む住民がス

ラム生活者の転居に反対したため、大規模な公営住宅団地は破壊されたスラムの上に再建された。政府は次第に予算を増額し、1930年代、50年代、60年代に、最貧困層の家族のために集合住宅を建設し続けた。最大限の収容力と、最小限の賃料を可能にするよう、建設コストは削られた[121]。

50年間で、400万の家族が転居させられ、1万もの大規模団地が誕生した。それらの多くは効率主義の特徴を備え、都市景観のなかで荒々しく目立っている。都市の構造は、ブルドーザーという粗野な道具によって、強力に改変させられた。1930年から1939年の間に100万戸のテラスハウスが、1950年代にはさらに100万戸がクリアランスによって壊された。1960年代にも壊され、それは1970年代の初めに政策が下火になるまで続けられた。

クリアランスの宣言からその実行まで、通常10年から20年が必要とされる[122]。対象地域は本当の対象地よりずっと広いが、それは人々の転居のためのスペースが必要だからである[123]。移住を待っている間の仮住まいは、もとのスラムより劣悪であり、移住を待ち、ブルドーザーを見ているうちに、子供は大きくなってしまうのが常だった。コミュニティの連帯を育てるための配慮はなく、ただただ、人々は無理やり立ち退かされるだけである[124]。新たな入居者、単身者、子供のない世帯や、問題を抱えた家族は住み替えから締め出されたが[125]、それはクリアランスが生み出した住居不足のためである。皮肉にも、クリアランスは家がない状況を生み出したのだ。クリアランスが行われる地区に入っていたマイノリティの住民は、1976年に人種関係法が公共および民間団体による差別を禁止するまで、大部分が住み替えから締め出されていた。これは結局さらに激しい人種の集中を招いた[126]。クリアランスの恐れが広がるにつれ、そして逆境にある人々がプログラムからはじき出されるにつれ、クリアランス地域に隣接した地区は過密になっていった。

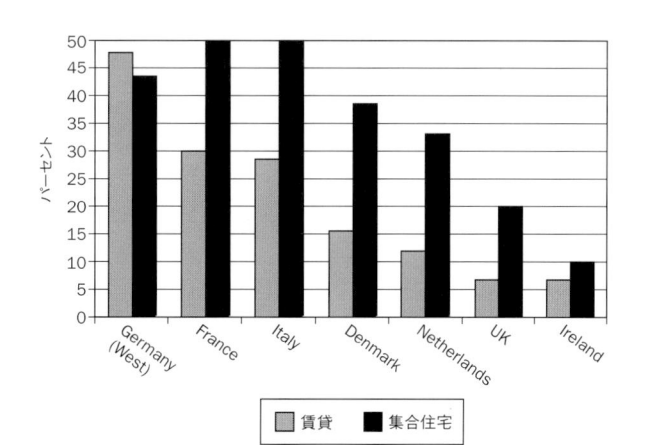

► **表3.6：住宅ストックに占める民間賃貸と集合住宅の割合**
出典：A.パワー（1993、1996）

▼ ヘクタールあたり25戸の典型的な新しい個人住宅
Photo:Llewelyn-Davies

地方政府の多くは中央政府より有権者のほうを向いていたので破壊に抵抗したものの、クリアランスは1974年に経済が打撃をうけるまで止むことはなかった。それまでに行われた驚くべき規模のクリアランスは、維持管理、修繕、環境管理などの優先順位がいかに低く、コミュニティの安定への配慮がいかに欠落していたかを示している。その配慮のなさゆえに、団地はほとんど竣工当初から衰退し始めていた。

1960年代の住宅大臣、リチャード・クロスマンは、日記の中でイズリントンの瀟洒なパキントン・スクウェアを撤去に追い込んだことを自慢していた[127]。ウィガンやロンダといった町は、人々が住み続けたいと思っていた低所得の街区にスラムクリアランスを宣言するように圧力を受けた[128]。リバプールやバーミンガム、マンチェスターやニューキャッスルは、都市内の住戸ストックの40％を一掃してしまった。確かにこのうちのいくらかは撤去が必要であった。というのは、それらの都心は非常に過密だったからだ。しかしスラムかどうかの判断は地方政府によって大きく異なっていた。つまり地方政府も中央政府も、当時の撤去ラッシュにおいて重要な役割を果たしていたのである。GLA（大ロンドン庁）の前身であるGLC（Greater London Council）が1960年代に宣言したスラムの約60％は建物には問題がなかった[129]。ホロウェイのウェストボーン・ロードは1968年にクリアランスが宣言されたが、それは市の保健医官が、そこはポン引きと売春婦だけであると報告したからである[130]。ニューキャッスルのバイカーも、マンチェスターのモス・サイドも、堅固なテラスハウスの街区だったにもかかわらず、貧困のためにクリアランスの対象となったのである[131]。

スラムクリアランスは、大規模団地という公共投資を撒き散らした。西側世界でイギリスほど、こうも大がかりに政府が資金を提供し、公共の居住計画を試みたところはかつて無かった[132]。このように大規模な市場介入は、むしろ社会主義国の中央集権計画経済が採用した手法だったのである。イギリスは、ほとんど完全に都市部でこの計画を実現しようとして、コミュニティ

を皆追い出した。

団地の多くは注意深くデザインされて、時間の経過という試練に耐えた。ロンドン州議会（LCC）の建築家は、適切な価格、適度な密度と高いレベルのデザインにより、世界的な評価を受けた。団地のほとんどは、丁寧な管理や、継続的な改修、住人の混合に努めたならば、もっと上手く運営できたであろう[133]。しかしなかには、全く建築家が加わらずに建設された団地もある。数値目標と、広い寝室への要求のみが開発者に与えられ、ロンドンのハリンゲイ地区がテイラーウッドロウ・アングリアン社とともに、ブロードウォーター・ファーム団地を開発したのは、こうした方法によってであった[134]。

当時の政府の方針が、物理的に、また社会的にどのような結果を招いたかは明らかである。多くの団地に押し付けられた近代建築は、人々の生活を型にはめるようにデザインされていた。また、表に出ない人間のつながりや、自分たちで組織だって問題を解決することができる住民の能力に対して、注意はほとんど払われてこなかった。伝統的な生活パターンには目もくれず、貧しいコミュニティをまるごと異質な環境に移植する。拘束的で、ミニマリズムの公営団地は、裕福な人の郊外への移住と同時に出現した。郊外には個人の自由があり、公共の介入、隣人のみすぼらしさからは自由だったからである。

クリアランスは、住居とコミュニティに対してだけでなく、サービス業や雇用に対してもダメージを与えた。ロンドン北部の対象地域、現在のエルソーン団地は、クリアランス前には90の店舗があったが、再開発の後ではたった6店の入居しかなかった。リバプールでは人口の40％が失われ、少なく見積もってもそれと同様の小規模雇用を失った[135]。グラスゴーは、技術の低い人々を都心から追い出し、それとともに多くの仕事場を一掃した[136]。

1974年には、ほとんどの都市で公営住宅への需要がなくなっていた[137]。

あまりに多くの団地が、都市の内部に集中していたのである。そして公営団地は、住むだけの機能しかない、低所得者が集まる都市の孤島となっていた。コミュニティをつくりだすことにも失敗し、物的な環境投資、家賃補助、収入補助、公共の管理運営など、行政への依存だけが残されたのである。人々が多様に混じりあう、豊かなコミュニティはそこにはなかった。たとえばロンドンでは、マイノリティがこうした最悪の団地に集中させられた[138]。しかしロンドンから離れると、レスターやブラッドフォードのような都市ではマイノリティの割合が大きいにもかかわらず、公営住宅には多くの白人が住んでいる[139]。つまりマイノリティを特定の団地に集中させるのは白人の偏見であることが伺える。

パトリック・ダンリービーは、スラムクリアランスと大規模団地は、無神経なプランニング、貧困なデザイン、非人間的な立ち退きと住民への配慮のなさによって、行政の評判を落としたと結論している。大規模団地の建設は、地方自治体の信頼を失わせ、都市内のコミュニティそのもののイメージも落としたのである。

イギリスにおいては、市当局は一番の貸主であり、すべての賃貸住居の2/3以上を、そして都市内の賃貸住居のほぼ半分を所有している。グラスゴーやバーミンガム、そして最も熱心だったロンドンなど、大規模にクリアランスを行った都市は、今なお公営住宅の問題に悩まされ続けている[140]。表3.7は、いかに10都市の内部に公営住宅が集中しているかを示している。

今日では、公営住宅は大問題となっており、現在の形で存続することはないと考えられている（7章参照）。公営住宅の数は1980年から200万戸以上、住居ストック全体でいえば33%から16%への減少を見せたが、それは「持ち家促進制度」によって、良好な住宅が住民に払い下げられたからである。そのため、公営住宅をいちばん必要とする人々にとっての選択肢がなくなってしまった。大規模な団地の取り壊しは次第に増えて[141]、アフォーダ

ブル住宅（低価格帯の入手可能な住宅）の供給は縮小されつつある。貧しい都市部のコミュニティは消し去られようとしているが、それらは建替えられてたった20年しか経過していない場合もある。マンチェスターのヒューム団地は1960年代、モス・サイドのテラスハウスを壊して建てられたのだが、管理、人間関係、物的環境が急激に破綻した後、1980年に壊された[142]。同じような状態の団地は他にも多く存在する。

市にとって、最も困難で重要な仕事の1つは、アフォーダブル住宅への要求に応じながらも、単一の階層のみが入居することで、周囲から隔離された団地になることを避けることである。より多様な社会集団へ門戸を開放し、もっと注意深い運営を行うことで、多くの団地が今より存続できるようになる[143]。現在、公営住宅の11％で空き家が発生し、ロンドン内部においても低需要という問題を抱えている[144]。

あまりに劣悪な団地ならともかく、こうした団地を今すぐ建替えることは不可能である。仮に少数を対象としても、その実行には何十年もかかるだろう。しかしイズリントン、ハックニー、サザーク、タワーハムレットの団地の住民には、建物が構造的に安全であるにもかかわらず、高価な建替え案が示されている。入居者はこう質問される。「団地を壊すのはいかがでしょう。もし壊せば、寝室が3つある、庭付きの新しい住宅を得ることができますよ」[145]。このようにして住民の「意志」が確認された後で、団地は壊され、アフォーダブルな住居がまた減っていく。再生のための乏しい資源を、手の届かない価格で、サステナブルでない低密度の住宅に集中させる。これらの住宅には、追い出されたテナントの多くは入居できないのだ。

新しい建物の建設とともに、古い建物のリノベーションによって、地域の活気を保つことができる。多少の取り壊しは不可避であるが、都心の団地のほとんどは新築費用の約半分で改修可能である。新築費用は8万〜15万ポンド、改修では1.5万〜5万ポンドだから[146]、同じ面積の土地に4倍の

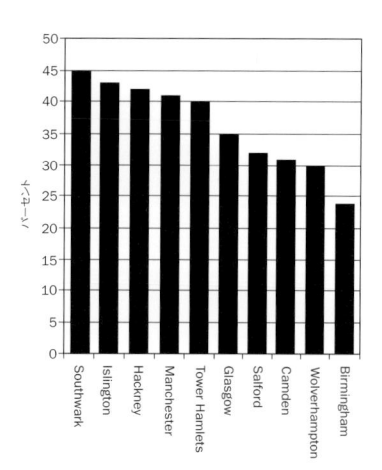

▲ 表3.7：地方自治体が所有する都市内住宅ストックの割合（1999）
出典：DETR（2000）

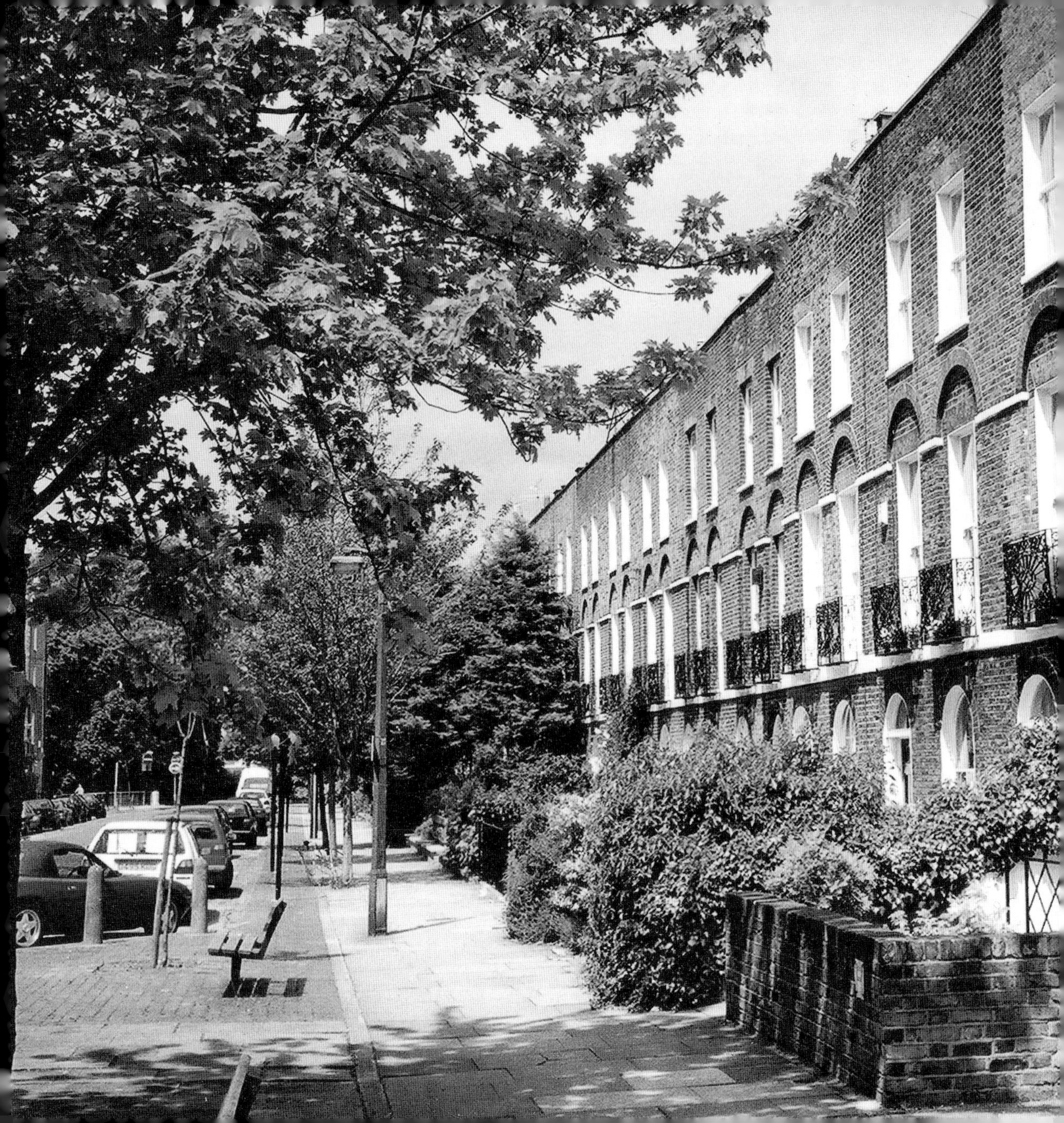

住居が供給できることとなる。政治家はモデル事業が好きであるから、低所得のコミュニティの日常に必要なものや、都市環境に対する維持管理よりも、建設が優先されてきた。公営団地のほとんどは、市場性のある住宅に変えることができ、それらはよりアフォーダブルな、より多くの社会集団にとって魅力的な住宅となるだろう。ロンドン中で、人気のないタワー型の住宅に救いの手が差し伸べられ、再生が試みられている[147]。さまざまな利用形態、所得階層、保有形態を混合させて、団地の自主性を作り出す。それが再生には欠かせないことである。

保有形態の混合は、ストックの利用法を多様化し、都市にコンパクトさをもたらすものである。人口の約半数が保有権が混合している地域を好み、ほとんどが選択の自由が高い持ち家に憧れる（表3.7、3.8a、b）。だからこそ、公営住宅は変わらなければいけないのだ。

サステナブルでない都市

都市の変化は、建物と人間の低密化を引き起こした。1900年に8戸の住宅を建てたのと同じ面積の土地に、われわれは現在1戸だけしか建てていない。1900年には20人住んでいた場所に、今ではわずか1人しか住んでいない。20世紀初頭には、過密を減少させることに誰もが賛成した。しかし今、われわれは多くの地域で反対の問題に直面している。サステナブルとはいえない低密さ、それが問題である。サービスを持続するにはある程度の密度が必要なのだ（表3.9）。

小世帯化に対しては、地域の世帯数を増加させなければならない。さもなければ商店や銀行の閉鎖は続き、バスのサービスも縮小され、教室も空となるだろう。これはほとんどの都心で起こっていることであり[148]、いくらかの家族は郊外居住を選ぶだろう。しかしネイバーフッドがもっと活気をとりもどせば、多くの家族は都市にとどまるだろう。表3.10に示したように、社会、経

◀ イズリントンの再生された街路沿いの並木：ヘクタールあたり100戸の密度だが、きわめて人気の高い住宅街
John Hills

済、環境の面において、スプロールの拡大は都市の衰退に影響を与えている。

ヨーロッパにおける集合住宅は管理人や監視人という職種を生んだ。低密度な住居や街区ではその採用は難しく、公権力によらない「警備」が、高密でコンパクトな地域よりも手薄になってしまう。反社会的な行動を抑えるのに十分な人間が街路にいないため、イギリスではドイツの3倍、オランダとスカンジナビアの2倍多く、暴力行為が発生している。落書きと暴力行為は、都市が生き残るのに不可欠な公共空間をわれわれが軽視していることを、端的に表しているのかもしれない。表3.11は、他のヨーロッパ諸国に比べて、イギリスがいかに苦しんでいるかを示している。

皆に親しまれたテラスハウスの街が失われたこと、民間賃貸のほとんどが消え去ってしまったこと、スラムクリアランスが破綻したこと、公営団地によって資源を浪費したこと、評価の低い地区へマイノリティを集中させたこと、そして、低密な郊外において持ち家を供給し続けたこと。これらすべてが組み合わさって、われわれの都市問題が生まれたのである。政府の政策に疑問が生まれることはなく、それは今日まで修正されることはなかった。それに抵抗しないとするならば、単に郊外の建物に住めばいいだろう。しかしその間にも、信頼の低下、地位の低下、環境の悪化という悪循環が進行し、収入の少ない人々がそこから抜け出せなくなっている。われわれは分散住居の限界に達しているのだ。コンパクトで高密で、混合され、統合された都市という考えが、だからこそ再生されなければならないのだ。伝統的な都市パターンはまだまだ残っているし、住居のコンパクトさやフレキシビリティもますます重要になっている。それを考えれば、われわれは既存の街や建物にもっと上手く住んでいいはずなのだ。

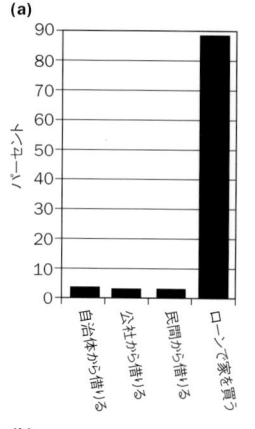

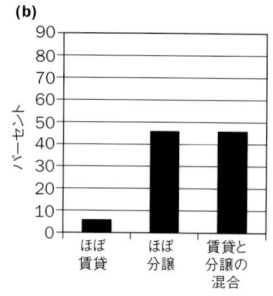

▲ 表3.8a：20年後の子供に何を望みますか？
出典：IPPR (2000)

▲ 表3.8b：どのような場所に住みたいと思いますか？
出典：IPPR (2000)

落ち着いて密度感のあるジョージア朝時代のテラスハウスの現代版。街路や広場には木が植えられて、建物や公共空間は美しく、学校、公共施

▶ 表3.9：時代ごとの居住密度
出典：アーバン・タスク・フォース (1999)

時代	ヘクタールあたりの住戸数	ヘクタールあたりの人口
1900（条例住宅）	250	1200
1950（ニュータウン）	35	120
1970（都市内の団地）	100	330
1990（都市内で再生された地区 - イズリントン）	70-100	185-280
1999（新規住宅に対する国の計画水準）	25	57
住戸比 1900-1999	10：1	
人口比 1900-1999	20：1	

▶ 表3.10：郊外へのスプロールと都市内部の衰退が環境・社会・経済に与える影響

国に与える影響	街に与える影響
道路交通の増大	流入／通勤交通の混雑悪化
大気汚染、スピード違反、交通事故の増加	偏った人口流出と貧困
エネルギー消費と汚染の増大	雇用主の流出
騒音と静かさの喪失	空きビルと空地
水と土地利用への影響	学校への悪影響
田園の喪失と野生生物へのダメージ	商店とアメニティの喪失
村落と小都市の侵食	不動産価値の減少
退去させられた住宅への公共交通の脆弱さ	バスの衰退
投機的開発による供給過剰の傾向	需要の減少／供給過剰問題
サービスの合理化	サービスの高コスト化
サービスへの要求増大（例：健康）	分極化しばらばらになったネイバーフッド －老人介護の質の低下／病気

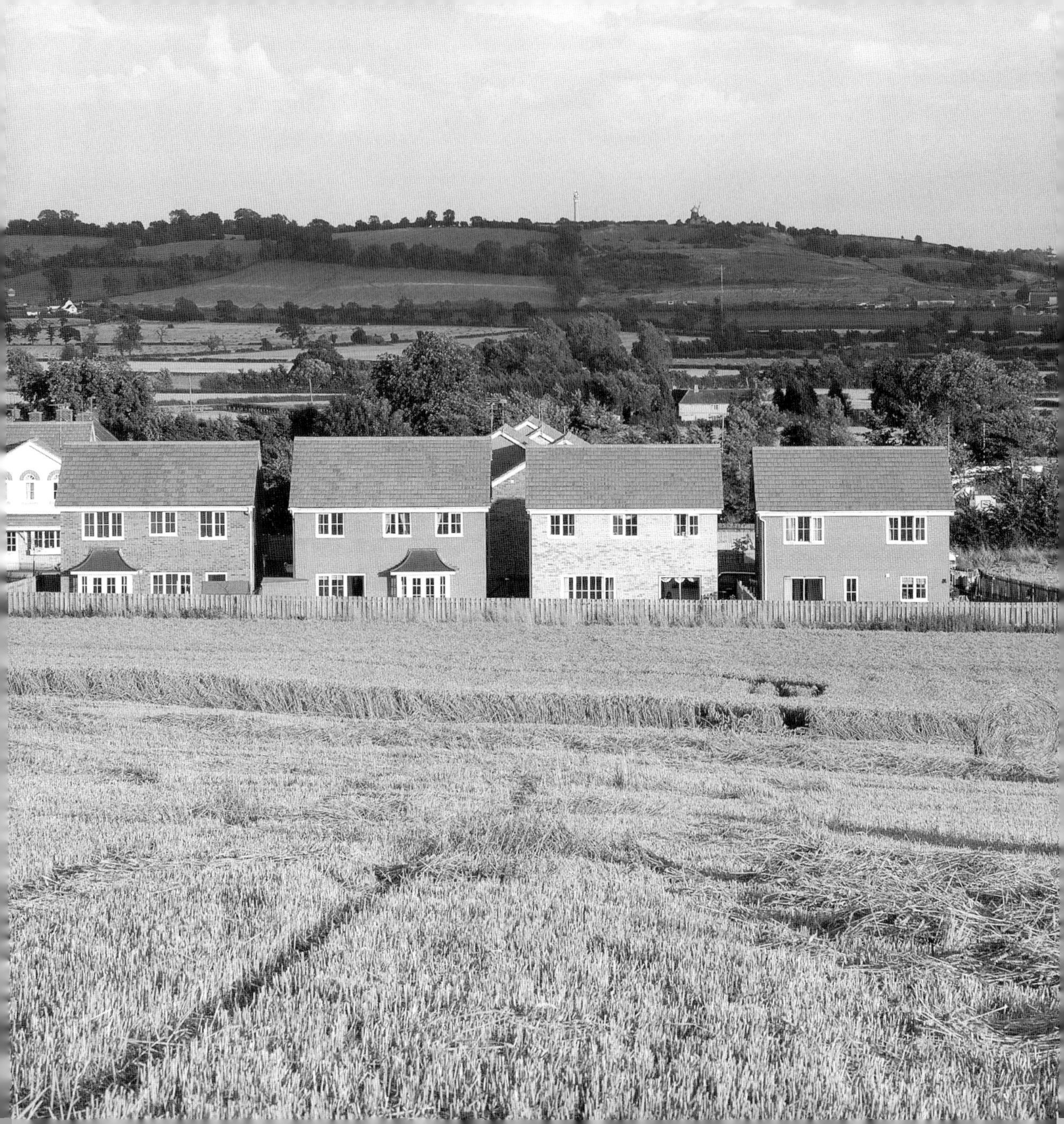

設、そして交通へのアクセスがある街。さらにコミュニティと安全があれば、都市居住の利点は明らかだろう。都市に、人々を呼び戻すこと。それをわれわれの本当の目標としなくてはならない。

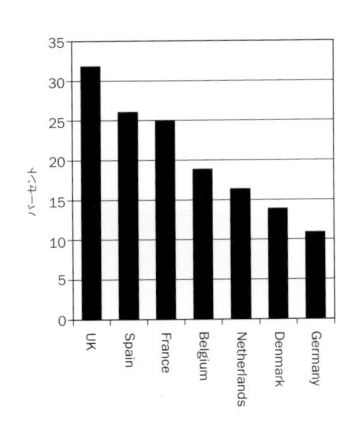

▲ 表3.11：住宅ストックに占める、住宅や庭に対する暴力行為への不満がある割合（1991）
出典：UTF（1999）

◀ 押し寄せる開発の最前線：田園の真ん中に建つ新しい住宅。ウォーウィックシャー、ストックトン
Martin Bond/Environmental Images

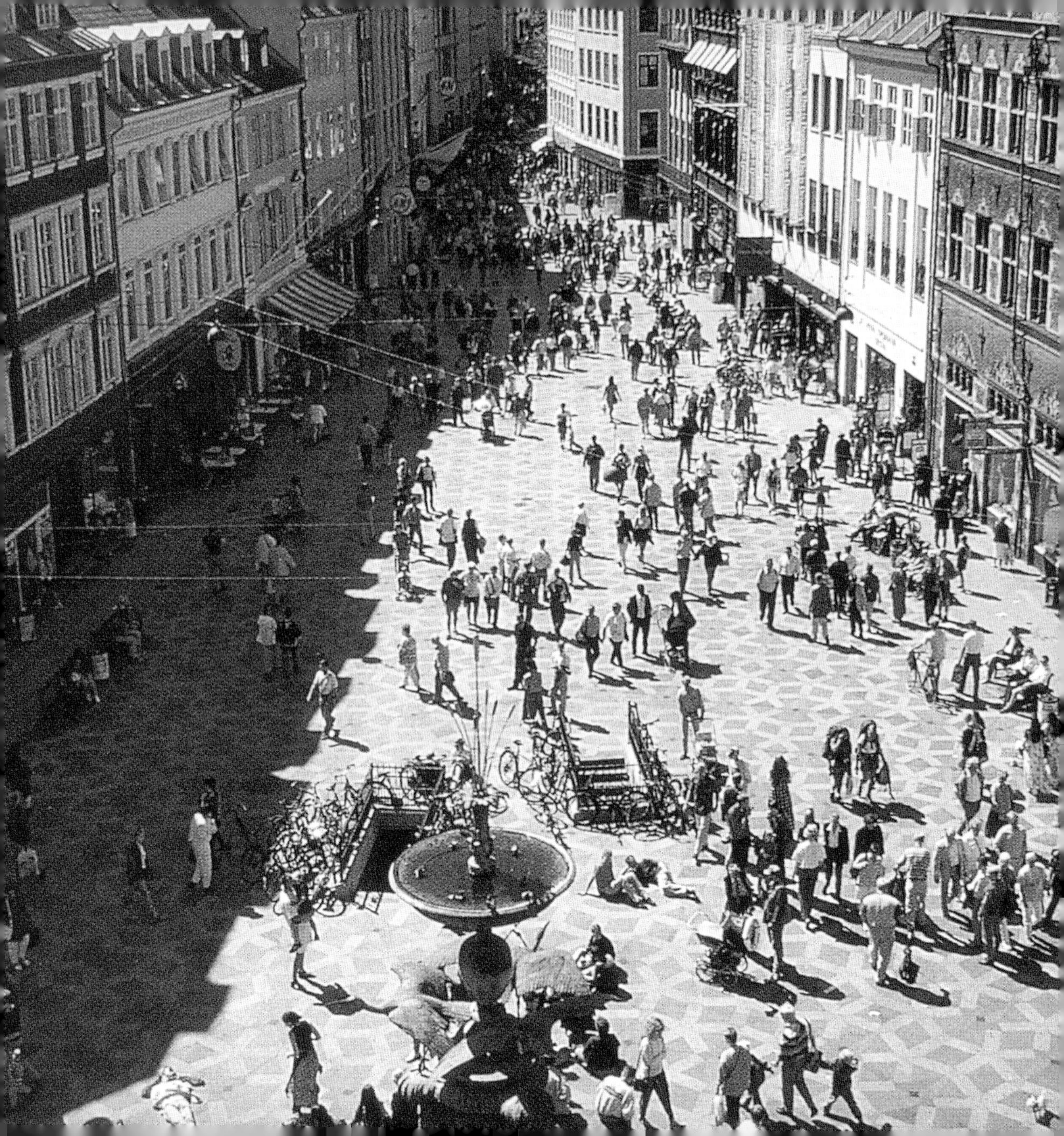

4　都市と交通

コペンハーゲン

パディントンの列車事故

都心の交通渋滞

車の危険性

道路はまだ必要なのか？

交通とネイバーフッド

渋滞のコストと、雇用への影響

公共交通

バス

LRTとトラム

都市間鉄道

徒歩と自転車

世界の成長の限界

4　コペンハーゲン

交通が都市に与える衰退や過密、あるいは環境上のダメージといったものを考えるならば、魅力的で働きやすい都市を創ることを諦めたくなってしまう。だが、デンマークの首都であるコペンハーゲンについては、少し話が違っている。今日ではこの都市は、過去30年間にわたって自動車交通の拡張を防止してきた、唯一のヨーロッパの首都となっているのである。

物語は1962年まで遡る。当時、この都市の中心的なショッピング街であるストロイエを、歩行者専用のペデストリアン・ゾーンとすることが決定された。その目的は、都市を通過する交通量を制御し、都市の中心地区を市民にとってより魅力的な場所とすることだった。アイデアの核心をなしたのは、次のようなことである。つまり、もし商業地域の交通を制限すれば、もし公共交通が同時に改善されれば、そしてもし歩行者用の小道と並んで、走っている自動車道を物理的に分離させれば、人々は本当に必要なときにだけ車を使うようになるだろう。都市内の駐車場は毎年2％から3％の割合で減らすことができ、それは人々の慣習を変化させるだろう。

始めの頃、人々はこういっていた。「われわれはデンマーク人であってイタリア人ではない。われわれはストリート・カフェの文化を持ってはいないんだ」。けれども、新しい政策は浸透し、商業的にも魅力的なものとなった。車は次第に追いやられ、人々は空間をいかに創造的に使うかを考えるようになった。1973年までに、さらに2つの街路がペデストリアン・ゾーンとなった。広場から車が閉め出され、街路にはバスやサービス用の車だけが残された。1968年の段階では、広場は主に駐車場だったが、1998年には、カフェ、ストリート・パフォーマンスや市民のイベント、あるいはピクニックや、ただ単に座ったり、散歩したりと、広場は屋外レジャーの場所へと変貌したのである。今ではペデストリアン・ゾーンはかつての7倍となり、60％が広場として、40％は街路として使われている。30年前に比べて、4倍の人々が都

▲ 前頁
コペンハーゲン：車のためでなく、人のための空間
Lars Gemzoe

市にとどまり、そして都市生活を楽しんでいる。都心の人の往来は25%増加し、自転車も1962年から65%増加している。今や都市内の全往来の1/4は、自転車によるものであり、悪天候のときに自転車利用者を乗せるため、タクシーは荷台を備えなけていなければならないほどである[149]。

都市計画局は、都市の過密をなくすという目標を立てていた。現在では、渋滞は影を潜め、駐車場の不足も少なくなった。これはまさに、都市を通過する往来がなくなったためである。以前は、都心は道路の最短経路として通過のために使われていたが、今では交通が制御されているため、迂回が当然のこととなっている。交通をデザインすることによって、公共空間の質が向上し、自由度が増したのである。空いたスペースは今では「公共の部屋」となり、樹木や、より魅力的なファサード、街路のベンチ、カフェ、バルコニー、そして小さな店舗を備えた場所となっている。

コペンハーゲンの中心地はコンパクトである。各方向ともたった1kmの範囲内にあり、20分あればどこにでも歩いていくことができるのだ。都市全体では125万人、中心部の人口は5000人であるが、商業地域は繁栄し続けている。これは買い物客の偶発的な駐車が少なく、駐車スペースの需要がすでに安定していることを示している。同じ場所の中に、異なった活動が混在すること。それが、コペンハーゲンの魅力である。その成功は交通の抑制によってもたらされたものであり、交通事故や騒音、汚染から解放されるならば、都市はより密度の高い空間利用が可能であることを示している。

コペンハーゲンの戦略の1つは、穏やかで連続的な進歩である。「毎年、都市は少しずつ良くなっており、より多くの人々が積極的に都市空間を利用する」ようになってきている。都市の中心街は「よりよく利用されるリビング・ルーム」となっている。それは、「都市が提供しうる高い魅力を備えた、市民の出会う場所であり、市民の広場」である。同じような試みは、15年間にわたって交通を抑制してきた唯一の都市、オックスフォードにも見られるだろう。

そして、ヨークとエジンバラも同じ目標へと向けて奮闘している。

パディントンの列車事故

1999年10月に起きたパディントンの列車事故では、35人が死亡し、国家レベルで大きな衝撃を与えた。だが、道路上では毎週66人が死に、毎日900人が負傷している[150]。安全と移動性を求めて、われわれの多くが車を利用するようになったが、それは逆に、われわれを危険にさらす「動く要塞」になってしまったのである。道路での事故を恐れて、今ではわずか50人に1人の子供しか、自転車通学をしていない。これに対して、デンマークやオランダでは自転車道が明確に分離されているため、児童全体の2/3が安全に自転車通学を行うことができる。徒歩通学の児童数は、30年前には大半を占めていたが、今では半数に満たない（表4.1）[151]。家族の方針、地域や公共交通の状態を計算に入れれば、交通の危険度はさらに高くなる。

都市は、交通なしには成立しない。人や物、そしてそれらを運ぶ乗り物の流入と流出によって発展するのが都市だからである。産業革命以来、人は移動し、留まり、そこに新たな発明が生まれてきた。しかしここ100年、車や自転車、鉄道や地下鉄が登場してからは、われわれの交通手段は原理的に変化していない。今や、新たな交通手段による解決が必要である。それはすでに一般了解となっており、自動車産業でさえも認識していることである[152]。しかし一方で、交通のコストをどのように分かち合うかについては、ほとんど了解が得られていない。交通のコストのすべてを受益者が負担するという発想をわれわれはせず、多くをコミュニティに負担させることを当然のように考えてきたからである[153]。確かに、秩序の維持、廃棄物処理、あるいは危険に関しては、われわれはコミュニティ全体でそのコストを引き受けてきた。しかし交通に関しては、そのような方針を再考しなければならないだろう。なぜなら交通の増加が、もはや危機的なまでに問題化しているからである。人々は交通問題を低減させたいと望んではいる。しかしその一方で、個人

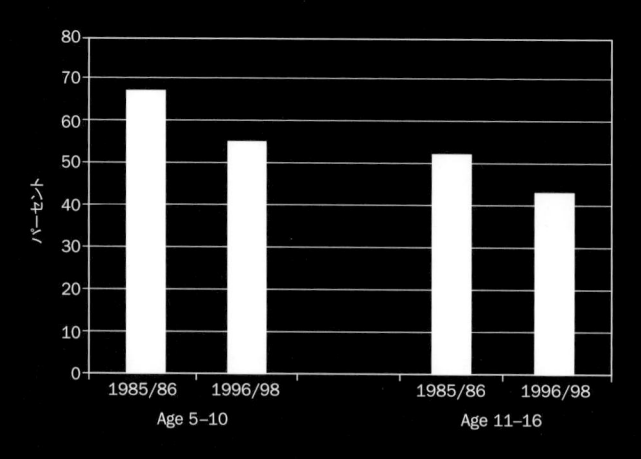

◀ 表4.1：5歳から16歳までの児童のうちの、徒歩通学者の数（1985～1998年）
出典：DETR（1999）

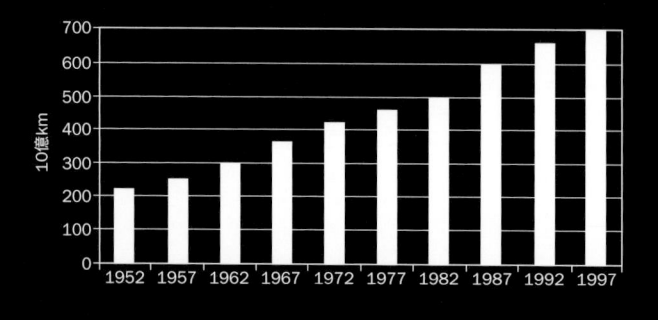

◀ 表4.2a：乗客の総移動距離（km）
出典：DETR（1998）

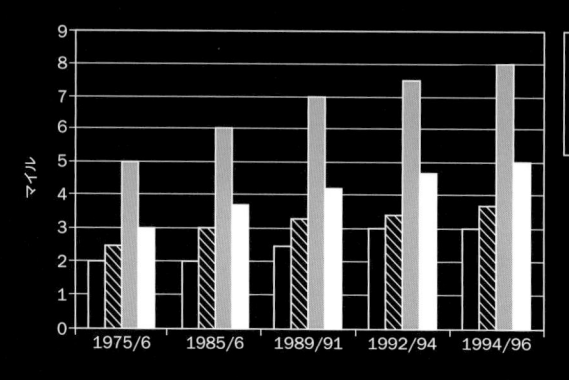

◀ 表4.2b：1回の移動における平均移動距離
出典：UTF（1999）

の自由を制限されることには抵抗がある[154]。

増大するコストにもかかわらず、公共交通は料金の抑制によって利用者の増大に努めてきた。それでもなお、車が出現する80年前から存在した公共交通は、今や価値の小さなものとなってきている。交通統計を見てみると、イギリスにおける移動の総距離の4/5は、自動車によるものである[155]。車の優位と、それによる公共交通の相対的な衰退、そして歩行者や自転車利用者のための公共スペースの消失。これらが都市にダメージを与え、環境を害し、社会関係を悪化させている。自動車と渋滞、公共交通、徒歩と自転車の役割。これらがいかに都市に影響を与えているかを見ることが、この章の主題である。

鉄道や道路の建設が郊外の発展を後押しし、低密な都市による安易な利益、という幻想が広まるにつれ、交通問題は本格化してきた。今や状況は悪化を極めており、1950年代に比べるとわれわれの移動回数はほぼ倍に、その移動距離は3倍以上になっている。しかし、着実に伸び続ける移動距離の、そのほとんどは2マイル以下の短距離移動である[156]。学校に、ショッピングに、そして職場に行くために、われわれは今も交通量を伸ばし続けているのだ。それをコントロールするのは簡単ではない（表4.2a、b）。1950年代にはすべての移動の1/4にすぎなかった車による移動は、現在では2/3へと急増している。一方、1950年代に自動車の倍の乗客を運んでいたバスは、1997年には、わずかに自動車の1/12の人数しか運ばなくなった（表4.3）。

都心の交通渋滞

広大な後背地から人々を集めたイギリスの都市は、内部の交通量の急増という事態に直面することになった。都心は交通の集中によって占められ、道路の容量も限界寸前である。そしてとにかく車を通過させようと、多くの

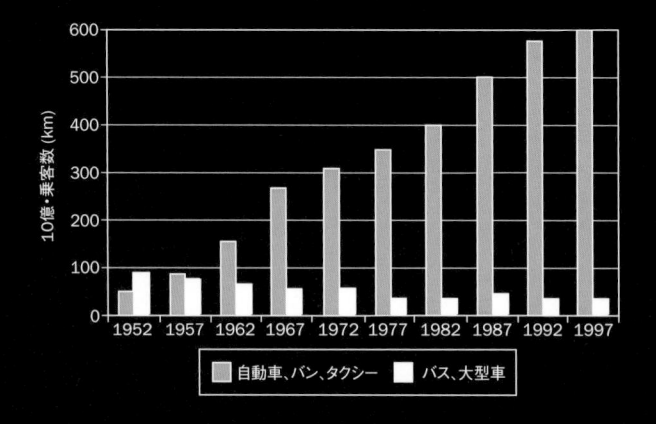

◀ 表4.3：自動車、バン、タクシーによる移動距離と、バス、大型車による移動距離
出典：DETR (1998a, 1999f)

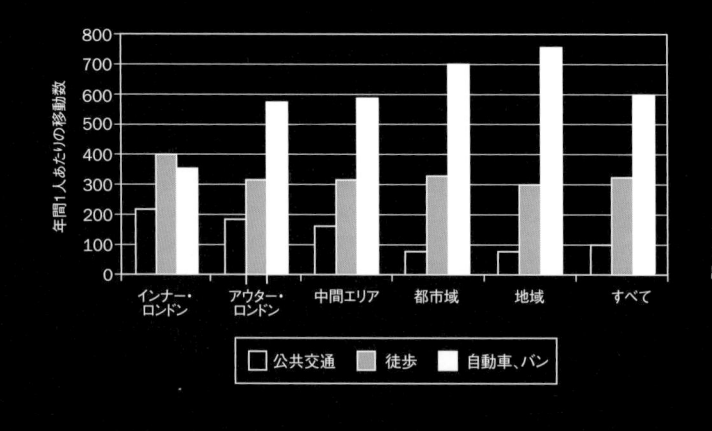

◀ 表4.4：交通手段と交通エリアの分布 (1994/1996)
出典：DETR (1998m)

都市が高速道路を都市の真ん中に築き、それによって都市自身を二分してしまった。たとえばブラッドフォードは都心機能が分断され、連繋を保てなくなった悪い例である。街路での生活、社会的、商業的活動という都市活動の根本が交通によって阻害され、都心に住む人々も孤立してしまっている。

近年の都市の周辺部での雇用の増加は、都市の通過交通を急増させている。ロンドンの周回道路M25が月末に交通麻痺を起こすのはこのためであり、バーミンガムの周回道路の渋滞がイギリス国中のボトルネックとなるのも同様の理由によっている。この問題をどのように解決すればいいのだろうか？　新しい道路の建設は、さらなる交通量を生み出すにすぎない。都市の密度の低減は、交通問題を悪化させるだけなのだ[157]。なぜならアメリカの都市が示すように、低密な都市では人々はより広範囲に移動するようになるからである[158]。渋滞だらけの空疎な都心、移動距離の増加につながる郊外のスプロール。その2つの間でわれわれは身動きが取れなくなっている。人々は、一般的な都市では車をバスの3倍、あるいは徒歩の2倍利用する。小さな街や田園地方では、利用度の違いは10倍となる。都市においても田園においても、われわれの移動距離は増加しているのだ。

都市をより高密度に、より経済的に活性化するには、車への依存から脱脚しなくてはならない。そうしなければ、車によって都市の機能が停滞してしまう。今日、ロンドン市内の車は1880年の荷馬車と同じスピード、つまり時速8マイルぐらいで動いている。ともすれば自転車の方が、徒歩の方が、車より早いのだ。それなのに、徒歩でもなく、バスでもなく、自動車が未だに多く利用されている（表4.4）。さらにロンドン市外を見るならば、車の使用量は市内のほぼ2倍になっている。車への依存は、かくも顕著なのだ。

車の危険性

車は、われわれの健康や環境にダメージを与えている。それはまた、他のど

んな交通機関よりもはるかに危険である。イギリスでは1998年に3421人が交通事故で死亡し、4万834人が重傷を負っている。何より見逃せないのは、1年間に6000人もの子供たちが、道路上で死亡したり、重傷を負っているという事実である。交通事故で死亡した車の乗員1人につき、歩行者や自転車、バイク側の犠牲者は2人となっている。その主たる原因はスピードであり、時速40マイルで走る車に歩行者がはねられた場合、その85%は死亡する。時速20マイルであれば、この割合は5%にまで落ちる。しかし、時速20マイルの制限をしている地域はほとんどなく、ドライバーは時速30マイルの制限に対して常に違反しているのが現状である[159]。

人々の多くは車を所有している。彼らは車に依存し、車を愛しているように見える。予測によれば、車の所有と利用の拡大によって、今後15年の間に道路渋滞がさらに60%ほど増加するという。土地は少なく、道路の建設にも制限があるために、さらなる交通渋滞は避けられないだろう。スプロールと同じく、車の勢いは最高潮に達しており、世界も車の魔力から離れられなくなっている。いかに問題があろうとも、人々は車が欲しいのだ。それゆえに、イギリスでは車を持たなかった世帯が車を所有したり、1台の所有から2台の所有へ、という移行が急激に進んでいる[160]。

アメリカでは、移動の93%は、玄関から乗る車によって占められる。イギリスを含めたヨーロッパ人は、アメリカ人ほどには車に依存していない。というのは、ヨーロッパの都市生活はより高密度に集中しており、都市間の距離も小さいからである。ヨーロッパ大陸では、公共交通が良好であるため、イギリスよりも車の利用は少ない[161]。しかし、そのヨーロッパ大陸でも、現在2人につき1台の車があるという。世界的に見れば、車の台数は1980年以来2倍になり、約7億台になっている(表4.5a、b)。

急増する自動車が排出するCO_2は、地球温暖化に大きな影響を与えている。気候変動の脅威は、今やきわめて現実的なものとなっており、CO_2の

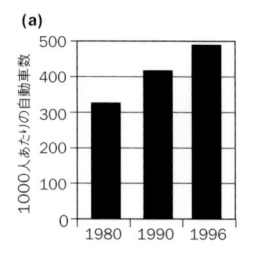

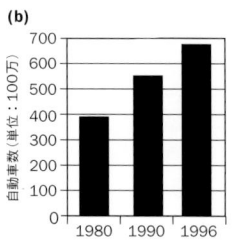

▲ 表4.5a：西ヨーロッパにおける自動車の増加
出典：UNEP、2000年

▲ 表4.5b：世界における自動車の増加
出典：UNEP、2000年

排出量を制限する国際的な合意が形成されている[162]。CO_2の軽減にはいくつかの対策があるだろう。実現可能な範囲で車の利用を制限し、公共交通の再生に努め、徒歩と自転車という、最も安価な交通を奨励することなどである。しかし、イギリス政府はこの選択肢に躊躇しているようである。土地に対する負荷も少なく、渋滞もなくなり、公共交通もよりよく機能するはずなのに、自動車以外の選択肢を持つこと自体に恐れを抱いているのだ。

道路はまだ必要なのか？

グリーンフィールドを開発すると、道路、駐車場、交差点、転回スペースなどにより、その土地の半分が車のために使われてしまう。道路の拡張には土地が必要であり、美しい場所や環境的な影響を受けやすい場所、すでに建物が建っている場所などが開発の標的になる可能性がある。それゆえ、新しい道路計画を巡る反対意見は常に大きい。人口密度の高さを反映するかのように、イギリスでは小さな道路の建設でも論争の的となり、歴史的な中心地を保護するために都市を迂回するバイパスさえも、同意を得ることは難しい。駐車場だけをとっても、140万の新しい世帯の車を駐車させるためには、280km²のスペースが必要である。都市に住む人々、働く人々、そして車で移動する人々。移動と都市活動のいずれを優先させるかという戦いが、今、激しくなってきている。

図4.6が示すように、もはやイギリスに平穏な場所はない。住宅、雇用開発、道路、空港など、あらゆる種類の開発が国を覆っているのだ。なかでも道路は他のどの要素よりも危機的である。1997年に政権を奪取した労働党は、まず最初に道路建設計画を中止しようと考えた。しかし、この大胆な決議は車の所有者の票を遠ざけてしまうことの恐れから、他の現実的な代替案にすり替えられてしまった。2000年の7月以来、道路の修復、改良、そして拡張に多大な予算が使われた。最近のイギリス社会動向調査は、交通問題を重視し、公共交通を改善する必要性への意識が高まっていること

1960年代初頭

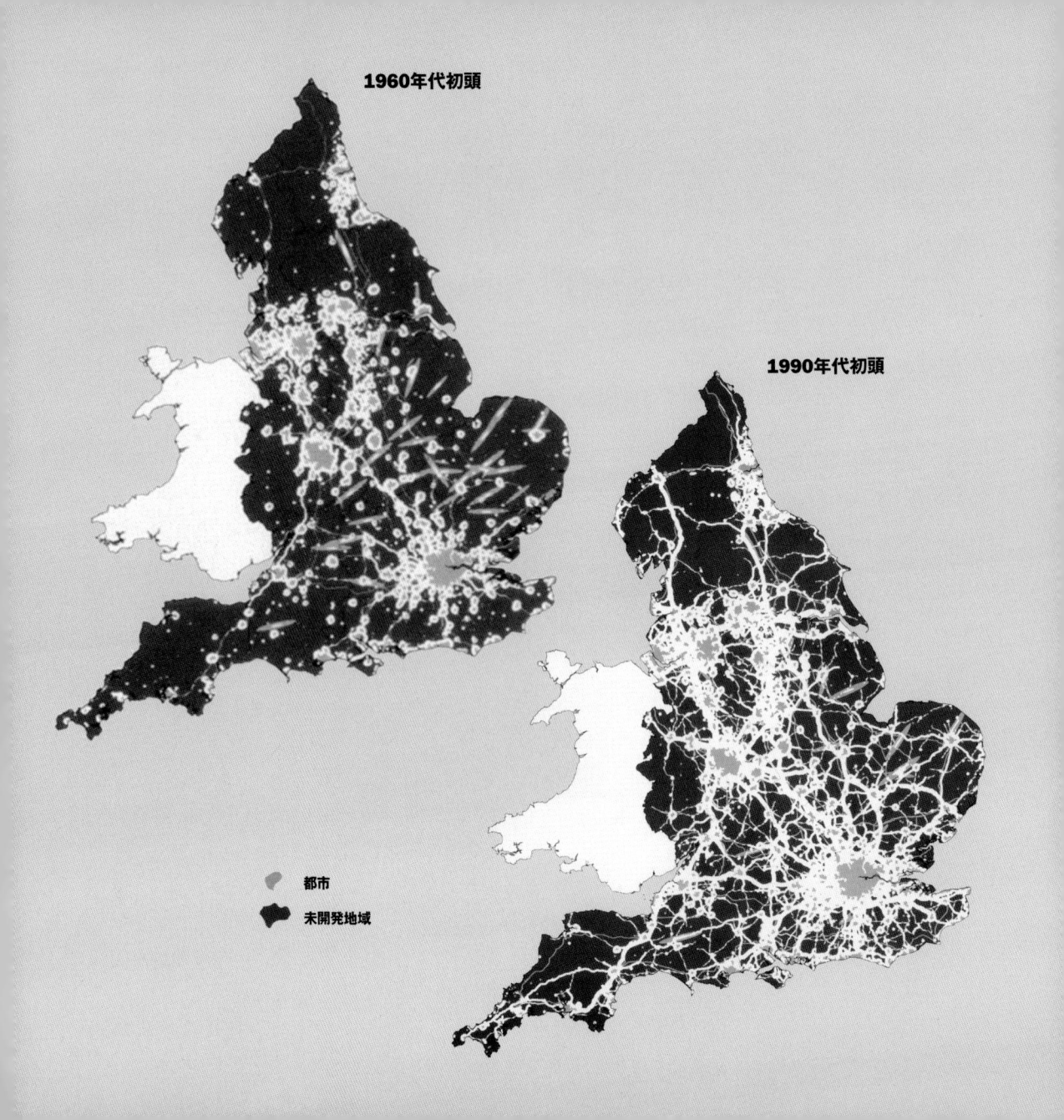

1990年代初頭

都市
未開発地域

◀ **図4.6：侵食されるイギリスの未開発地域**
出典：CPRE（1994）

▶ **表4.7a：交通問題**
出典：ジョエル・Rその他（1999）

▶ **表4.7b：イギリスにおける公共輸送機関の改善、および自動車削減の重要性**
出典：ジョエル・Rその他（1999）

▼ 分断されたコミュニティ：広すぎる道路、重量貨物自動車、排気ガス
Paul Herrmann/Profile

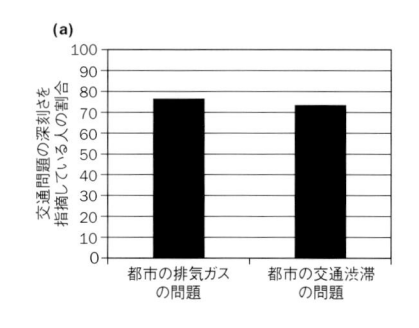

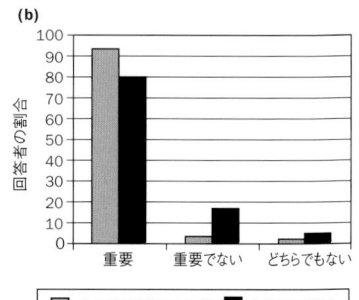

を示している（表4.7a、b）。

交通とネイバーフッド

人々は二兎を獲ようとしている。汚れて過密した都市から離れて暮らしつつも、都市で収入を得るために、そして都市でアフターファイブを楽しむために、車を運転するのだ。歴史的な都市空間は交通の孤島と化し、都市が低密になるにつれ、車が人間を圧倒しようとしている。その結果は、破壊的なものである。車が空間を使用するだけで、荒廃が生まれるのだ。煤煙、ごみ、投げ捨ての煙草や包装紙。道路に散乱するさまざまなものは、運転者がそこに住んでいないことから生まれるものである。街路が無料駐車場として使われるのも、運転者がそこに住んでいないからである。結局のところ、生活を侵害されるのは都心の貧しいコミュニティであり、よそ者が振りまく大気汚染や騒音のもとでの生活を余儀なくされるのである。

都市のネイバーフッドにおいては、交通は家族生活に対立するものである。子供たちは安心して遊ぶことができず、道路を横断することもできない。1976年にドン・アップルヤードが行ったサンフランシスコの街路の有名な研究によれば、親密さやネイバーフッドへの意識は、交通量が増えるにつれて減少する（図4.8a、b）。イギリスでは、歩行者優先の交通計画はなかなか導入されなかった。しかし、歩行者と公共交通に優先権を与えてきたドイツやスカンジナビア、オランダの都市が示しているように、交通量の少ないストリートにおいてこそ、人々は安全で社会的に統合されていると感じる[163]。コペンハーゲンの例のように、不必要な交通の制限こそ、変化への鍵なのだ。

交通は、健康に対しても深刻な影響を与えている。都市は田園地方に較べ、大気汚染がはるかにひどい。その主な原因は交通であり、呼吸困難などの症状がもたらされている。子供は交通事故を恐れて運動不足となり、

肥満や骨の軟化、発育不全や不眠などが発生する[164]。さらに交通は働く人々に対しても影響を与えている。アメリカ合衆国やヨーロッパの多くの都市では、大気汚染が一定のレベルに達すると車の運転を止めなければならないことになっている。つまり都市は、特にその中心部は、車がまき散らす環境的なコストの大半を負っているのである。しかしこれは別種の問題も生み出している。移動の結果である大気汚染が、別の移動を引き起こす原因にもなるからである。交通は機能しなくなり、都市の土地も不足しつつある。そのことが、高密度居住への回帰と新たな交通手段の必要性を示している。

公共交通は低所得者層の人々の足となり、優れたバランス装置となっている。しかし、車の値段の低下につれ、公共交通はいずれ車に取って代わられるだろうという考えは根強く、その結果、われわれは公共交通に投資してこなかった。発展途上国においてはあり得ないことだが、先進国では車の所有が低所得者層にまで行き渡っている。そのためわれわれは、イギリスの人口の1/5が車の所有どころか、公共交通へのアクセスすら持っていないという事実を見逃してしまっている。都市に住む人々においては、この割合は上昇し、半数以上にもなる。高齢者、単親の家庭、若年の単身世帯、公営住宅に住む人々、都心や郊外に住む人々は交通面で不利な立場にある[165]。特に貧困地区の貧しい人々は三重の苦しみの中にあり、公共交通は十分でなく、料金も高く、かといって車を所有することもできない。車を持たない人々の選択肢は少なく、それが雇用や移動の困難や、社会的疎外などの原因となっている[166]。

車はまた、強力なステイタス・シンボルでもある。特に若い人にとっては、車が社会的価値のすべてであり、自立、成功、支配力といったものを示す記号になっている。車以外のものは劣っており、遅くて人気がなく、相対的に力のないことを示すものと見なされている。このような車への欲求が、窃盗や暴走行為などを引き起こす、心理的背景となっているのである。

少ない交通
2000車／日、
ピーク時は200車／時

1人あたり、3.0人の友人、
6.3人の知人

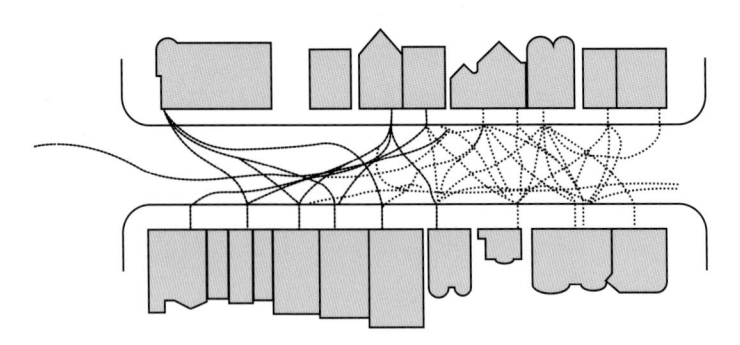

中程度の交通
8000車／日、
ピーク時は550車／時

1人あたり、1.3人の友人、
4.1人の知人

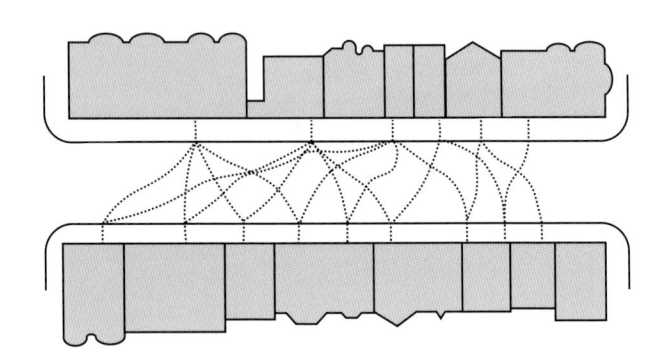

激しい交通
16000車／日、
ピーク時は1900車／時

1人あたり0.9人の友人、
3.1人の知人

▶ **図4.8a：交通の増加による社会的接触の減退**
出典：アップルヤード（1981）
注：点線＝屋外活動の起こる頻度／実線＝友人や知人との接触

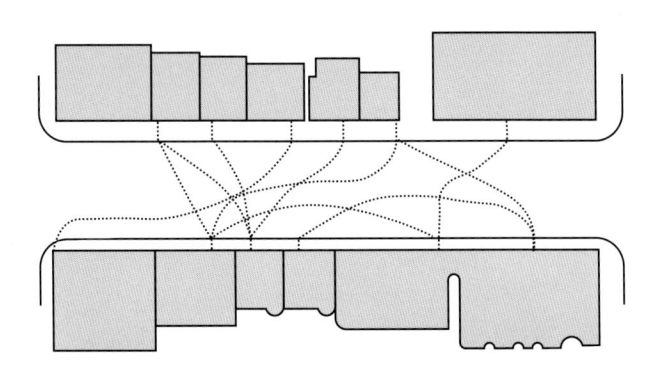

少ない交通
2000車／日、
ピーク時は200車／時

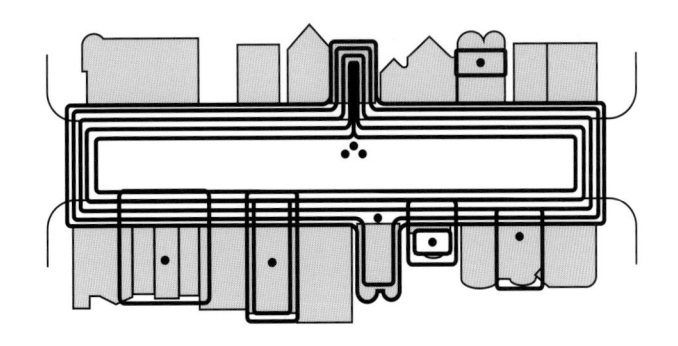

中程度の交通
8000車／日、
ピーク時は550車／時

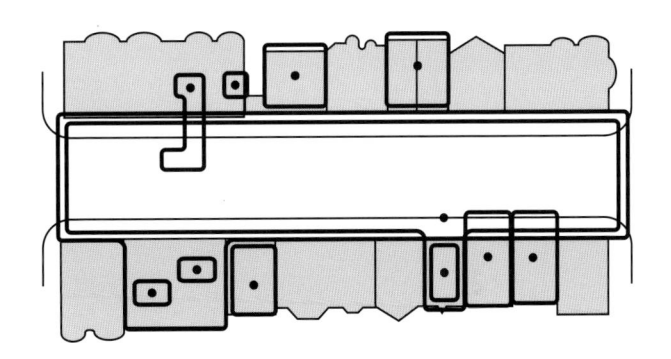

激しい交通
16000車／日、
ピーク時は1900車／時

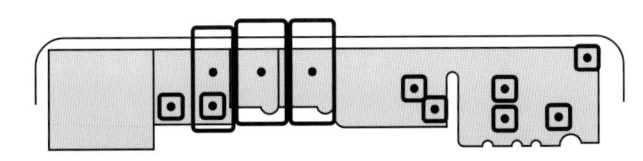

▶ **図4.8b：交通に左右される生活範囲の意識**
出典：アップルヤード（1981）

すべての都市の地域において、速くて清潔で確実な、新しい公共交通が実現されるまで、人々はサクセス・ストーリーを演じるために車を所有し、運転を続けるだろう。そうしなければ、彼らは排除されていると感じるからである。しかし公共交通が機能しているならば、ネイバーフッドのような地域に対して、公共交通が魅力的なものとして映るはずなのである。1990年代、ニューヨークの地下鉄の安全が回復し、裕福な銀行マンも低所得層の労働者も、ともに地下鉄で移動するような風景が復活したように。

渋滞のコストと、雇用への影響

アメリカでは、雇用主たちが交通渋滞のコストを計算している。労働時間の損失、事故、病気や遅刻により、年間1人あたり385ドルかかると見積もられている[167]。道路やインフラストラクチャー、公益事業やサービスといった形で、政府が「スプロールした」住宅に支給している補助金は、およそ2万5000ドルと見積もられている[168]。遠方へと追いやられた新しいコミュニティでは、学校の教室を1つ足すごとに9万ドルかかり、そのほとんどは地方税によってまかなわれている[169]。イギリスでもアメリカでも、交通渋滞は政治問題となっており、1999年、合衆国の地方選挙において初めて、スプロール防止が争点となり、防止を唱えた候補者が勝利をおさめた。一方、イギリス労働党の党首は、都市、特にロンドンの公共交通への政府の対応を取り上げて、渋滞によるコストを低減させるよう訴えたのである[170]。

交通問題は、深刻な社会的影響を引き起こしている。アメリカの都市は人口と雇用を失い、貧しいネイバーフッドの85%が都市に残されることとなった。都市における貧困者の70%は、マイノリティである[171]。そしてアメリカは政府の基金による道路の建設によって、この社会的分断を強化したのだ[172]。スラム街の貧困は拡大し、都心の社会的、経済的影響力を弱めるまでに至ったのである。しかし、それに対して1990年代半ばから、方向転換の兆しも生じはじめている。アメリカの雇用主や投資家たちは、新たなチャ

ンスを都心に見出したのである。彼らはスプロールする郊外に十分な労働者を確保することができず、労働者の通勤時間も長いため、都心に目を向けるようになった。都心における失業は減少しはじめ、都市の公共交通への投資も増えはじめたのだ[173]。

もちろん郊外への投資も根強く支持されており、第2章に示したように、素早い雇用の創出が郊外において実現されている。都市内の交通と渋滞のコストは投資家に躊躇を与え、同時に郊外型のショッピングセンターにアクセスと駐車場の豊富さという根拠を与えている。つまり、都市の公共交通の貧困こそ、グリーンフィールドの開発の建設の一因なのである。しかし移動と繁栄とのバランスは限界点にあって、今や交通による環境的、社会的コストは、経済発展に影響を及ぼしはじめている。雇用主、政府、市民は、都市の拡張に疑問を持っており（第5章参照）、そのような状況が、スプロール化と都心再生とのバランスに変化を生じさせている。

コストは車の運転に大きな影響を持っている。いったん車を購入してしまえば、複数で移動するときなどは、他の交通手段を利用するよりも車を使う方が安くすむ。ガソリン税や道路税、駐車場代や車両保険にもかかわらず、収入に対する車のコストは10年前よりも安くなっており、それを狙うように、政府は毎年に渡ってガソリンへの課税を増やしてきた。公共交通と比べても、車のコストはここ10年にわたって低下してきており、それがバスの利用の劇的な低下を招いている。一方で、公共交通のコストは平均収入の増加とともに一貫して上昇してきており、それは収入が増えることがない貧困層を相対的に窮地に追いやっている（表4.9、10）。

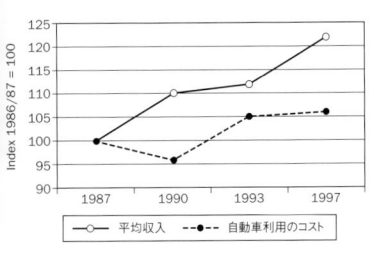

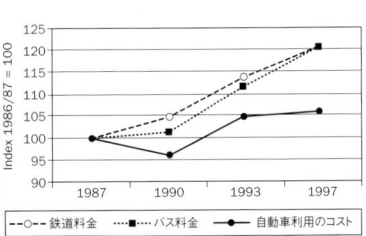

▲ 表4.9：平均収入の増加と自動車のコストの増加（実質期間）
出典：DETR（1998a、1999f）
▲ 表4.10：移動による相対的コスト（実質期間）
出典：DETR（1998a、1999f）

車には、他にも幾種ものコストがかかっている。交通汚染による建物の劣化は、GDP[174]の3%にあたると見積もられている。交通事故は、病院、医者、警察、保険会社というコストを生じさせ、それには年間数億ポンドも必要である。これらは直接・間接にかかってくるコストであり、移動する人々の自

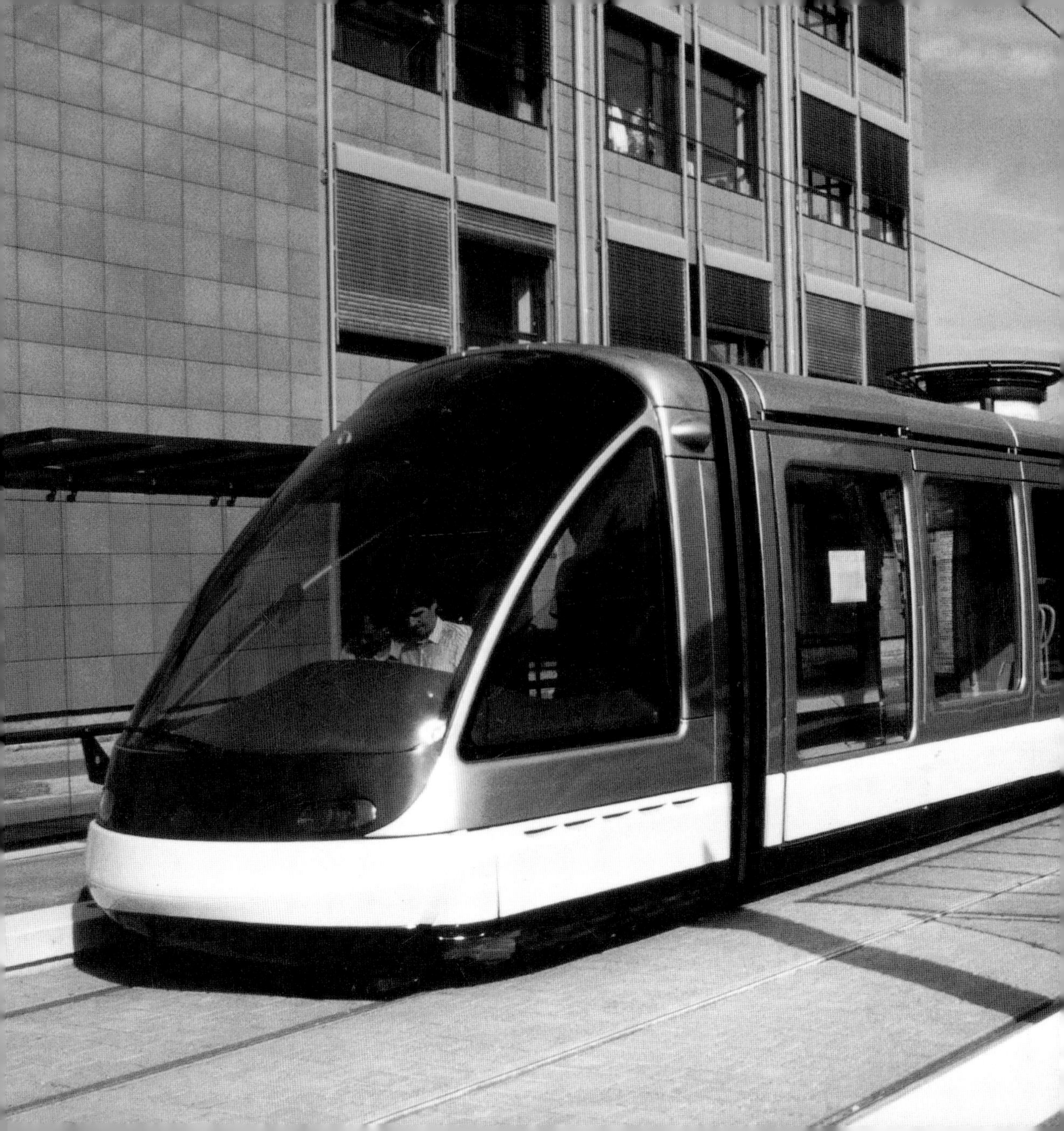

己負担や補助金という経済的な問題にとどまらず、環境的かつ社会的な問題である。もっと安価な代替物はないのだろうか？

公共交通

昔も今も、都市内、そして都市間の交通は都市の生命線である。サービス産業や情報産業に関していえば、都市は現在、コミュニケーションの世界的なネットワークの要衝となっている[175]。ネットワークの強化は都市の価値を減ずるどころか、ますますその価値を高めつつあるように見える[176]。コミュニケーションなくして都市は生きのびることはできない。交通はそのコミュニケーションの一部でもあり、下手をすると都市を死に追いやってしまう。都市の生命を握る公共交通は、どうあるべきなのだろうか？

すべての移動のうち、その2/3は5マイル以下のものであり、半数は2マイル以下のものである。これらの短距離交通に関していえば、自転車やバスの方が車より速い。スケールの小さな交通を対象とするならば、バスは十分に意義を持つことになる。ロンドン市内には、課税によって車の利用をやめさせる仕組みがある[177]。駐車スペースも少なく、コストがかかるため、これは以前より大きな抑止力となっている。ロンドンのような大都市においてこそ、包括的で緊密な公共交通が必須になってくるのである。

公共交通の見直しの機運は高まりつつある。しかし、この過密なイギリスで、移動の自由と、公共の論理をいかに両立させることができるだろうか。解決策は現実的であるべきだが、3つの問題が存在している。人々が車を放棄し、バスや電車を利用するように誘導すること。公共交通が経済的なものとなり、信頼性と快適性、優先権を勝ち得ること。そして歩いたり、自転車に乗ったりすることが、安全で楽しいものとなること、である。

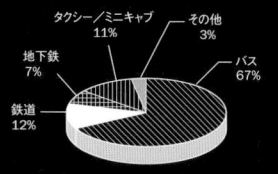

◀ **表4.11：公共交通の総移動距離におけるバスの割合**
出典：DETR（1998a、1999f）

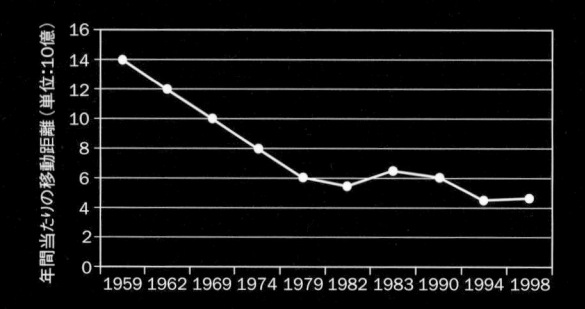

タクシー／ミニキャブ 11%
その他 3%
地下鉄 7%
鉄道 12%
バス 67%

◀ **表4.12a：地域バスの乗客移動**
出典：国勢統計局（2000）

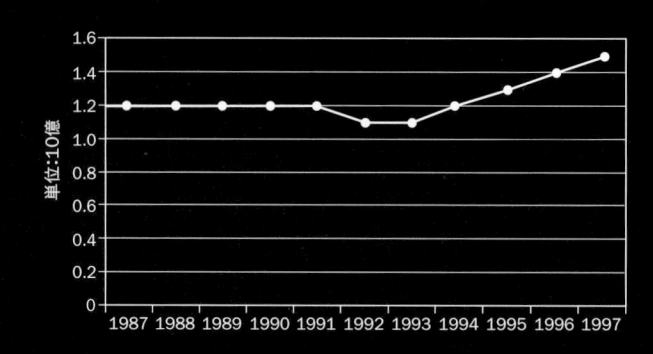

◀ **表4.12b：ロンドンにおける地域バスの乗客移動**
出典：DETR（1999f）

バス

最もシンプルで安く、柔軟性のある公共交通は、バスである。バスは公共交通のほぼ70%を占めている。利便性、快適性、スピード、連結性、そして有用性を高めた「スーパー・バス」は、ほとんどの主要幹線を網羅して、自家用車よりも優先権を与えられている。何よりも、コストのかかるトンネルや道路などの土木工事は必要がなく、前衛的な実験の事例も豊富である[178]。クリティバ、コペンハーゲン、ストラスブール、そしてオックスフォードといった都市は、バス中心の公共交通によって、交通量を削減した。表4.11を見れば、いかにバスが公共交通の中心を占めているかがわかる。

しかし、それにもかかわらず、バスによる交通は1959年から1998年にかけて、2/3まで落ち込んだ。衰退は底を打ちつつあるものの、ロンドンを除くすべての地域で、依然としてこの傾向は続いている。一方でロンドンは、1年あたりのバスの利用回数は1993年から4億回も増えている。表4.12のaおよびbは、国内のバス利用の衰退と、ロンドンでの近年における利用回数の上昇を示している。ロンドンでの上昇は、フランチャイズ・システムとバスレーンの導入、および新情報システムによるところが大きい。

▲ 前頁
ストラスブール：優れたデザインによる公共輸送機関
TRANSDEV

高速バスレーンの開発については、早い段階で借金を完済できる。エジンバラからリーズ行きの専用バス路線は、所要時間を20分短縮させ、最初の年に乗客が60%増加した[179]。自家用車をバスに置き換え、バス専用路線を強化するだけで、バス交通の発展は可能なのだ。驚くべきことに、ヒースローの高速バスレーンは運行上のボトルネックを改良することによって、バスと車の交通量の両方を削減した、と報告されている。

LRTとトラム

イギリスの主要な都市のほとんどは、ビクトリア朝時代に建設された郊外

鉄道のネットワークを持っている。これらは数多くの小さな街を繋いでおり、1960年代に有益ではないと判を押された路線や駅舎が閉鎖されるまでは、鉄道駅が住宅地の中心であった。そして街にはトラムとトローリー・バスが往来し、専用レーンがその速やかさと安全性を保証していたのである。これらのシステムは世界中のモデルとなり、われわれの技術は広く輸出されることになった。ブリュッセル、アムステルダム、そしてヨーロッパにおける多くの都市が、今もなおトラムに強く依存している。しかしながら、ブラックプールとブライトンの海岸沿いの数マイルだけを例外として、イギリスでは1962年までにすべてのトラム路線が廃止されてしまったのである[180]。

郊外や地方の鉄道は、都心での仕事、買い物、余暇への、安くて便利なアクセスを提供している。英国鉄道はこれらの路線を閉鎖しようとしてきたが、市民による反対意見や経済的な重要性などにより、その多くは維持されている。そして今では、それらは道路と並行して走る高速輸送システムとして大きな可能性をもっている。北ロンドンの環状鉄道路線は今も開業しており、閉鎖されたいくつかの路線も、新しく再開通する可能性がある。

郊外線や地方の鉄道の多くは深刻な衰退をみせており、遅い上に非能率的である。車両の多くは40年も前のもので、いまだ近代化されておらず、駅や設備に関しては、100年以上前のものも残っている。信号や安全システムは、現在の需要に対して適切に対処できていない[181]。速度の遅い市内電車を主要路線に使いまわし、それによって余計に運行が遅くなっている[182]。鉄道システムの遅滞のうち、1/10以上はローカル路線が原因である。都市圏をリンクする郊外線は、遅くて信頼できず、快適でもない。それらは機能的で身近なバスによって代替されるべきだろう。

バーミンガムはイギリスの鉄道ネットワークの中心に位置しており、その路線の不適切な接続によって、国内で起きる遅れや混乱の12%を発生させている。大都市圏の中心であるために、自動車路線の集中も障壁となり、例

外的に高い要求が鉄道には課されている。さらに市内線、郊外線、そして全国的な路線が、単線の短い路線に乗り入れているため、ここでの混乱が全国的な混乱につながっている。投資不足と近代化の欠如。遅延と運休はその対価である。道路と同様の混雑が、線路上に発生しているのだ。

多くの都市は、従来の鉄道網とは別に地下鉄を設け、新しいLRT（Light Rail Transit＝軽量軌道交通）と郊外線を統合し、それらの相互乗り入れと効果的なバスへのリンクを試みている。マンチェスターは都市の中心部を通過するトラムを再開させ、ニューキャッスル、オックスフォード、ヨーク、リーズも、統合的な交通システムをはじめようとしている。他の多くの都市もこの傾向に続こうとしているが、こうした試みが、矛盾した結果も生み出すことを忘れてはならないだろう。たとえばノーザンブリアやチェシャー、スコットランド沿岸地方から、ニューキャッスル、マンチェスター、グラスゴーといった都市部へ移動するのが容易になるほど、衰退しつつある街に住む動機が減ってしまうのだ。郊外の路線の質が上がれば都心の道路交通量は減り、新しい投資や事業が都市に発生する。しかし、もし都市が衰退しているのだとしたら、交通の改善は、逆に都心の人々を郊外や近隣の都市へと脱出させてしまう。新たな都市交通は、雇用や物理的再生、社会的再生との関連のなかで発想されなければならないのである。

都市間鉄道

都市内で起きている交通問題は、都市と都市の間にも同じように存在している。自動車の濫用、事故、渋滞、汚染などが、村や街、田園にダメージを与えているのだ。都市の内部に居住者を呼び戻し、安心して追加投資を行えるようにするためには、高速鉄道によって都市を連結することが1つの解決法である。リヨンやフランスの都市群は、現在ではTGVによって繋がっており、それらの都市すべてが経済的な成長を見せている[183]。

都市広場

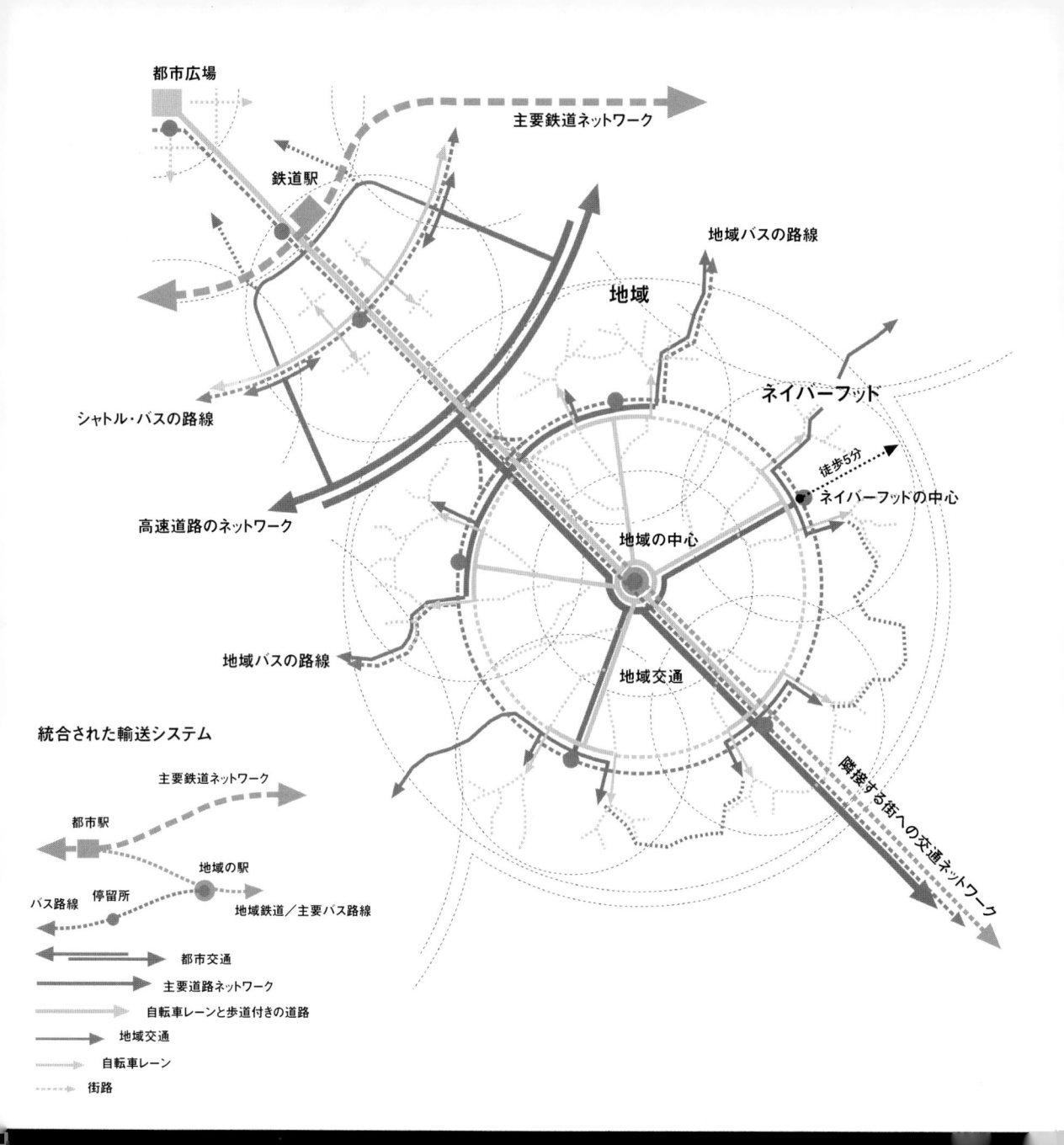

主要鉄道ネットワーク

鉄道駅

地域バスの路線

地域

ネイバーフッド

シャトル・バスの路線

徒歩5分
ネイバーフッドの中心

高速道路のネットワーク

地域の中心

地域バスの路線

地域交通

隣接する街への交通ネットワーク

統合された輸送システム

主要鉄道ネットワーク

都市駅

地域の駅

バス路線　停留所

地域鉄道／主要バス路線

都市交通

主要道路ネットワーク

自転車レーンと歩道付きの道路

地域交通

自転車レーン

街路

鉄道にはさまざまな利点がある。それは都市の中心部をダイレクトに繋ぎ、移動時間も予測可能であり、ストレスも汚染も、環境負荷も少ない。1人が1マイル移動するのに必要なエネルギーは車の2/3以下であり、重い荷物を運ぶ場合もトラックより省エネルギー的である[184]。現在は低速の鉄道ネットワークがその展開を阻害しているが、鉄道のスピードと確実性は重要である。鉄道は首都圏外のイギリス全域において経済成長の鍵となるだろう。

交通渋滞や電車の遅れは、事業投資の判断材料である。ミッドランドや北西部の都市は、魅力的な空間や野心を持ってはいるものの、鉄道に関しては古色蒼然たるものである。バーミンガム、マンチェスター、そしてリバプールやグラスゴーはウェスト・コースト線によって接続されているが、それは新たに民営化された路線のなかで、最も効率が悪い。民営化が優先され、本質的な近代化が後回しとなったため、ロンドンに次ぐ3大都市が非効率的な形で繋げられてしまったのだ。イングランド北部への投資、そして新たな発展はこのように妨げられているのである。

新たな経済は古い産業都市から離脱しつつあり、ヨーロッパ大陸との関係も重要度を増しつつある。多くの企業はイングランド北部に移転することを危険だと考えているが、それはイギリス内部の鉄道網がヨーロッパに比べて遅れていることと無関係ではない。しかしリチャード・ブランソンがヴァージン鉄道によって証明したように、こうした状況は投資によって変えることができる。振り子式の新車体によって、ヴァージン鉄道は2002年までに所要時間を25%短縮し、移動の量と質を飛躍的に高めようとしている[185]。ロンドン～エジンバラ間の東部線も民営化に先だって電化され、多大な利益をもたらすものとなった。東海岸の都市の路線収入は、西部の路線に較べるとすべて改善され、路線の再生が効果をもたらしはじめたのだ。ヨーロッパの鉄道マップ（図4.13）が示すように、イギリスの鉄道はより広域なネットワークに組み込まれ、変化の兆しを見せている。

◀ 統合された交通システム
アンドリュー・ライト・アソシエイツによるアーバン・タスク・フォースのためのダイアグラム

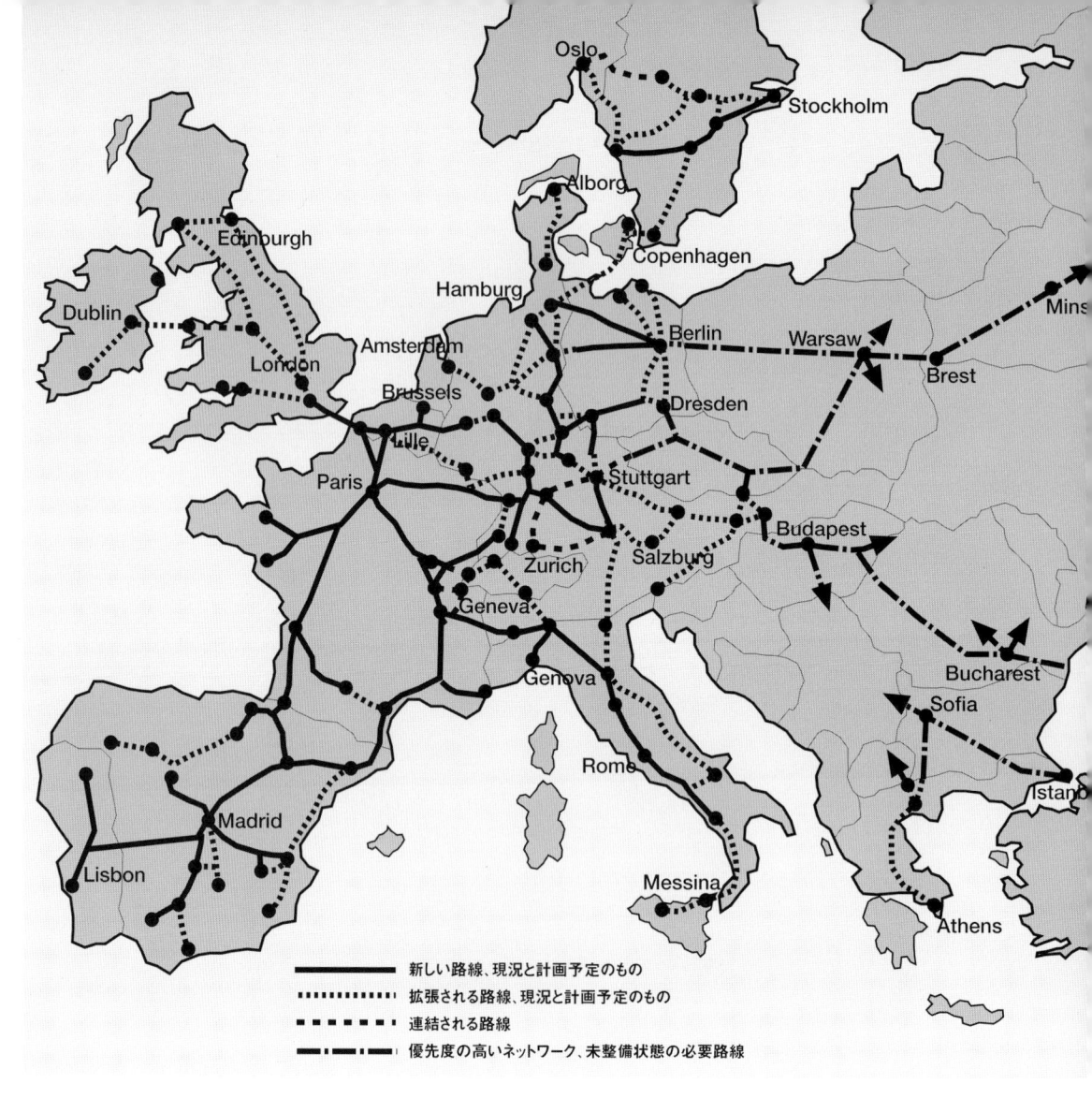

―――― 新しい路線、現況と計画予定のもの
･･･････ 拡張される路線、現況と計画予定のもの
― ― ― 連結される路線
―･―･― 優先度の高いネットワーク、未整備状態の必要路線

▲ 図4.13：ヨーロッパの主要都市をつなぐ高速鉄道
出典：サイエンティフィック・アメリカン（1997）

鉄道の民営化は、国の補助金を減らすために急いで行われたものである。それによって利益優先の傾向が生まれ、サービスは断片的で信頼性の低いものになってしまった。1993年の大規模な民営化から、行政は時間通りの運行ができない鉄道会社に対して罰金を取るようになった。線路や信号、車両への投資を勧めるよりも、楽な方法を取ったのである。そのため列車の遅延は大きく増加し、1999年には約50万件、つまり前年度よりも25%も増え、パディントンの事故の後にようやく10%の減少を見せた。ヴァージン鉄道の列車5本のうち、必ず1本は遅れて到着することが示しているように、旅行のキープランに鉄道を組み込むことは不可能である。運行数の増加も理由の1つではあるが、投資がまだまだ不十分なのだ。イギリスの鉄道がヨーロッパの高速鉄道網に遅れを取っていることは事実であり、国外からの期待にわれわれはまだ応えていない。

この3年間、鉄道の乗客数は25%ほど増え、民営化以前と比べ、1日の運行数は1500本以上も増えた[186]。この予期せぬ乗客の増加は、対応に慌てる政府を置き去りにした。路線の混雑は、今後10年間で50%は増えると予測されている[187]。電車をより多く走らせようとするならば、現代的な信号と訓練されたスタッフ、車両の投入とさらなる企業統合が必要となる。これらすべてが、多くの投資を必要とするだろう。レイルトラック社は、毎年460億ポンドの赤字があるという。現在、その半分を政府が負担している[188]。

電車、バス、道路、そして今後が期待されるトラム。これがすべて繋がり、シームレスで連続したネットワークが実現しない限り、都市交通の問題は改善されないだろう。公共交通こそ、都市再生のための重要な戦略として、われわれが選択しようとしているものである。表4.14は、鉄道の都市に対する経済的、環境的な利点をまとめたものである。

徒歩と自転車

交通によって都市を結びつけることも重要であるが、都市内の場所を、小さく、局地的な交通によって多様に結ぶことも重要である。昔はほとんどの人々が、都市を歩いて移動していた。今でも車を持たない人は、車を持っている人の1.6倍は多く歩いている。しかし、1985年以降、徒歩による移動は減少している（表4.15）。これは、車の所有の増加と大きな関係がある。

遠い距離でないならば、歩くことは早く、手軽で安全なので、とても楽しい行為である。ロンドンには渋滞があるから、イギリスのどの都市よりも、人々は歩くことを強いられる。しかし、職場や店、銀行、レストラン、公共交通をもっと近接させたら、歩くことはもっと楽しいものとなる。われわれは15分以上、つまり3/4マイル以上かけて、買い物や駅へと出かけはしない。だが、1マイル以下の小さな移動は、われわれの移動の1/4を占めている。2マイル以下、と条件を拡げれば、すべての移動のうちの半分は、こうした小さな移動で占められる。歩くことが安全で楽しく、危険や不快がないのだとしたら、1マイル程度の小さな移動は、都市の歩道を使って行われるべきだろう。バスや自転車が車より優先され、徒歩とうまく組み合わせることができたら、2マイル程度の移動は、歩くことを中心に行われるようになるだろう。

自転車と同様、徒歩は都市交通のなかで過小評価され、小さな街路、道路や歩道には安全性も、ひと気も感じられない。イギリスはヨーロッパに比べて自動車事故は少ないが、歩行者への被害という観点で見れば、状況はかなりひどい[189]。自動車交通が制御されているところでは、速度制限は引き下げられ、人々は路地や歩道を使う。コペンハーゲンの場合、歩行者や自転車利用者に配慮したバランスへと移行するのに20年の年月がかかった。われわれも遅れるわけにはいかないのである[190]。

機能的で速い交通ばかりに頼り、歩行者を取り残してしまうこと。車の利用

```
┌─────────┐ ┌─────────┐ ┌─────────┐ ┌─────────┐ ┌─────────┐ ┌─────────┐
│都心と都心│ │トラムに  │ │コスト、  │ │衰退した  │ │近隣都市圏│ │地価の上昇│
│をつなぐ  │ │よるバスの│ │遅延、信頼│ │都市に    │ │に住む    │ │による    │
│鉄道      │ │保護と、  │ │の欠如、  │ │おける発展│ │熟練技術者│ │既存の路線│
│          │ │LRTの一般 │ │健康阻害  │ │の        │ │の、      │ │の再評価  │
│          │ │鉄道への  │ │などの    │ │機会増加  │ │新たな雇用│ │          │
│          │ │乗り入れ  │ │軽減      │ │          │ │への誘導  │ │          │
└─────────┘ └─────────┘ └─────────┘ └─────────┘ └─────────┘ └─────────┘
      ↘         ↘         ↘       ↓       ↙         ↙         ↙
                              都  市
      ↗         ↗         ↗       ↑       ↖         ↖         ↖
┌─────────┐ ┌─────────┐ ┌─────────┐ ┌─────────┐ ┌─────────┐
│水運以外の│ │新設や維持│ │既存ストッ│ │新しいシス│ │高速鉄道に│
│、安く、  │ │のコストを│ │クや信号  │ │テムへの  │ │よる時間の│
│運搬能力の│ │安価にする│ │システムの│ │既存の鉄道│ │短縮と省エ│
│大きい    │ │ための    │ │性能改善に│ │網への利用│ │ネルギー化│
│物流手段  │ │密度の高い│ │よる、投資│ │。ヒースロ│ │。        │
│          │ │路線利用  │ │対象として│ │ー・エクス│ │飛行機や車│
│          │ │          │ │の評価の向│ │プレスやユ│ │の代替    │
│          │ │          │ │上        │ │ーロトンネ│ │          │
│          │ │          │ │          │ │ルなど    │ │          │
└─────────┘ └─────────┘ └─────────┘ └─────────┘ └─────────┘
```

▲ 表4.14：都市、経済、環境に対する鉄道の利点

▶ 自転車の利用は、イギリスの街では危険が多い
Richard Townsend

者の便宜を優先し、歩行者の生命を危険にさらすこと。こうしたことが正しいはずはない。ヨーロッパの多くの都市では、地球温暖化ガスの削減という目標のもとで、歩行者や自転車を優先した場所を増やし続けている。ストラスブールでは、ボートや歩行者、そして自転車との連関を視野に入れた、現代的なトラムによる新交通システムが整備されている[191]。自転車は、そうした傾向のなかで注目を浴びつつある。

自転車と徒歩によって移動ができ、公共交通が整備され、車の利用が制御されている都市には、社会的な磁力がある。こうした領域が都市に増えれば、低所得者や子供、高齢者などの社会的弱者へのサポートにもなる。車両交通の制限は、歩行者中心の都市には不可欠なのだ。そのバランスは、まだ十分考慮されてはいないかもしれない。しかし、低エネルギーの交通システムへの移行は、機能性を超えた美徳を作り出すことができる。そして都市は近づきやすいものとなり、活気を取り戻すことができるのだ。

自転車の利用は、徒歩以上に劇的な衰退を見せた。1950年代には、4人に1人が自転車で仕事に出かけていた。今ではその割合は、わずか2%以下である。自転車の価格が、週間の賃金の20倍から、その半分以下へと下がったというのに、である。車の所有者に比べ、車を持たない人の自転車利用率は70%ほど多いが、自転車利用全体が低迷している[192]。車を持たない人の多くが低所得者層であると考えられるから、自転車の衰退は、単に車への依存が増加したことだけによるもの、とは言えない。つまり、裕福な人々が移動に車を使うことで、低所得者の自転車利用が阻害されていると考えられるのである。自転車による移動と、その移動の距離は、表4.16に示すように劇的に落ち込んでいる。

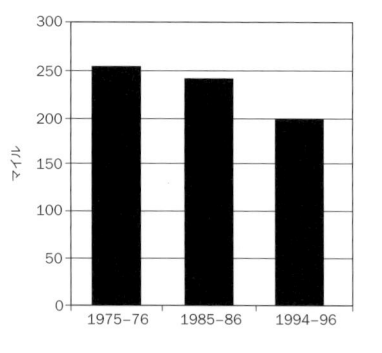

▲ 表4.15：年間1人あたりの歩行移動距離
出典：DETR（1998m）

実は人々は、自転車を好み、それを利用したいと思っている。自転車による移動が減少している一方で、自転車の購入は増えているのだ。使う機会はほとんどないとしても、現在、全世帯の約40%が自転車を所有している。表

4.17は、自転車の売り上げが増加していることを示している。

自転車や徒歩には、危険が多い。歩道は道路を横切らなければならず、そこで多くの事故が起こる。自転車利用者は、数値で示されている3倍以上の事故に遭っている。歩行者と自転車と車が、単に同じ空間で混在しなければいいだけなのだが、ほとんどの自転車利用者にとって、自転車専用道は単に1つのオプションでしかない。自転車と車を分離しようとする試みは、断片的にしかなされていない。そのため人々は生存本能から自転車を避け、自転車が好きでも、それを利用しなくなっているのである。

自転車の最大の障壁は、専用道が整備されず、排気ガスに満ち、のろのろした前時代的な自動車文化との共存を強いられていることにある。もしも自転車が保護され、その利用が積極的に推進されれば、自転車はわれわれの移動の大きな部分を占めることができる。車が持っている自由度を保ちつつ、低コストで負荷の少ない交通が可能となるのだ。若者や柔軟な人々は、すぐにそれに馴れるだろう。アムステルダム、コペンハーゲン、グーテンベルク、フライブルク、ストラスブールでは、この10年の間に自転車利用が倍増したが、こうした都市の経験が、自転車がいかに速やかに、広い範囲に普及していくかを教えてくれる。ドイツではこの10年、自転車による移動は5%から10%に上昇した。表4.18に示すように、他のヨーロッパの国も、イギリスに比べてはるかに高い割合で自転車が利用されている。

イギリスの都市において、自転車を支援しているのはオックスフォード、ケンブリッジ、そしてヨークである。これらの都市では居住者の1/4が自転車で仕事に通っている[193]。特にオックスフォードではバス、自転車、徒歩がうまくかみ合っているため、車の利用が減少している。2000年の6月、サストランスはイギリスを横断する5000マイルの自転車道を整備したが、これはわれわれの未来への道筋をも示している[194]。

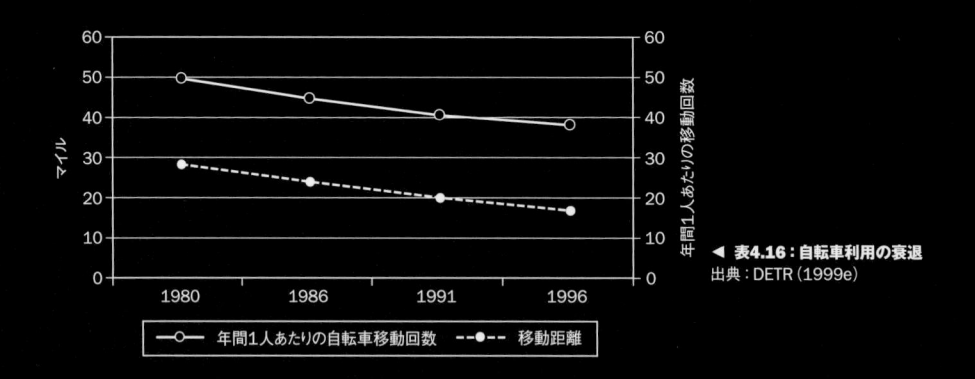

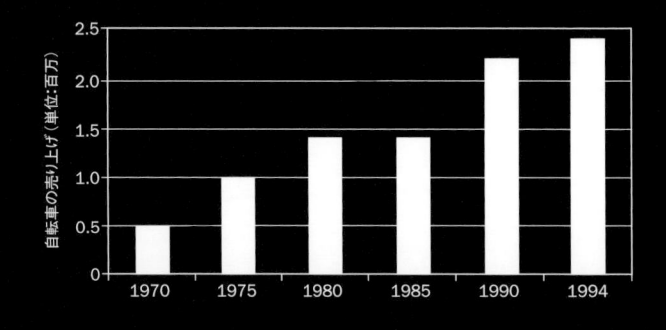

◀ **表4.16：自転車利用の衰退**
出典：DETR（1999e）

凡例：年間1人あたりの自転車移動回数 / 移動距離

◀ **表4.17：年間あたりの自転車販売量**
出典：DoT（1996）

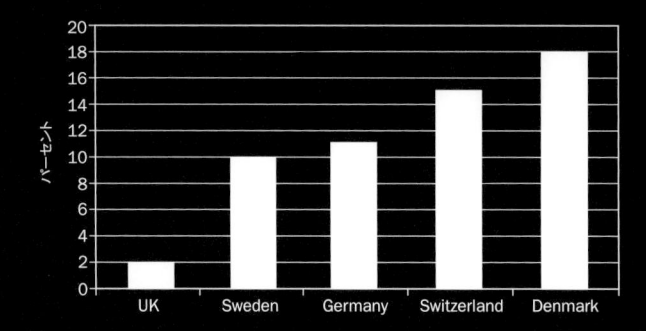

◀ **表4.18：ヨーロッパにおける自転車利用**
出典：DoT（1996）

徒歩や自転車のシンプルさ。余暇の過ごし方を見れば、人々がそれを好んでいるのが分かる[195]。それは渋滞よりも魅力的だし、距離が短く楽しければ、徒歩と自転車の方が良い選択なのだ。だから歩道や自転車道を導入し、車を制御している都市は、経済的にも利益が生じる。サービスが充実し、観光客が多くなり、インフラストラクチャーや芸術、文化に対しても、より多く投資が行われるだろう。そうした変化が、都市に新たな雇用を生むのだ。

世界の成長の限界

世界中のあらゆる都市が交通問題を抱えている。貧困な都市においては、それは深刻である。都市の過密によって、道路や駐車スペースの建設によって、人々は仕事場から離れた都市の周縁へと追いやられている。それにより、さらに大きな渋滞と不平等が再生産される。世界的な交通爆発は、繊細な地球のエコシステムを危機にさらしているのだ。

ヨーロッパの都市は、アメリカの都市に比べて4倍の人口密度となっている。その結果として、都市交通はアメリカの1/4以下しかない。だからと言って、ヨーロッパの都市から車の利用が払拭されたわけではないが、アメリカでの車の増加とガソリンの消費は、ヨーロッパやアジアの都市におけるエネルギーの低利用と際だった対比をなしている。この違いの理由の1つは、アメリカではガソリンが安く、都市と郊外とが離れていることによるものである。安いガソリンと車の利用の政治的な支援には、圧倒的なものがある。そのため、道路には莫大な投資が行われている[196]。

イギリスでは、方向が変わってきている。「車は便利なので、やめられない」と考えている人はわずかである。こうした人は1994年には40％だったが、1999年には1/3にまで減少した。一方で、必ずしも必要ではない、という意見を持つ人は、1/4から1/3近くに上昇している（表4.19）。

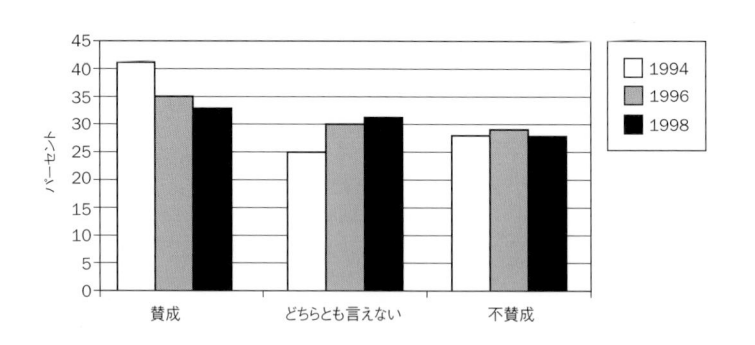

	1994	1996	1998
賛成	41	35	33
どちらとも言えない	25	30	31
不賛成	28	29	27

(パーセント)

◀ 表4.19:「自動車は便利なので、環境のためにやめることはできない」
出典:Jowell,R et al (1999)
▼ ライド・アンド・パーク:歩行者専用のマーケット広場、ノーウィッチ
Martin Bond/Environmental Images

イタリアの都市の多くは、都心部に「カー・フリー・サンデー」を導入した。アメリカでもいくつかの都市は、高速道路を有料化している。ストラスブールはトラムに依存し、多くのイギリスの都市でも同様の計画が進んでいる。オランダの都心部では、居住用の街路が「歩行者専用交差点」へと変えられている。オックスフォードのバス路線も、歩行者を考えてバス停の距離を縮小している。交通が連携し、都市の場所場所は強く結ばれ、それぞれの経済的な見通しもよくなっているのである。

渋滞が好きな人はいない。われわれが好むのは、速くて効率的で、公共交通と歩道と自転車道が連繋している都市である。しかし政治的には、現在の状況を望ましいものに変えるためには、はるかな道のりがある。公共交通がうまく組み合わされておらず、場所の連繋や便利さもないとしたら、結局は車が一番便利だということになってしまう。われわれは前に進むべきであろうか？ 小世帯化や車への依存といった問題に、われわれは実に素早く適応してきた。だからきっと同じように、優れた公共交通によって、われわれの習慣を現代の状況に適応させていくことも可能だろう。散漫ではなくコンパクトであり、とぎれとぎれではなく連続性を持った公共交通。それを実現させるために、計画的で、補完的で、都市を再生へと導く政策を用意するべきである。都市のコンパクトさを強化し、既存のものの使い方を少し変えるだけで、交通や、場所や、環境への負荷をより良くすることができるのだから。

交通は21世紀を左右する大きな課題である。さまざまな都市問題の中でも、生活への影響が大きいため、多くの議論を必要とする分野である。目標は明快であり、渋滞の改善や、移動のスムーズさと容易さや、親しみやすい公共空間が求められている。しかしその実現は、痛みを伴うものである。なぜならわれわれは低密で、車に依存した郊外型の都市を築いてきてしまったからである。けれどもそれは、動かしようのないものではない。次の章から、われわれはなぜ都市を変えようとしているのか、そして都市に対してどのように働きかけようとしているのか、さらに詳しく見ていくことにしたい。

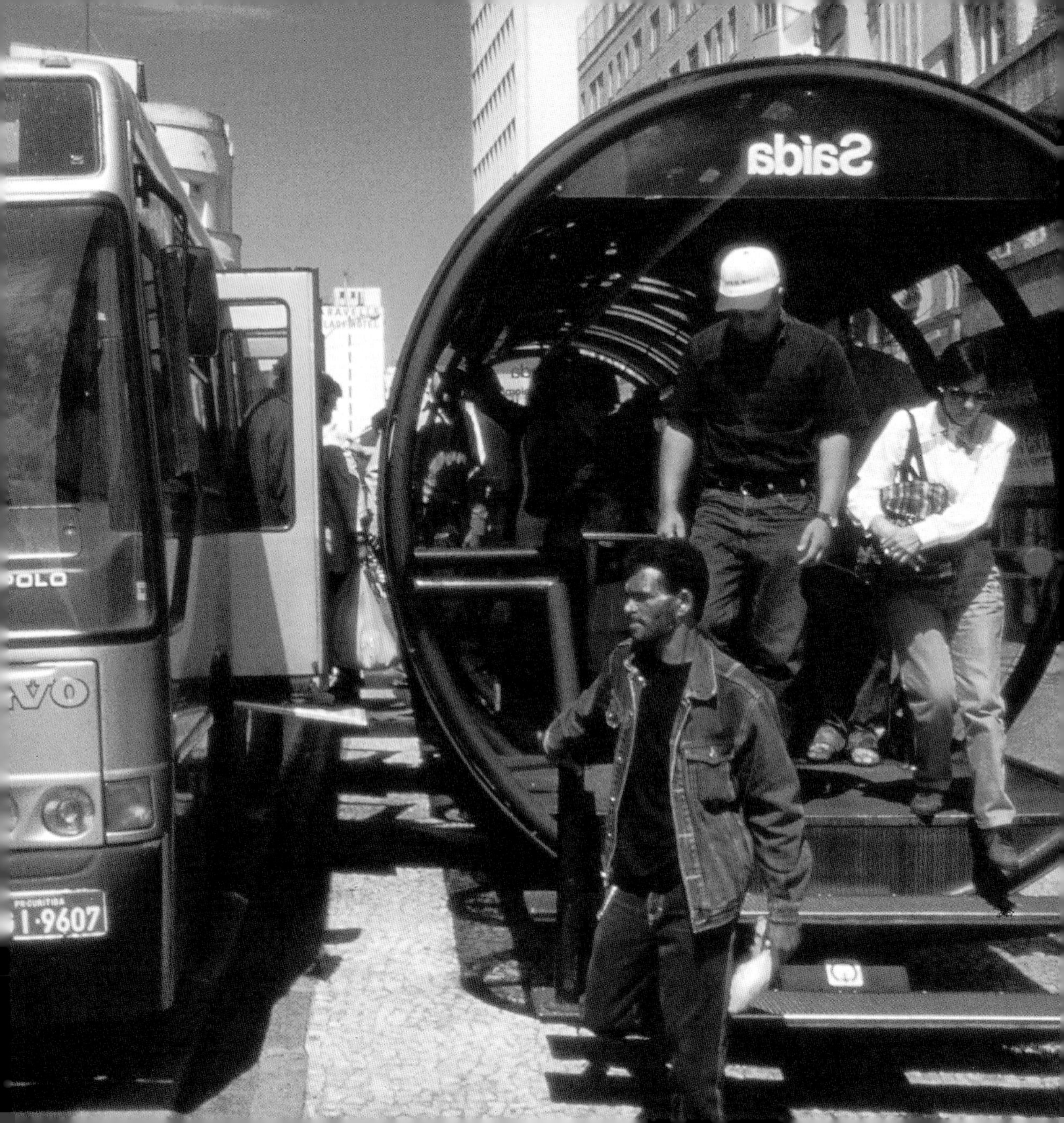
Saída

5　都市と環境 − なぜ変化が必要なのか

- クリティバ
- ニシン漁の教訓
- 過剰開発の環境リスク
- 人間活動のダメージ
- 態度の変化
- 過剰供給とマンチェスター症候群
- 供給が生む需要
- 世帯規模の縮小と新しいライフスタイル
- コストの問題
- ブラウンフィールドの障壁
- 雇用のスプロール
- 土地へのプレッシャー

5 クリティバ

クリティバはユニークな都市である。過去30年に渡る人口増加、社会的不平等、そして環境問題が、この都市をエコロジーの実験場へと変えて、世界で最も進んだバス交通網を生み出すこととなった。その社会的、環境的な政策は先進国に誇れるもので、公園や木々に富み、歩行者に開放された歴史的な町並みが彩りを見せる。

クリティバは都市再生の代表的な事例である。第二次世界大戦以前、人口わずか15万だったクリティバは、現在は220万人の大都市へと急成長を遂げた。革新派のジャイメ・ラーネルが市長に選出されたのは1971年、強権的な中央政府に対して市民が反発を強めていた時代である。そして中心市街を破壊する「車優先」の都市計画は中止され、学校や企業、市民の支持のもと、中心市街がペデストリアン・ゾーンとされたのだった。ラーネルの都市再生政策は、市民の雇用と居住環境を守るものとなり、資源問題への対策も早急に立てられた。たとえば下町にあふれていたごみ収集のカートも、野菜と引き替えに収集所まで市民が運ぶ、という仕組みによって改善された。

▲ 前頁
クリティバ：連結車両用のバス停により、待ち時間が短縮される
Herbert Girardet

歩行者優先の都市計画は、革命の幕開けだった。車利用者に配慮して道路の改装は夜通しで工事され、クリティバは急行バスや3連バスの専用レーン、重量車両と軽量車両のレーン、市内を横断するシャトルバスのレーンなどを備えた、世界ではじめての「バス・シティ」へと変貌した。貧しい人々を優先するために、新たな料金体系では郊外の料金はすべて均一と決められた。そして1972年、街区も破壊されることなく、最初の路線が20km開業した。路線は年ごとに拡張されて、今ではその総延長は500kmに上っている。急行バスは数百もの短距離バスに接続しているが、乗り換えターミナルが路線沿いにあるために、市民はチケットを買い換える必要がない。高い快適性とスピードを発揮できるよう、バスは市のエン

ジニアによってデザインされている。

爆発する人口を1つにまとめていくために、クリティバは強力な社会福祉プログラムを編み出した。託児所、学校、訓練学校、投資の奨励、環境保護やリサイクル。これらの政策は、革新的であると同時にシンプルである。たとえば、子供が毎週土曜日に中心市街の道路にやってきて、舗道の紙製の車止めに絵を描くというプログラムがある。コミュニティを都市に参加させる仕組みが、手軽なものとしてここにはある。

また、市民がメンテナンスを行うという条件で、クリティバは数千本の植樹を行って、その環境を高めている。1970年には1人あたり0.5m²だった緑地は、1996年には50m²にまで増加している。さらにごみ収集や、リサイクルは市民の義務となっている。市がエコロジカルなメッセージを掲げ、市民がそれに応える。川の浄化も、処理場や氾濫区域を公園へと転用することによって進められた。

急激に成長する発展途上国の都市の例に漏れず、クリティバは不法占拠に頭を悩ませている。ただ、市は彼らの家を壊したり、追い出したりするのではなく、その居住環境を少ない予算で、簡単に向上させられるような政策を選択した。何百人ものストリート・チルドレンに対しては、デイセンターや避難所、寮の建設などによって支援をして、彼らを社会に復帰させようとしている。ボランティアとともに移動教室を運営してもいるが、これにはリサイクルしたバスが使われている。

ブラジルは社会的格差の大きい国の1つである。同国で5番目の人口を持つクリティバは慣例を打ち破り、魅力的で、緑が多く、貧しい者と富める者の共存が可能な、経済的ダイナミズムを持つ都市となった。鍵となったのはデザインである。3期にわたって市長を務めたラーネル自身、建築家であり、エンジニアであった。彼のチームはデザインによって世界を輝かせ、全く独

自の手法を発明したのである。

何がこの変化の背後にあるのだろう？　サステナブルな都市環境によってこそ、都市は機能することができる。かつてブルントランド委員会はサステナビリティを「来るべき世代がわれわれと同様の水準を享受するために十分なだけの資源を残すこと」と定義した。地域の、そして国際的な貧困と不平等への挑戦は、こうした議論の延長にあるものである[197]。

現在、都市は世界のごみの75％を排出し、エネルギーの75％を使用している。地表の2％しか占めていないのに、都市は広大な後背地の資源を消費して、ごみをまき散らしているのだ。都市問題は環境によって複雑なものと化し、また、環境問題は都市によって複雑化する。表5.1のように、都市によって、またそのスプロールや再利用の状況によって、資源利用には大きな差が生じている。ヨーロッパと北アメリカには世界の人口の1/10だけしか住んでいないが、図5.2a、bのように、そこで世界のエネルギーの半分が消費されている。

国連の環境プログラムをリードするクラウス・テーファーは、発展途上国が十分な資源を使えるよう、先進国のエネルギー消費は全体の1/10にまで抑えられねばならないと述べている[198]。リオの環境サミットや京都会議でも扱われたこの問題提起は、世界中の環境団体に広く支持されているが、状況を変えるにはわれわれの資源利用、ライフスタイルなどの大きな変革が必要だろう。そうした状況のなかで、イギリスにおいて、そしてヨーロッパにおいて、環境に対するわれわれの意識を変えつつあるのは土地の問題である。現在も、将来も、われわれは土地をもっと注意深く再利用しなくてはならないのだ[199]。

イギリスの人口密度は世界のなかでも非常に高く、過密な地域では土地への負荷も高い[200]。そしてイギリスは、EUにおいてアイルランドの次に森林

が少ない国であり、経済発展のために自然環境を犠牲にしてきた長い歴史を持っている[201]。地方政府が環境保全に意識的となり、ロンドンの北環状道に植樹をしても、木々は汚染のために成長することすらできない始末である。クリティバが示すのは、都市は今よりも低エネルギーで環境にやさしくなれるということだが、イギリスはまだその試みを始めたばかりである。

たとえば5年前（1995年）、イギリスの地方政府は廃棄物の再利用率を25%にするという目標を立てたが、それは未だに8%の再利用率にとどまっている。焼却炉によるダイオキシン問題や、不法投棄、4000箇所もの廃棄場の環境汚染を軽減するため、政府は25%の目標達成に向けて法律を制定しようとしている[202]。だが廃棄業者への規制は少なく、処理が追いつかないために、廃棄場は慢性的に不足している。しかし、土地問題を抱えるワイト島が、生ごみを堆肥とすることで40%以上の再利用率を達成し、有機栽培農業の地に生まれ変わることができたという例がある。今やワイト島はイギリスで最も再利用が進んだ自治体である[203]。都市は、なぜこのように再利用を推進できないのだろうか。

現在、サステナビリティの原則は土地や建物には適用されていない。なぜなら、手に入れさえすれば土地は際限なく消費できるだろうと思われているからである。経済コストが環境コストを反映していないことも手伝って[204]、われわれは建物や残土、産業廃棄物、数え切れないほどの不燃ごみを都市環境とその後背地に投げ捨ててきた。しかし、これはもう限度を超えている。残土や建物や廃棄物をていねいに再利用すれば、街、そして田園の景観が同時に高められるだろうし、われわれの都市に対するアプローチも変わってくるはずである。大事に使えば、建物は予想の2倍から3倍の耐用年数があるともされる。アメリカ人の銀行家G.ピーボディによって開設されたピーボディ・トラストは、今日1万4000戸の住宅を低所得層に提供、築150年の集合住宅のリノベーションによって高い人気と入居率を保っている。ロンドンのバーンズベリー、ニューキャッスルのジェスモンドに見られる200年前

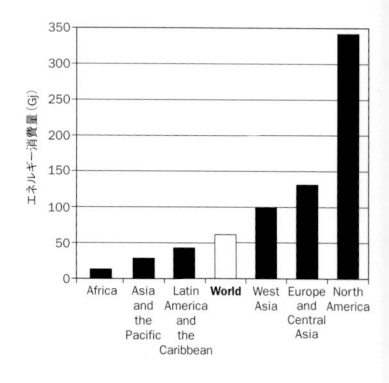

▲ 表5.1：世界の発展におけるエネルギー消費の不均衡
出典：UNEP（2000）

▶ **図5.2a：世界人口の分布**
出典：UNEP（2000）

▶ **図5.2b：CO₂排出量の分布**
出典UNEP（2000）

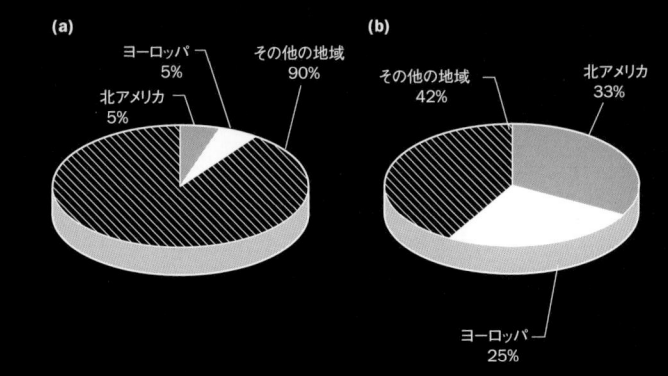

(a) ヨーロッパ 5%／北アメリカ 5%／その他の地域 90%

(b) その他の地域 42%／北アメリカ 33%／ヨーロッパ 25%

▶ **都市による資源消費**
イギリスのほとんどの都市が資源を効率悪く利用している（代謝のない利用）
Richard Rogers Partnership with Andrew Wright Associates

水／食物／原材料／交通／エネルギー → 廃棄物／空気汚染

エネルギー

▶ **都市によって資源を保全する**
資源をリサイクルすれば、都市はサステナブルなものにできる（代謝を考えた利用）
Richard Rogers Partnership with Andrew Wright Associates

安全な資源利用
環境からの圧力
水／食物／交通／原材料／エネルギー
注意深い都市運営
法的な圧力
コントロール
クリーン
廃棄物と空気汚染の最小化

のジョージア朝時代のテラスハウスも、土地の再利用がいかに有効かを示している。

新築の住居の60％を、ブラウンフィールドの活用と、既存の建物のリノベーションによって達成しようとする政府の目標は、狭いイギリスをもっと再利用しなければという動機によるものである。土地の再利用は、エネルギーや物質、そして建物の再利用というもっと広い課題につながっている。CO_2削減による温室効果の軽減、有毒建材の削減、冷暖房時の省エネルギー、公共交通の積極利用。新たな都市には、これらのサステナブルな戦略が必要とされている。

ブラウンフィールドはグリーンフィールドよりも価値が高く、その効果的な利用は社会的にも利点がある。地球は再生と更新を繰り返しているし、われわれ人間にも、輸送や生産の限界ゆえに再利用を行ってきた伝統がある。ただ急速な成長によって大量生産・大量消費が浸透し、われわれの再利用の習慣を絶やしてしまったのである。環境本来のサイクルより早く、われわれは廃棄物を蓄積し、資源を使い果たそうとしているのだ[205]。

ニシン漁の教訓

大量消費が招いた環境問題、そして土地の浪費の問題は、魚の濫獲といくつもの共通点を持っている。現在、ディベロッパーが土地に対して行っていることは、1970年代にアイリッシュ海で漁師がニシンに対して行ったことと同じである。当時、漁獲資源の激減が判明し、ニシン漁の禁止が避けられなくなった状況で、多くの漁師はあわてて集中的にニシンを捕らえようと考えた。そして古くからニシン漁を行っていたコーク州クリア島の漁師たちが漁を行ったときには、すでにニシンは外国のトロール船によって残らず捕獲されていたのである。その結果、ニシンは消えた。禁漁が実施された時には、コークの漁業は絶えてしまったのである。資源量は次第に回復したものの、

▶ 土地と建物のリサイクル
リーズ：ローズワーフの運河沿いの倉庫（設計：キャリー・ジョーンズ、開発者：キャディックス）
Paul White Photography of Wakefield

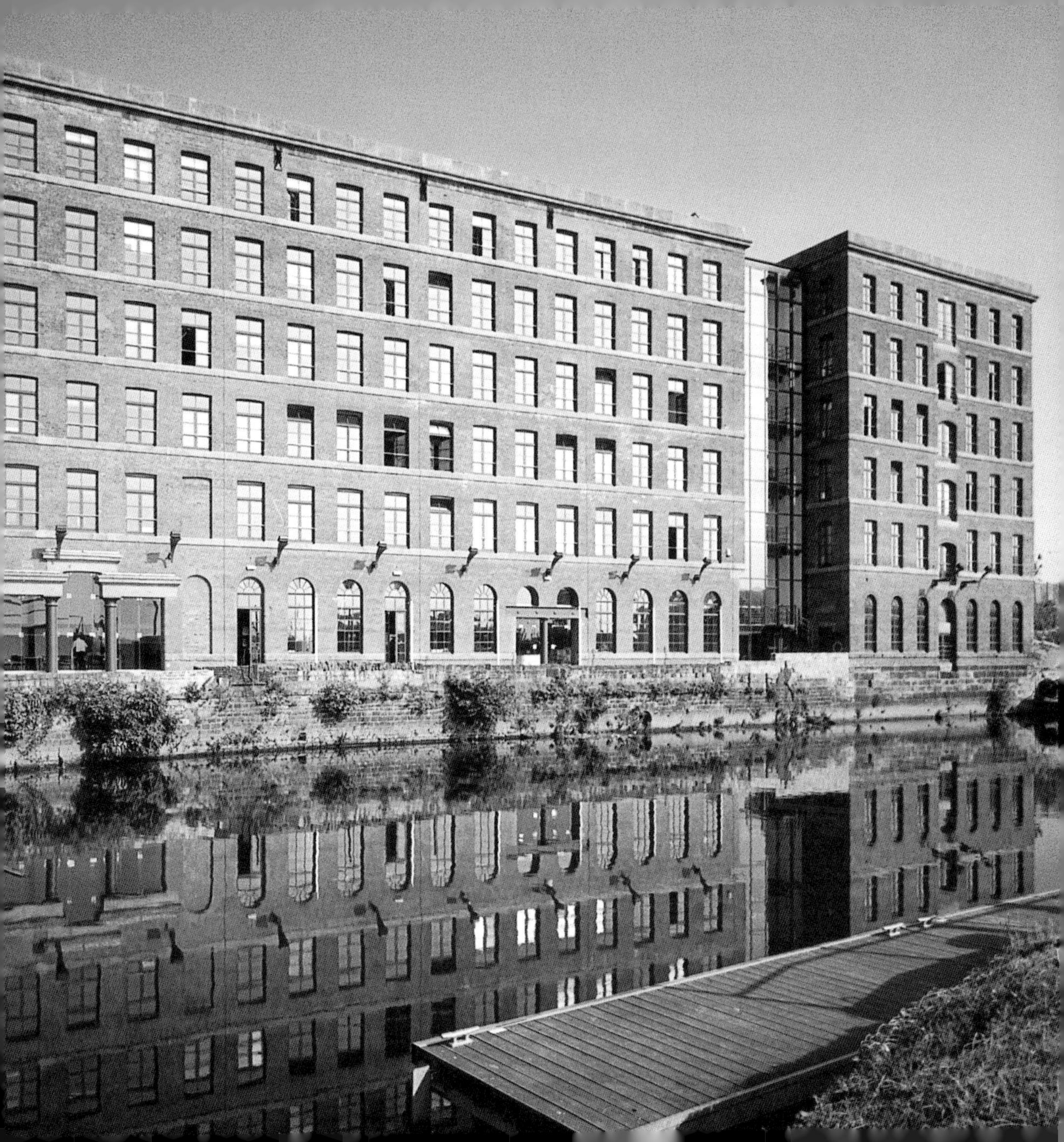

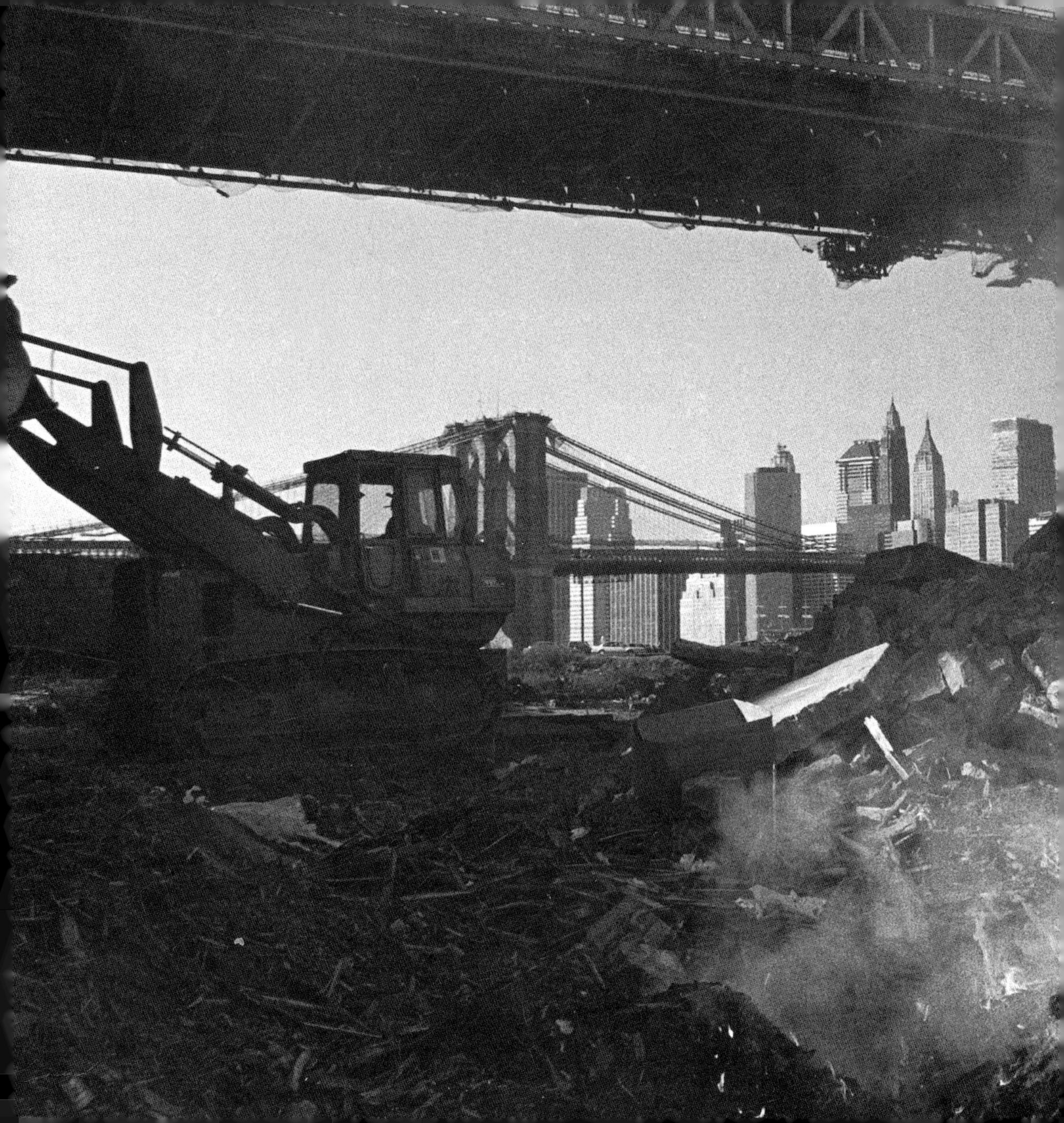

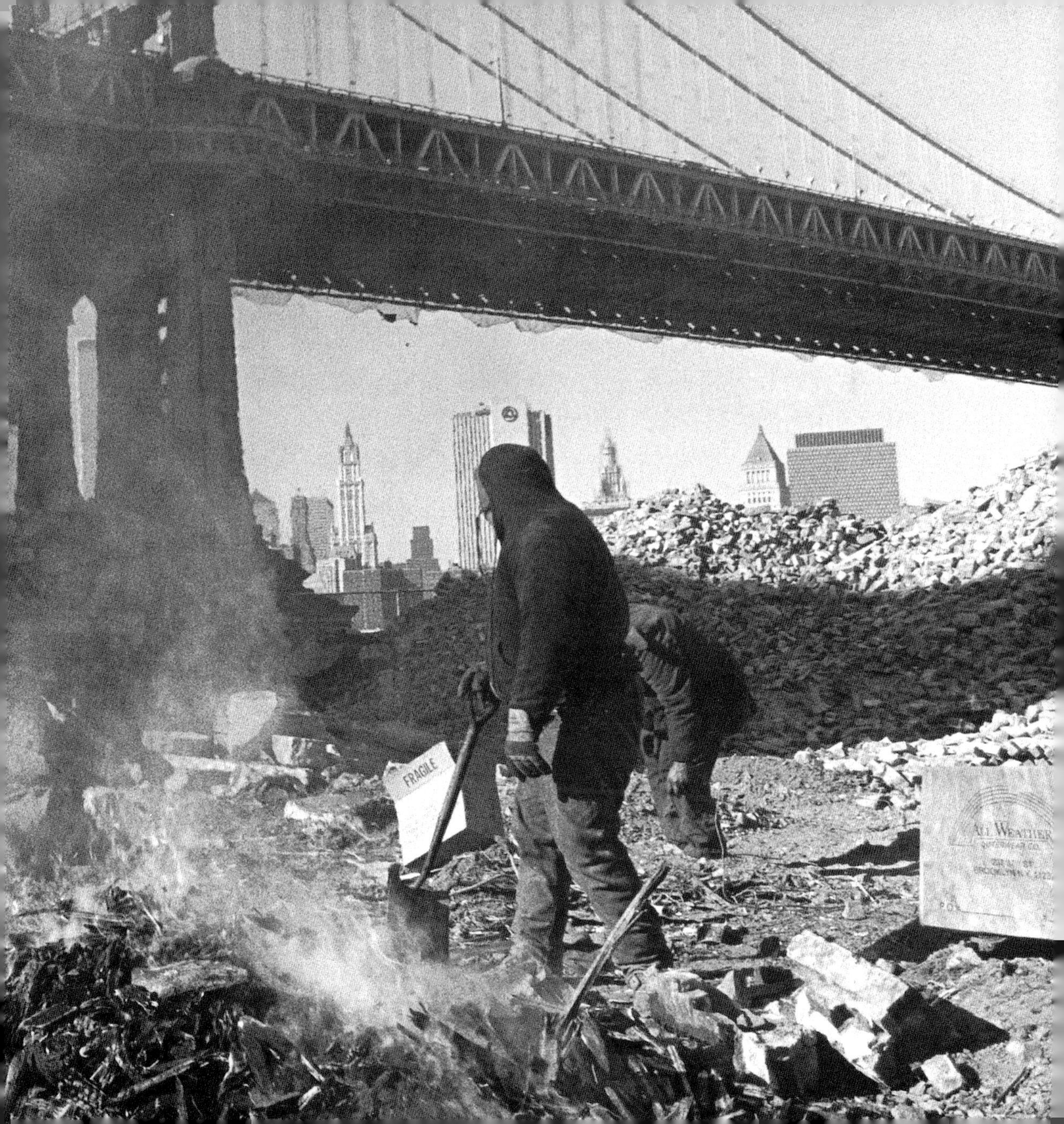
FRAGILE

自由競争による濫獲は今なお脅威となっており、「貧者のサケ」と呼ばれたニシンは、まだその地位を回復していない。濫獲に対しては幅広い対策が必要とされる。それがなければ、個人が大多数の他者のために犠牲にさらされてしまうからである[206]。

クリア島の漁師のように、ディベロッパーはグリーンフィールドの開発に逆風が吹いていることを知っている。彼らは土地が有限であり、環境問題が看過できないものとなっていることを知っているのだ。なぜなら彼らは他人がグリーンフィールドに投資をすることを防ぐことはできず、漁師のように自分の「漁獲量」だけしか決める権限がないからである。政府が先ほどの再利用率60％の目標を進めようとしているのは、まさにこのような状況において、偏った傾向を是正するためである。キープレーヤーとなるのは政策を決定できる地方自治体である。ニューキャッスルでは市内の活性化にディベロッパーが大きく寄与しているが、グリーンフィールドの開発を減らしつつある彼らは、風向きが彼らの味方となりつつあることを認識している[207]。

サステナブルな開発はすべての人の目標であり、誰か特定の人の仕事というものではない。われわれの都市には問題が山積みされていて、いつ、状況がコントロール不能になるのかさえ知ることすらできない。われわれにできるのはブラウンフィールド開発を強く、厳しく進めることである。グリーンフィールドの開発は、中心市街の放棄を加速させる大きな要因である。寂れていく街区の住民は、その状況の病理について、「道を越えて広がる伝染病」が彼らの目の前で街を冒していくようだと語っている[208]。

▲ 前頁

都市の廃棄物：経済的コストが環境的コストを反映するとはかぎらない。ニューヨーク
Eugene Richards/Magnum

過剰開発の環境リスク

都市問題と環境問題の連鎖に直面しているのは欧米だけではない。同様の傾向は世界中の街や都市に広がっているのだ。表5.3は現在の世界人口と都市人口の増加を示している。都市の成長は南の発展途上国で

顕著であって、先進国は都市化の段階を脱しつつある。この変化のスケールは実に大きく、その環境的な重要性は無視できるものではない。「サステナビリティ」はもはや世界の合い言葉である。

過剰な開発は低開発と同じくらい深刻な危険性をはらんでいる。それはわれわれを囲む4つの大きな変化、つまり世界経済の変化、不平等、移民問題、環境問題の変化と関係しているからである。

まず、世界経済の変化は、前例のないものである。20年前と比べるとわれわれはあまりに生産し、あまりに豊かに、あまりに交通で固く結びつけられるようになってきた。テクノロジーが従来の手工業を席巻し、製造業が新しい経済原理に左右されている。そして富と自由が、世界経済に不平等と混乱をもたらしている[209]。その深い影響を受けているのは、たとえばヨーロッパの都市の貧しい人々である[210]。われわれはまだ、状況を注意深く見定めていくことの必要性を認識したにすぎない。

成長の不平等は貧しい人々の移住によってますます悪化している。世界人口の5/6を超える人々が発展途上国に住んでおり、人口爆発と都市の拡大、そして貧困に苦しんでいる。仕事を求めて地球規模での移動が生じ、EUにも、アメリカにも、毎年約100万人の移住者が発展途上国から移り住んでいる[211]。彼らの1/3から半分が不法入国と考えられているが、合法であれ不法であれ、先進国の都市は職を求める者を吸収し続けている。しかし一方、西側の労働者は職を失い、低賃金の職種はますます狭められている。先進国の都市の過密さと高い人件費は、製造業やコンピューター、ハイテク関連の業種を途上国へと移す要因でもある。人と投資の二面的な流動性は都市問題の引き金となって、1990年代後半のスペイン、フランス、ドイツやデンマークにおいて、しばしば人種的緊張と衝突を生じさせてきた[212]。

▲ ロンドン：車洗いの子供たち
EPL/Jo Lawbuary/Environmental Images

2章、3章で見てきた郊外への移住は、これら貧しい人々の流入によっても加速させられている。社会的、人種的多極化と、それが生み出す不平等はわれわれすべてに関わる問題である。なぜならわれわれは都市に住んでいなくても、都市に依存しているからである。都市の健康、そして機能保全は、経済発展とサステナビリティには不可欠である。だからこそ、イギリスを含むヨーロッパの国々は、都市の物理的、経済的、社会的な再生に投資をするのだ。アメリカは繁栄の陰で人種の棲み分けによって都市を衰退させ、その社会的、環境的コストは計り知れないものとなった。郊外のグリーンフィールドは都市を捨てるための処女地となったのである。彼らはようやく、都市をふたたび育てようとしている[213]。

都市こそが、最も効率的で、エコロジカルで、環境的不平等を軽減する可能性を持つものである。それこそが都市のかつての姿だった[214]。われわれは21世紀の人口と消費の圧力に対し、都市によって応答することができる。密接に共存することで世界人口の多くを担い、エネルギーの利用を抑え、物資とサービスを集中し、エコロジカルな建物をデザインし、より効率的な交通を構築する。それこそが、都市の可能性なのだ[215]。とはいえ、都市は、資源の消費と廃棄物の処理という2つの問題を抱えている。都市は地球温暖化にも大きく関係しており、われわれは今までの生活を変える岐路に立たされているのだ[216]。

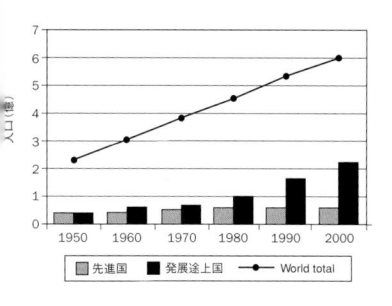

▲ 表5.3:総人口と先進国と発展途上国における都市人口
出典:世界銀行(2000)

世界経済の変化、不平等、移民、環境問題。これら4つの傾向こそ、イギリス政府に最低60%の住宅建設をブラウンフィールドで行うことを決めさせたものである。とはいえ、たとえわれわれがグリーンフィールド開発を40%に抑え、土地の高密度利用を図ったとしても、われわれが限りあるものを侵食していることには変わりはない。目標を設定するにあたって、政府はグリーンフィールド開発の継続を認めているが、同時にふたたび都市に、そしてサステナブルな未来に向かうことを唱えてもいる。サステナブルな未来はもはや遠くに架かる虹ではない。それはすでにわれわれの仕事の前提である。

土地を浄化して、再利用し、ふさわしい用途に作り変える。それでもわれわれが土地に与えるダメージは軽減されない。空気、水、生物界をバランスさせる自然の循環システムが都市には必要なのである。都市環境に釣り合うほどの後背地を持たないならば、空気や土壌の汚染、そして水の不足や洪水や水質汚染などの「水問題」ははるかに深刻なものとなるだろう[217]。過剰な消費は、回復に多大な時間を必要とするのである。11の国を流れるドナウ川は、人工的な護岸と産業排水によって、もはや本来の浄化機能を失っている。それどころか、巨大なダムが黒海のヘドロと漁獲量の激減をもたらして、国を超えた水論争を引き起こしてしまった。その結果があまりに深刻なので、世界銀行、EU、国連が共同で環境のバランスを回復させようとしている[218]。しかし緑地が残されていなければ、回復はありえない。そして緑地を残すには、保護が必要なのである。

土地を保護し、かつそれを再利用することが必要である。1993年のリオ・デ・ジャネイロと1998年の京都の環境サミットは、イギリスをはじめとする多くの国々に刺激を与えるものだった。京都会議の後、日本人は25年の耐用年数の住宅をわれわれの住宅のように75年にするように法律を変えている。日本の建築は短命な手法によって作られているため、彼らは南洋材の最大の消費者となっているからである[219]。先進国はもっとエネルギーと土地の利用、そしてサステナブルな開発に対して、保護的で、実質コストを考慮したアプローチをするべきであろう。われわれは相互に影響しており、その関係は強くなっている。コミュニティ、都市、そして国家をもっと機能的に統合し、社会的、物理的、経済的、環境的な障壁を取り除くべきなのだ。現在では相互の影響は大陸を超えつつあり[220]、西側のエネルギー消費が生んだ気候の変動が、世界のあちこちで自然災害を増加させている[221]。

土地の再利用が、夢を持つ人々を都市に回帰させるきっかけとなることもある。それによって人口増加をコントロールし、富を生み出し、人種の住み分けを中和し、都市を使い捨てにしてきたわれわれの考えを直すこともできるだ

ろう。なぜならば、社会の原理の根底には、つねに環境論が含まれているからである。アメリカ政府に都市問題について助言しているワシントンのブルッキング研究所のブルース・カッツは、なぜスプロールを止めて、都市政策を優先させなくてはいけないかの理由を次のように挙げている。まず第1に、貧しい人々が集中する都市こそ、豊富な人口が生み出す雇用の多さによって、状況を改善することができるため。第2の理由は、郊外が高齢化し、その労働力不足が都市経済に大きな影響をあたえているため。第3は、都心に集中する社会活動や公共空間のコミュニケーションこそ、われわれの市民社会の礎として欠かせないものであるため。第3の理由は最初の2つよりも根本的なものである[222]。

人間活動のダメージ

環境主義者の多くが、すでに多くのダメージが与えられているのだから、これ以上の成長は望まず、環境の回復のみを行動の目標にするべきだと主張している。中にはゼロ成長を願い、その達成のために資本主義のグローバルシステムを分裂させようとする極端論者も存在する[223]。しかしほとんどの人々は、成長は不要であるとか、時計の針を元に戻すべきだとまでは考えていない。なぜなら環境的な限界があったとしても、消費と競争に晒される現代社会を修正に向かわせるような、経済的、社会的臨界点もあると考えられているからである。しかしわれわれが生きる糧としている何百万もの雇用は、現代経済と、労働力と、自由市場に決定的に依存している。それゆえに、成長を巡る衝突は、環境再生と経済効率を両立させようとする決定を骨抜きにして、環境政策に行き詰まりをもたらしてしまうのだ。有限な資源と無限の夢の間で、われわれは必ず矛盾に直面してしまう。しかし、長期的に考えれば、先進国で見られるポスト産業経済は、ハイテク技術や、環境への配慮、手近で良質な公共サービス、そして魅力的な都市環境の上に成立しており、それらがダイナミズムと発展に関わっている。これらには、運営や保全といった「配慮」の発想が含まれている。

開発のインパクトはイギリスのどこにでも存在する。現代の社会が生み出している騒音、悪臭、廃棄物は、集約農業とともにイギリスの低地部分を実質的に侵食している。イギリスの村や街、そして都市がいまだに魅力を保っているのは単にそれらが厳しく保護されているからである。新しい需要と新しい環境的配慮を達成するために、いかに都市を作り替え、その魅力を保護するか。いかに不必要な開発を抑制していくのか。それについてここでは述べたい。

議論の主題は、都市が田園に与えているダメージを減らすべきだというようなものではない。むしろ、われわれがどのくらい前進するべきかが主題である。幾度もの警鐘にもかかわらず、世界はまだ破滅していないように見える[224]。しかし、その損害の回復のために半世紀も必要とするほど、地球温暖化が進展してしまったと科学者は確信している。政府の主任研究アドバイザーを務めるロバート・メイのように優秀な科学者も、温暖化は加速しており、そのインパクトはますます深刻になっていると警告している[225]。その不気味な徴候は、たとえばイギリスにおける野鳥の減少や、アルプスの氷河の温度上昇、グリーンランド沖での氷床の融解、灌漑農地での塩類集積など[226]に見られるが、その因果関係を特定するのはあまりにも難しい。世代を越えて続く温暖化の影響を抑制するために、われわれは沢山の小さな変化を積み重ねていかなければならないだろう。

われわれは、まるで何百万年もかけて蓄積してきた自然資本を、生態系が赤字になったときの結果も知らずにクレジットカードで引き出し続けているかのようである[227]。その使用料さえも課そうとしないのは、われわれが使用限度額や負債がいかに大きいかを知らないからであり、だからこそわれわれの環境システム、特に土地について、あたかも追加可能な資本のように錯覚するのである。自然は再生可能であるし、より経済的に活用することもできる。しかし、増やすことはできないのだ。ただ、環境システムは高密であるから、デザインと組織化によってコンパクトネスを達成し、持続させていくことは

できるだろう。その方法については後に第6章で探っていきたい。

多くの人々がわれわれの土地のことを未知の将来のために保全しておくものではなく、今すぐに開発されるべき資本のように見なしている。ダメージを注意深く測定することもせず、進路を変える知恵も働かせなかったために、われわれの手元には土地をサステナブルに利用する手だてが全くない。われわれ人間の要求は断片的で、貪欲で、潜在的に矛盾を孕んでいる。それゆえにわれわれは都市をサステナブルに運営するという発想をしてこなかったのである。すべての人が、都市で自由に過ごすことができた方がいいのは当たり前である[228]。しかし、環境的なダメージは皆で防ぐべきものであり、後で一気に回復させるようなものではないのである（表5.4）。

態度の変化

建物も、道路も、線路も鉄塔も発電所もなく、開発の爪痕の記されていない処女地のような土地はもはや珍しい。それゆえに、イギリスや他のヨーロッパの国々で、開発への態度は変わりつつある。イングランドにおいても、国立公園や景観保護地区以外、ほとんどの地区が開発され、極端な交通量に晒されている[229]。しかし一方で、都市のなかに開発されていない土地が沢山ある。仮囲いで囲まれた空地や、ファサードの壊れた建物、閉店した店舗や工場や倉庫、そして道路にまたがる巨大駐車場。地方が過度に開発されているのに比べて、われわれが築き上げてきた都市を開発するという発想が見過ごされてはいないだろうか。

規模にかかわらず、いかなる都市も郊外に新しい住宅地を持っている。それらはたとえば150戸から200戸の規模であり、たった数フィートの間隔で建ち並び、2台分のガレージと広い道、広い転回スペースを備えている。最近のディベロッパーは家族向けの住宅を供給しているから、子供はクル・ド・サック（袋小路）で遊べるし、近所ともすぐに顔見知りになれる。こうした郊

外住宅は車を持ってさえいれば、投資として安全である。しかし郊外住宅はもっと土地を使わないですむはずだし、エネルギー効率を高め、車にあまり頼らずに、倍の密度でも魅力あるものとなる可能性があるはずである（6章を参照）。デンマークが戸建住居の抑制を進めているのと同様のことを、われわれもできるはずなのだ[230]。

イギリスではこの20年のあいだに、300万世帯もの家族が郊外へと越していった。これは3000世帯程度のネイバーフッドが、それぞれ100〜200戸規模の住宅地開発を20年に3回も行ったことを意味している。つまりすべてのコミュニティが7年に1回新しい開発を行う計算である。あらゆるところで建設がなされているというわれわれの印象は間違ってはいない。しかし、それは建設が均等になされているということではない。なぜなら開発の大部分がグリーンフィールドを利用したものだからである。われわれは土地に対して寛容すぎる。投資家、ディベロッパーなど土地によって生きている者が利益を上げている間に、この寛容さが地方の悪趣味な開発を許してしまい、もともとの静けさを殺してしまったのだ。1900年には人口増加が問題となっていたが、今日、それは空間の低密な利用に取って代わられている。新しい住居の多くは需要のないところに建てられ、いくつかは空室で、売ることも貸すこともされていない。こうした都市と田園の不毛な競争は、北部イングランドやミッドランドの都心部の不動産市場の崩壊に現れているが、そこでは都市が消耗してしまっているために、人々が質の高い住居を離れざるをえなくなっている[231]。われわれは、この古典的ともいえる悪循環が、マンチェスターとニューキャッスルのネイバーフッドにおいて繰り返された例を知っている（表5.5）。

グリーンフィールドの獲得のために、われわれは使われていない建物やブラウンフィールドを無視してしまうというミスを犯してきた。イギリスのほとんどの地域において、ブラウンフィールドの利用率を60%にするという目標は達成されていない。ロンドンは85%のブラウンフィールド利用率を達成している

▶ **表5.4：クリーナー・プロダクションの経済効果**
出典：ラボバンク（1998）
クリーナー・プロダクションのコストは下りつつあるが、汚染が顕在化した後に対応策を取るためのコストは上がっている。それゆえ、システム管理のプロセスの中で汚染の要因を取り除こうとするクリーナー・プロダクションの採用が増えている。

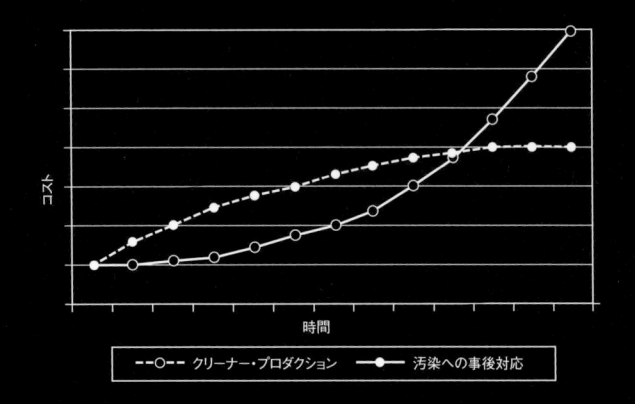

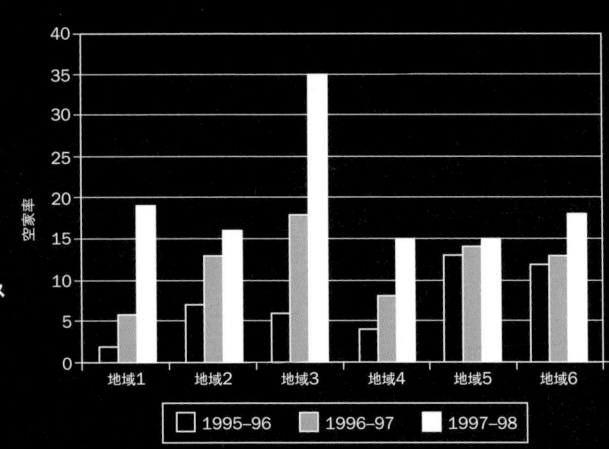

▶ **表5.5：ニューキャッスルおよびマンチェスターの6つの地域における空家率の変化（1995-98）**
出典：A.パワー&K.マンフォード（1999）

が、それは単にグリーンフィールドがないからである。ブラウンフィールドの利用はまだまだ高められるはずである[232]。政府は新たな指針によって、ブラウンフィールドの敷地が手に入る場合、グリーンフィールドの開発を認めないよう各自治体に求めている。こうした指針によって、状況が変わる可能性はあるだろう（6章を参照）。

過剰供給とマンチェスター症候群

庭付きの住宅地であれば、その密度は一般的にヘクタールあたり40戸から60戸であり、その価格は古く、都心に近い土地ほど高くなる。この40戸から60戸という基準を、われわれは1980年代にヘクタールあたり25戸へと引き下げたのである。そして多くの土地開発が許可されることとなり、郊外の自治体が開発の誘致競争をはじめてしまったのだ[233]。グリーンフィールドの開発許可がどのような結果をもたらすことになったかの例を、土地需要が低く、ブラウンフィールドを多く抱えていた北西イングランドに見てみることにしよう。まず、自治体の世帯増加の見通しに沿って開発が許された土地に、ディベロッパーが住宅地を先行開発する。ところがもともと不動産の借り手が少ないために、需要予測や供給予測は思惑通りには算出されない。鍵となるべき自治体の予測が、世帯数を1つの開発につき20戸も上回ってしまうのである[234]。それゆえに北西イングランドでは、質の高い住宅が建てられているのに空き家が目立つ住宅地や、大規模な撤去や、貧しい中心市街、そして都市景観の荒廃が都市圏全域に見られるようになったのである。表5.6はグリーンフィールドの住宅の過剰供給を明快に示している。これは政府の社会排除防止局によって明らかになった資料である。

マンチェスター、サルフォード、プレストン、リバプールやバーケンヘッドという、北西イングランドの都市圏の大部分で、この影響はあらわれている。グリーンフィールドにおける低密住宅地の過剰供給、そして都市の荒廃が同時に作用して、人々を郊外に転出させ、新しい住宅を購入させたのである。

その結果、北西部の都市の住宅価格はイギリス中で最も安いものとなってしまった[235]。ケンブリッジ資産研究所のアラン・ホルマンによれば、この地域では、都心から新しい郊外へと転出しようとする傾向は、イギリス南部に移り住もうという傾向よりも強いとのことである[236]。

都市のなかの空閑地は、暴力行為、放火、犯罪などの原因となる[237]。都市の内部は極端な社会分極、反社会的行動によって苦しむこととなり、その再生のチャンスも少ないままに、補助金付きのグリーンフィールド開発との競合を強いられる。マンチェスターに近いバーンレイ、ボルトン、ペンドルやコルンといったかつての木綿産業の拠点都市では、新たなグリーンフィールドの開発が田園風景の破壊をもたらすだけではなく、都市そのものの存立を揺るがし、紛争を生じさせるものとなっている。

さらに、北西イングランドよりも多くの開発が許され、建物が建設されている地域が存在する。たとえば西イングランドや東ミッドランドのタインサイドやティーサイド、ヨークシャーやハンバーサイドなどである。これらの地域においてこそ、政府はブラウンフィールドの利用目標達成に努めなくてはならない。表5.7は世帯数増加予測と実際の住戸建設の割合である。ロンドンと南東イングランド、南西イングランド以外は、行政の予測よりも実際の住戸供給数が多くなってしまっている。

われわれは、選択というよりも、ただ必要にせまられて土地の再利用をする。ニューキャッスルや北タインサイドでの住宅供給が埋め立て地を舞台に行われてきたことを考えれば、それが事実であることが分かる。土地の供給があるならば、更地に建物を建てるのは最も簡単な方法である。住宅の購買者から見ても、都心の古い住宅よりも、将来のある郊外の新しい住居の方が魅力的である。一方で再利用には、注意深い計画と実践が必要である。コミュニティの参加やサポートも必要であるし、低所得者層だけではなく、高所得者の参加も必要である。後に6章でも見るように、複雑なパートナー

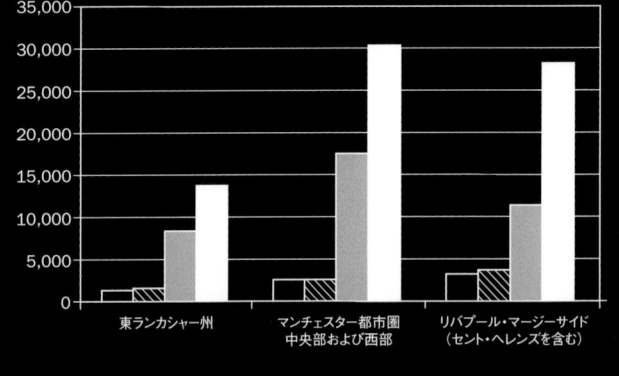

◀ 表5.6：イギリス北西部の住宅供給数に見られる住居と土地の過剰供給
出典：DETR（1999n）

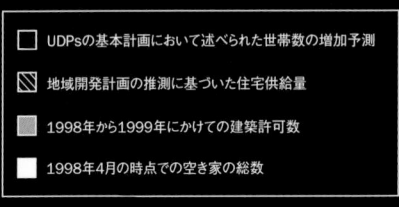

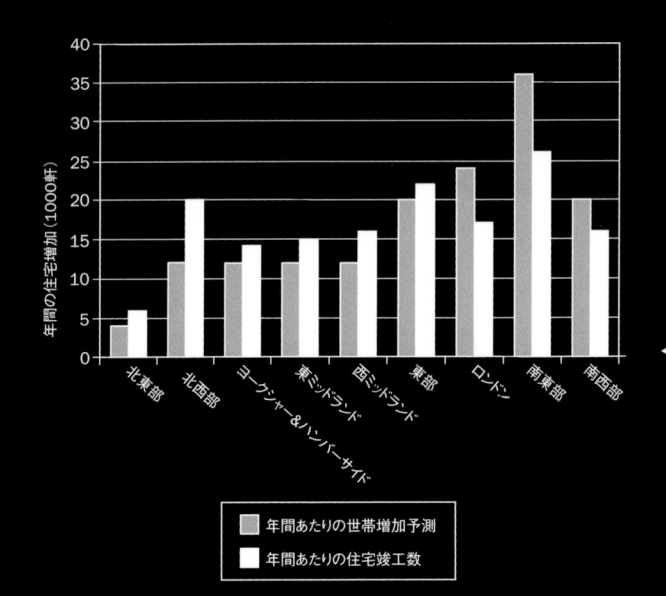

- □ UDPsの基本計画において述べられた世帯数の増加予測
- ▨ 地域開発計画の推測に基づいた住宅供給量
- ■ 1998年から1999年にかけての建築許可数
- □ 1998年4月の時点での空き家の総数

◀ 表5.7：世帯数増加と住宅建設の比較

- ■ 年間あたりの世帯増加予測
- □ 年間あたりの住宅竣工数

シップと用地の整備も必要となる。われわれの習慣が変化するには、再利用のコストが建物の新規建設を下回ることが重要である。

供給が生む需要

こうした事態を招いた予測供給は、ながく非難の対象となってきた。政府はその時々の動向に基づいて、続く25年間の世帯数の予測を行ってきた。そしてその一環として、地方自治体に将来の建設に必要な土地を準備させてきたのである。しかし、現実は予測とは一致しなかった。なぜなら、住宅需要は景気に左右されるからである。社会状況、経済動向によっては、予測世帯数の1/4が生じないことも起こりうる[238]。たとえば離婚した人々は新たなパートナーを予測よりも早く見つけており、これは世帯数の抑制につながっている。奨学金附与の縮小も学生を親元に留め、予測を裏切るものとなるだろう。

反対に、住宅需要が少ない地域においては、住宅価格が下落したという理由だけで世帯数が増えることもある。需要が多い地域では、競争によって住宅価格は高騰し、低所得者層を中心に住宅のルーム・シェアが生じている。全国で起こる不規則な現象は、正確な予測を難しくしている[239]。

われわれの土地開発が予測のもとに認可されているという状態に対し、ディベロッパーが考えたのが「土地の銀行」とでもいうべきシステムである。これは開発計画に年月をかけることで、実際の需要に沿った、リスクの少ない開発をするというものである[240]。当然のごとく、彼らは入手しやすく、開発しやすく、価値がいつまでも「担保された」グリーンフィールドを好むこととなる。政府がいつまでも住宅不足だけを危惧するのなら、リスクの少ないグリーンフィールドばかりが開発の波にさらされるだろう。手間のかかる土地の再利用よりも、その方がはるかに簡単だからである。都市計画が密度の低い空地を許しているのは、グリーンフィールドが手に入るからである[241]。そ

して農家は農地を手放し、その価格も上昇する。投資家はそれ以上の利潤を得れば良いだけである。

ブラウンフィールドにはコストがかかるだけでなく、敬遠要素とリスクが内包されている。ニューキャッスルには、北部の緑地帯に住宅地を建設するという計画があった。それはディベロッパーに支持されたし、空洞化した都市に高所得者層が戻ることはないと人々も思っていたからである。しかし、都市の中心市街から再生と成長を実現するという議論があってもよいのではないだろうか。周縁部と郊外の開発こそ、われわれの都市を揺るがしているのである。「サステナブル・バランスシート」というものを考えてみれば、ブラウンフィールドの開発は、金銭を超えた利益をもたらすものとして重要なものとなるはずではないだろうか（表5.8）。

世帯規模の縮小と新しいライフスタイル

世帯数は増えているが、世帯を構成する家族の人数は減小している。ブラウンフィールドの建物を、入手しやすく、魅力的で、重要なものとしなくてはならないのはこの理由による。ひたすら繰り返される郊外の「ファミリー・ハウス」は飽きられて、都心で暮らす生活こそが、魅力的で、特徴があるものと思われはじめているのだ。人口がゆっくりと増えてきた1970年代から現在に至るまで、ヘクタールあたりの住戸数が半分となる一方で、ヘクタールあたりの住民数は1/4へと減ってしまった。世帯規模の縮小が、低密さ、という言葉の内容さえも変えてしまったのだ。予測では今後25年の間にわれわれは400万戸の住宅建設をしなければならないが、実はその3/4が単身者のためのものである。

単身者のほぼ半数は、家を購入しないと考えられている。これは新しい手法、つまり既存の住宅のコンバージョンが必要であることを意味している[242]。ロンドンの多くの単身者が、社会的、経済的な理由から住宅をシェア

しているという事実はそれを裏付けるものだろう。

こうした変化は、建物の密度と人口の密度は違うものだということを示している。寝室3つの住宅を100戸建設した、想定人口300人の住宅地が、実際は220人の人口しかなかったという例もある。公共住宅であれ民間住宅であれ、人口密度の減少は空疎で生活感のない雰囲気を与えてしまう。一方で、ディベロッパーの主要な市場である家族用の住宅地であれば、そこには若い命が溢れることになる。先ほどの100戸の住宅地であれば、150〜200人の子供がいるはずである。つまり、人口は親も含めて400人ほどになる。ただし就学期の子供のいる家族はともかく、高齢の人々や子供のない人々にはこうした住宅地は敬遠される可能性がある。子供がいるかいないかで、人々の要望は大きく変わってくるのだ。

子供のいる家族は、現在では少数派になりつつある。これから必要とされる住宅は、新しく、より小さな世帯のためのものである。ディベロッパーは若い独身者が好みそうな敷地を都市の中心部に探し始めている。それは若い人々が集まり、新しい恋やパートナーシップを見つけるような場所である。孤独を求める一方で、人々は付き合いも、助け合いも求めているのだ。1人暮らしが寂しいものであることは、皆が人生において知っているはずである。分散して住む傾向は、こうした人の結びつきに反するものである。また、さまざまなサービスを成立させるためにはある程度の人口が必要となる。これは公共施設を必要とする高齢の人々に、コンパクトな都市の重要性について説得する材料となるだろう。いくつかのディベロッパーは、こうした新しい傾向から「おばあちゃん」用、「学生」用の建物を提供している。ドイツでの研究も同じような方向性を見出している[243]。

スプロールの解決には時間がかかる。1991年から1996年の間、ブラウンフィールドに建てられた住宅の割合はわずか40%である。一方で、住居用に用途変更されたグリーンフィールドの10%は、今まで手付かずであった都

ブラウンフィールドのコストと短所	**ブラウンフィールドの魅力と長所**
・複雑な利用形態と所有形態	・敷地と周辺環境へのリンク
・既存の状況への対応の煩雑さ	・歴史的な都市パターンに組み込まれていること
・ふるく、劣化したインフラストラクチャー	・既存の枠組みを再利用する可能性
・中途半端な敷地のサイズ、形状	—土地
・交通アクセスの不便さ	—道路
・密度が高く、コンパクトなデザインの必要性と、その実践のための多大の労力	—周辺環境
	—素材
・周辺との距離の近さがもたらすデザインと敷地利用における制限	・計画自体の面白さ、チャレンジ性
・土壌汚染の問題	・近くの活気ある場所へのリンク
・開発コストの高さと、モチベーションの不在	・都市全体の再生への貢献
・環境面での不確定要素による市場価値の不安	・デザイン手法の展開と可能性、ビジョンの必要性
・補助金や税制面での優遇の不備	・汚染を軽減する技術
	・最前線のエネルギー利用と交通計画
	・市場競争力のあるエコ・プロダクト
	・都市再生基金の存在

▲ 表5.8：ブラウンフィールド開発のコストと利点

市の貴重な緑地を使ったものである。郊外においては土地の低密利用は顕著であり、ほぼ半数の事例において、住宅部分は開発面積の60％も占めていない[244]。われわれの貴重な緑地の40％が、アスファルトの舗装やガレージのために破壊されているのである。

地方における分散型の開発は、自動車の利用と結びつき、バスや福祉、商業などのサービスを閉業に追い込むような影響力を持っている。人々はショッピングセンターや駅に車で乗り付け、バスから人の姿は消えてしまうのである。商店や郵便局も経済的ではなく、低密な住宅地を不便なものとしてしまう。それなのに、グリーンフィールドの少ないロンドンの郊外でさえ、われわれは実に低密に開発している（表5.9a）。最新のデータによれば、ロンドン以外のすべての地域において、ブラウンフィールドの利用目標は達成されていない（表5.9b）。

需要に応えるに足るブラウンフィールドはないとか、古い産業地区はとっくに再開発されたとか、再開発はコストも高く、立地も良くない場合が多いとか、さまざまな反対意見があるだろう。しかしこの小さなイギリスは、良い交通によって相互のリンクを保ちつつ、土地の大部分を活用することができるはずである。土地と建物は、前の使用者の痕跡が消えるようになるまで何度も再生できるはずである。そこに計り知れない可能性があることは、テムズの河口に対する政府の興味にも窺われる[245]。ロンドンからテムズ・ゲートウェイに沿った地域から数マイルも離れていないところに、南東イングランドで最も広く、しかし見捨てられてしまった敷地がいくつか存在している（図5.10）。野心的な交通計画が提案され[246]、その実現の可能性は大きい。しかしそのためには、それぞれの土地の歴史を踏まえた、大胆で、コンパクトで、かつ統合された開発のビジョンが必要である[247]。

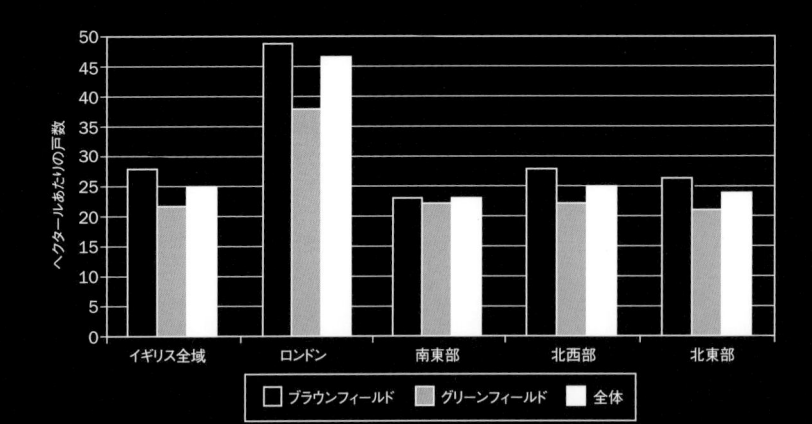

◀ **表5.9a：新規住宅地開発の平均的な密度（1998年までの傾向）**
出典：UTF（1999）

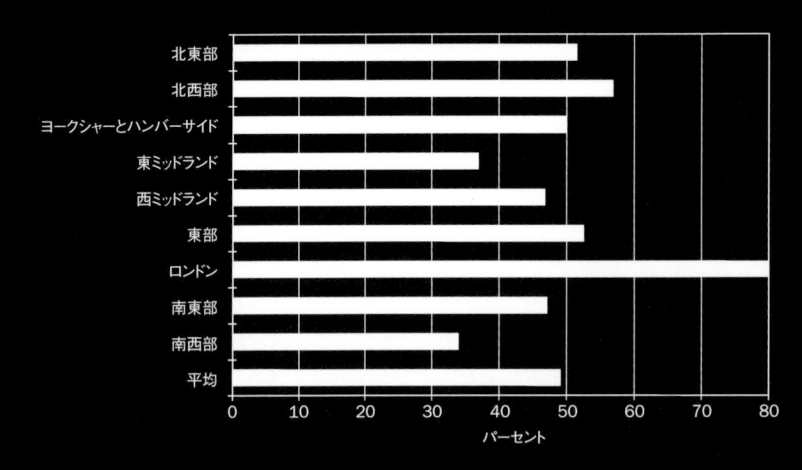

◀ **表5.9b：土地の再利用による新築住宅の割合（1994）**
出典：UTF（1999）
注：ブラウンフィールドの利用事例は1994年より増加しているが、その割合はまだ目標利用率とされている60％を下回っている。ロンドンだけが大きく目標を上回っているが、ロンドン計画諮問委員会は、この高い利用率を維持していくことは可能だとしている。

コストの問題

新規の住宅開発には、公共機関が資金を投じ、道路や下水道、街灯やガスなどのインフラストラクチャーが供給される。同様に、学校や健康センター、警察署などの公共建築も社会的インフラストラクチャーとして建設される。ディベロッパーは開発の直接的なコストは負担するかもしれないが、広域的な、長期的なコストに関しては負担をしない。学校や交通などはその明白な例であろう。より大きな行政区が、実はスプロールのコストを負担しているのである。

ディベロッパーが最も避けようとするのは、低所得者向けの社会住宅の併設である。彼らは敷地の交換や、一時的な寄付や、公共施設の提供などによって、社会住宅を隔離してしまおうと考える。都市計画局はそうした抜け道を許すのではなく、オランダで行われているように、社会住宅が要求通りの割合で併設されるように誘導すればいいのである。そうした方法の可能性は、ニュータウンに示されているだろう[248]。

ブラウンフィールドの再開発をめぐる議論のなかには、確かなマーケティングを行い、既存のインフラストラクチャーや社会システムなどの環境再生に、ディベロッパーを積極的に参加させるべきだというものがある。アーバン・スプラッシュという北部の進歩的なディベロッパーは、マンチェスターやリバプールやニューキャッスルの産業時代の建物を再生している。広域の都市再生、運河の再生、そして新住民を呼ぶサービスと安全の提供。トム・ブロクサムというディベロッパーは、これらを重要視してブラウンフィールドの開発を進めている[249]。

グリーンフィールドの開発のために、どれだけ巨額の補助金が費やされているだろうか。驚くべきことに、政府がそれを計算したことはないようである。開発に隠された間接的なコストを、財務省も、地方自治体も、DETR（環境

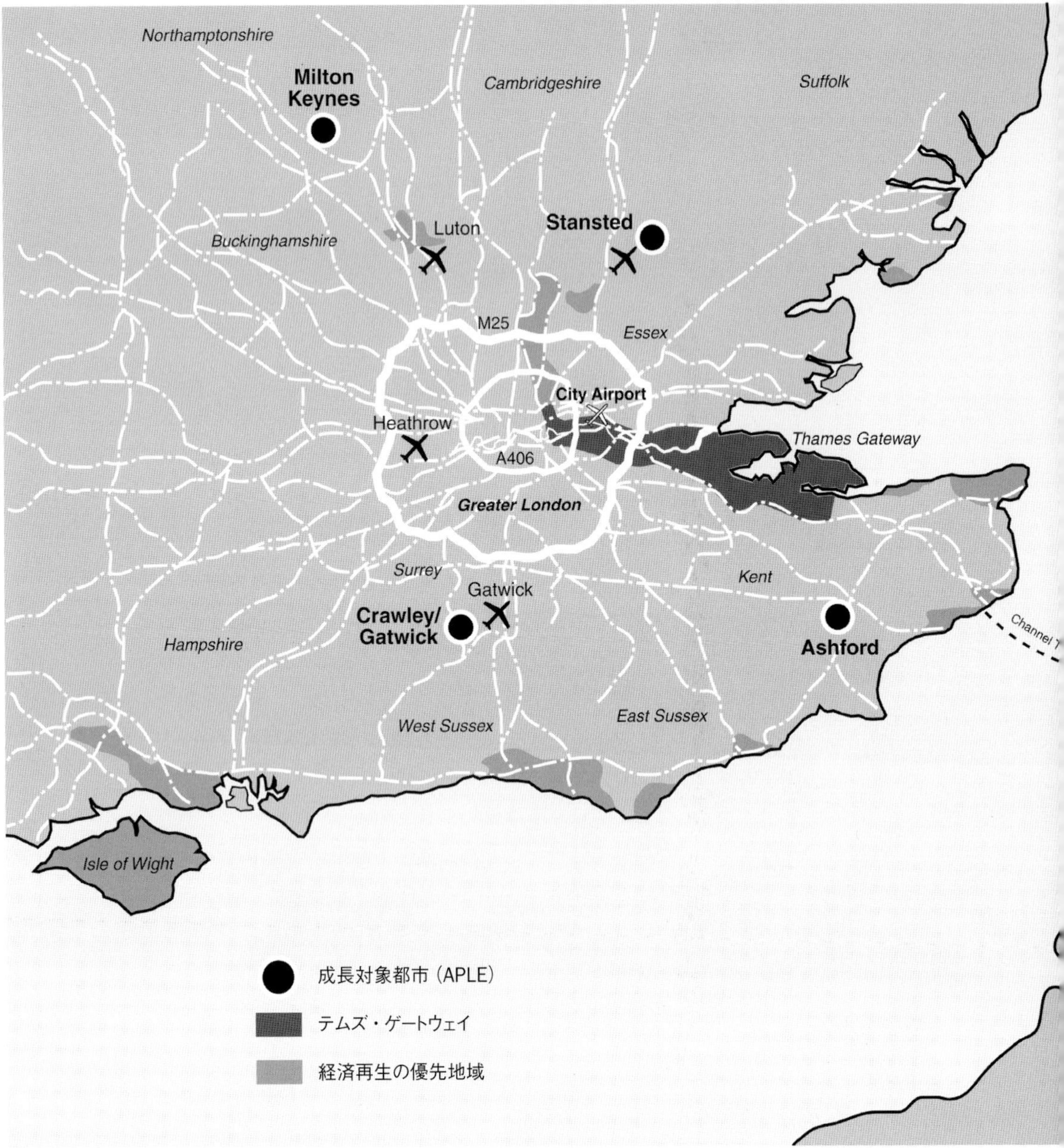
Northamptonshire
Milton Keynes
Cambridgeshire
Suffolk
Luton
Stansted
Buckinghamshire
M25
Essex
City Airport
Heathrow
Thames Gateway
A406
Greater London
Surrey
Kent
Gatwick
Crawley/ Gatwick
Ashford
Hampshire
West Sussex
East Sussex
Isle of Wight
成長対象都市（APLE）
テムズ・ゲートウェイ
経済再生の優先地域

交通地方局）も算出していない。しかし「スプロール住宅1軒につき2万5000ドル」というアメリカ統計局の計算は、インフラに対する公共投資が、隠された補助金が多額であるということを示唆している。都心の貧しいネイバーフッドに投入されるコストは、人口の減少に従って増加する維持費によって明らかである。こうした地域における教育コストは、全国平均よりも高い[250]。社会サービスや安全のコストも同じく高い[251]。つまり補助金の多くは都心の維持と、散らばったニュータウンへのサービス提供に使われているのであり、ネイバーフッドが貧しくなるほど、この2つは分極化することとなる[252]。そのようにして、われわれは公共インフラストラクチャーに、倍の投資をしているのである。もしもディベロッパーがグリーンフィールドに隠された補助金を受け取らなければ、ブラウンフィールドの開発はより魅力的なものとなるであろう。それはグリーンフィールド開発に対しても、コスト的な現実性を持つものとなる。いくつかのグリーンフィールドは高価であるから、土地が不足するにつれ、そのコストの差は縮まっていくだろう。しかしそれにもかかわらず、文字通り空間を使い果たすまで、グリーンフィールドの魅力は残ると思われる。

◀ **図5.10：テムズ・ゲートウェイ：都市の大きな可能性**
出典：DoE (1995)

古い建築の再生は、税制の不合理によっても妨げられている。ディベロッパーが消費税を免除されて自由に建設できるのに対し、既存の住居の修繕やリノベーションには17.5％の税金を納めなくてはならない。他のビジネスがそうしなくてはならないように、新たな建設にも消費税が導入されるのであれば、これは抑制力となるであろう。政府は消費税の導入が新しい住宅のコストを上げ、住居価格全般を押し上げてしまうことを恐れている。しかし修繕や改築が消費税から解放されるならば、既存の住宅を維持し、改良するためのモチベーションは上がるであろう。この考えのオプションとして、新規建設からもリノベーションからも、低めに設定された消費税を同じように業者に課すということが考えられる。その消費税の率が財務省の収入を減らすことのないように設定されれば、住居価格への影響はないであろう。修繕とリノベーションの消費税を5％まで引き下げることができれば、解体の危

機にある古い住宅の再生に大きな効果がある。二重の利益と最小限のコストがここにあるのだ。そして「グリーン・タックス」と呼ばれる環境への負荷税に関する議論もある[253]。しかし消費税を平均化することがシンプルで、準備的なステップであろう。遊閑地を平等に扱えば、再生する意欲も大きくなるのである。こうした方向性を進めるべく、マン島はEUから税制上の譲歩を勝ち取ったばかりである[254]。イギリスがこれに続くことは可能だろうか？

われわれは、リノベーションによって魅力のある伝統的街路や、歴史的なデザインやランドマークに高い密度感を与えることができる。調査によれば、リノベーションされた住宅には大きな人気がある[255]。構造に問題がなければ、リノベーションは建物の撤去と新たな建設よりも、コスト的に安いことがある。これはディベロッパーにとっては汚名返上の良い機会であるかもしれない。空き家となり、荒廃してはいるものの、構造上は安全なロンドンの建物を守るのには、1つのフラットあたり5万ポンドのコストがかかる。同じような住宅を建設するのには1戸あたり10万ポンドを必要とし、更なる敷地が必要である。安全とエネルギー効率、環境性と維持を備えるならば、こうした建物はより高い賃料で貸すことも可能である[256]。さらに、リノベーションされた建物は「アーバン・パイオニア」とも言うべき若者たちを引き寄せて、都市のコミュニティを守るのに役立つであろう。古い建物は、ライフスタイルに合わせてロフトや倉庫を改造するという刺激的なチャンスを与えるものである。それは都市に留まっていたいと思う者を守り、都市に対するわれわれの信頼を再確認させるだろう。

ブラウンフィールドの障壁

ブラウンフィールドは開発対象としては複雑である。前の用途の痕跡や、周囲に建て込んだ建物、閉鎖された駅、泥で埋まった運河、掘り返されたトラム軌道に閉鎖された工場など、不完全なインフラがその可能性を狭めている。ブラウンフィールドそのものが、状態の面でもコストの面でも再生へ

の障壁となっているのである。サッチャー政権時代のドックランド・イニシアチブは、これらブラウンフィールドの高いリスクに対応するべく生まれたものであり、多くの補助金によって10の都市開発公社が設立された（6章参照）。敷地のいくつかは、数十年間、もしくは数百年にわたる工業化によって汚染され、鉛、硫化物、ガス副産物、石油、その他の化学物質が、有毒性や引火性を持っていた。これらの土壌改良は、計画的に予算化されて行われるべきであろう[257]。

1960年代に開発されたテムズヘッドは、昔の兵器試験場の上にあり、近くには汚染された土地もある。そのために、ニュータウンが建てられた後もなお、この土地は20年にわたって投資家を遠ざけてきた。しかし、危険は誇張されてきたものである。川という水景の存在、ロンドンへの交通の便、ブラウンフィールドの広大さ。これらを持つテムズヘッドはブラウンフィールドの大きな可能性を示す。テムズ・ゲートウェイのプロジェクトが明らかとなり、英仏横断トンネルによって鉄道の接続が作られるに従って、この敷地の価値は高まってきた。1983年、テムズヘッドは最初の公営団地として町営の公社を設立し、住民を巻き込みながら用途混合とブラウンフィールドの開発を行った。それは同じような条件を持つ敷地に対し、多くの示唆を与えるものとなったのである[258]。

ブラウンフィールドの再開発には、汚染された土壌の移動、投棄が必要となることがある。土壌の処理技術は急速な進歩を見せているが、それはまだまだ経済的ではない。報告によれば、イギリスの土壌の状況はヨーロッパよりも、アメリカよりも悪いという[259]。汚染を他の場所に波及させることなく、安全性や投資のリスクに対して、ブラウンフィールドの開発を保証することがわれわれには必要である。それには今後20年間ほどの大きな先行投資が必要であり、地方自治体の廃棄物管理の戦略も欠かせなくなってくる。アーバン・タスク・フォースのレポートに続いて、イギリスはついに、土地管理の分かりやすいライセンスを導入することとなった。これによって、ディベ

ロッパーは廃棄物、水と土地の汚染に対する複雑な法律や規則のなかで、円滑に計画を進めることができるようになったのである[260]。

ブラウンフィールドには何トンもの廃棄物や、古いインフラが埋められている。新しいインフラを引き、建物を建てるためには、それらを撤去し、清掃し、廃棄しなくてはならない。古いインフラのいくつかは再利用することができるが、鉛管や電線など、そのほとんどは旧式である。しかしこうした複雑さは、開発を全く不可能にするものではない。むしろ既存のスカイラインや建物配置、ファサードの保存が必要な場合、ブラウンフィールド開発には適切さが生まれてくるのであり、都市内の再開発も、古いインフラの再評価につながるのである。歴史的な価値を最大限に保存するためにも、緻密な計画と、既存の建物の柔軟な利用が必要なのである[261]。

雇用のスプロール

ブラウンフィールドの利用目標には、ハウジングだけではなく、雇用やビジネスも含まれている。雇用と居住は切り離せないから、これを忘れてしまうとブラウンフィールドは機能しない。面白いのは、いくつかのビジネスが「投資のスプロール」に対抗する動きを見せ始めていることである[262]。スプロールはコミュニケーションの問題を発生させ、雇用条件を難しいものとする。一方で、都市再生は、都市の魅力を明らかしつつある。かつては巨大企業によって占められていたビクトリア朝のテラスハウスも、豊かな空間とオリジナリティ、そして都市との近接性によって魅力を増している。1つの建物のなかに幾つものサービスを並列することができる利点は、新しい企業の要求に見あうものでもある。

グリーンフィールドにおける労働は、グリーンフィールドのハウジングと同じように長所と短所を持っている。低密な工場や倉庫、ビジネスパークや工業団地、スーパーマーケットやメガストアなどが、新しいロータリーや広漠とした

駐車場とともに広がる状況は、空間の消費であり、グリーンフィールドの見えを決定づけるものである。こうしたアプローチがビジネスとして安価なのは、環境的な影響への対価が要求されていないからである。しかし、成長の激しい地域で土地が不足しつつあることが、新たな変化を生じさせている。公共の交通網にビジネスを集中させ、中心街区の投資を強化し、古いビジネス街を再生するという動きが起こりつつあるのだ。これは後に述べるように、伝統に支えられた職種が新しい技術を受け入れ始めたことと、ビジネスが魅力的な都市環境を必要とし始めたことを示すものである。

イギリスの社会意識調査によると、人口の大多数が、住戸の小規模な開発を認めつつも、彼らの居住区のグリーンフィールドの開発には反対している（表5.11）。なぜなら彼らは緑豊かな居住環境のために、仕事上の不利益を我慢していると考えているからである。国全体を通して、2/3以上の人々がイギリスはすでに建設されつくしたと考えており、3/4が都市の周りのグリーンベルトの保存が必要だと感じている。結果として、78%の人々がグリーンフィールドよりもブラウンフィールドの利用を支持している。

前政権の保守党は、中心市街の活性化と両立しないかぎり、郊外のショッピングセンターの建設を抑制する政策をとっていた。専門家からは、その政策が小規模であり、遅すぎたと批判されたが、これが都市の中心市街を破壊し、イギリスのグリーンフィールドを食い尽くそうとする動きを抑制したのである。これは「シークエンシャル・アプローチ」と呼ばれ、郊外の開発を許可する前に、それと同様のことができる敷地が中心市街にないかを計画者に探させるものである。ブラウンフィールドの敷地、もしくは既存の敷地を評価しようとするこのアプローチは、今ではハウジングにおいても採用されている。表5.12aとbは、商業におけるシークエンシャル・アプローチの効果を示している。

都市計画局がグリーンフィールド開発を許可する前にブラウンフィールドの

▲ グリニッジ半島：汚染された土地の再生
Courtesy English Partnership

◀ グリニッジ半島：ミレニアム・ドーム周辺の用途混合と交通のリンク
Alison Sampson, Richard Rogers Partnership

▶ 再生された地域をサステナブルに開発する
Greenwich Peninsula Master Plan 1996/Richard Rogers Partnership

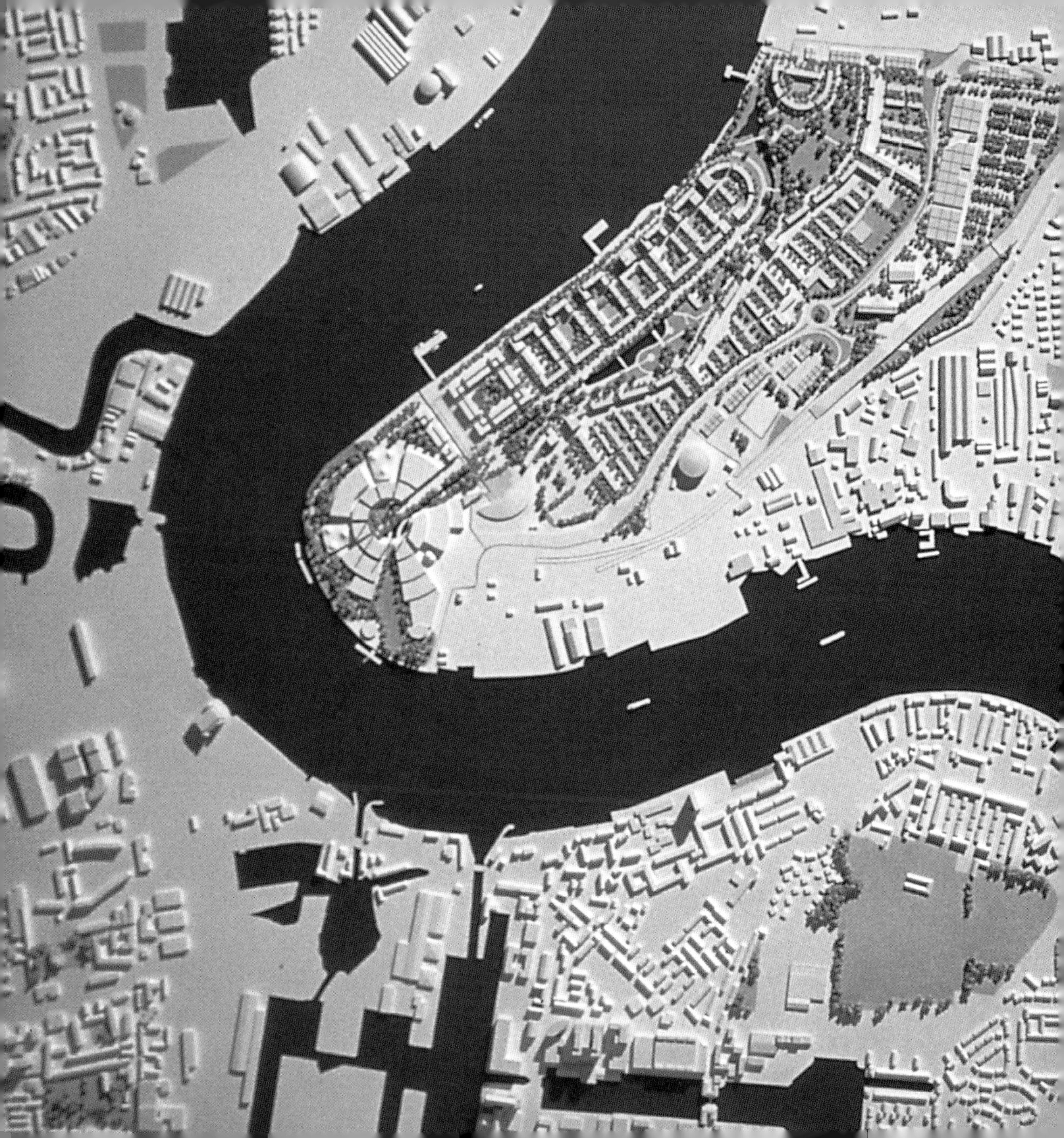

Issue	肯定した回答者の割合			
	1987	1994	1997	1998
近隣がもう開発されつくしたと考えている			62	70
もう少し住宅を建てるべきである			28	21
田園にもっと人が住めるように規制緩和をするべきである	34	28		23
田園地方の保護は経済発展よりも優先されるべきである	60	71		77
コストがかかったとしても工業の汚染対策がなされるべきである	83	89		92

◀ **表5.11：静かな田園と都市の雑踏に対するイギリス人の意識調査**
出典：Jowell, R et al.（1999）

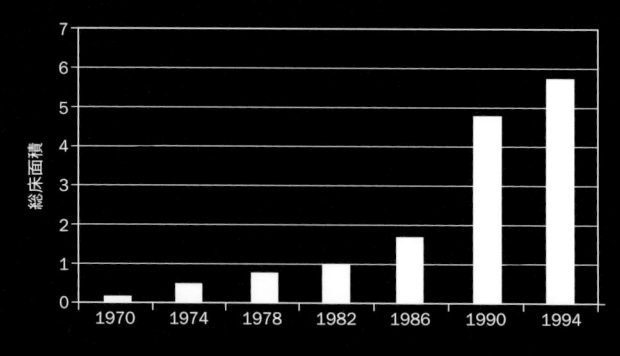

◀ **表5.12a：郊外型の商店の成長**
出典：UTF（1999）

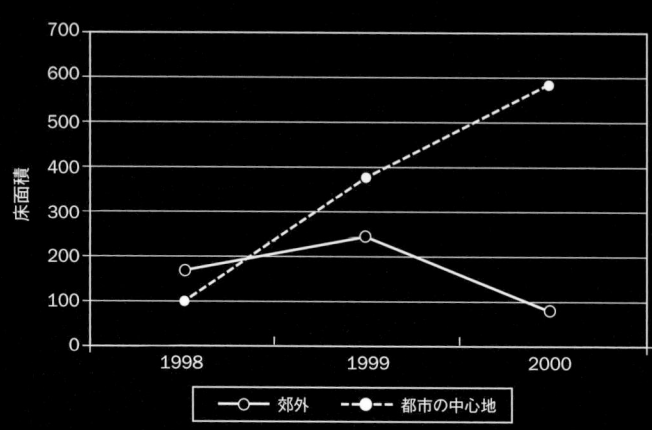

◀ **表5.12b：政策の効果：立地別にみたショッピングセンターの開店**
出典：UTF（1999）

再生を主張するならば、ブラウンフィールドの持つ可能性は70％か、それ以上へと増加するであろう。シークエンシャル・アプローチが投資に採用されるのであれば、それは都市再生を大きく加速し、またグリーンフィールドの開発を減らしていくであろう。なぜなら新たな雇用の多くはサービス業や「クリーン」な産業におけるもので、居住と労働をゾーニングする近代的な論理は消えつつあるからである。新たなハイテク産業はコンパクトなものであって、それゆえにブラウンフィールドに馴染みやすい[263]。交通や、公共空間や、学校や環境の問題なども視野に入れれば、この新しい政策はイギリス北部の都市の魅力を増すものとなるだろう。

大企業は、ロンドンなどのイギリス南東部において、コストの問題を抱えている。コストが嵩むことによって、彼らは南東部のイメージの悪さ、ブラウンフィールドの環境の悪さに見切りをつけて、ミッドランドや北部、さらにロンドン東部からの産業誘致に魅力を感じるようになる。住宅のディベロッパーと同様に、企業はグリーンフィールドのなかに隠された補助金を受益しているが、アーバン・タスク・フォースが提案するように環境への影響の対価が課せられれば、バランスはもっと良くなるであろう。

いくつかの会社は考えを変えはじめている。保険会社のリーガル＆ジェネラル社は、カーディフに本社機能のほとんどを移したが、それはカーディフの中心市街が、新たな住民による都市再生を進めており、南東部の圧迫された都市環境よりも魅力的であったからである。会社の最高責任者がウェールズ人であった[264]という理由もあるが、移転によって過密な環境から解放され、より良い住宅、より低いコスト、より豊富な労働力が企業にもたらされることとなった。図5.13が示すように、こうした地域では乱開発が続く南東部に比べ、ブラウンフィールドが重点的に供給されていることがわかる。

雇用の存在は、地域間の競争を生じさせる。中心市街と郊外の間で、産業が少ない北部と南部の間で、そしてグリーンフィールドとブラウンフィールド

の間で、さらにはEUの国々の間で綱引きのような競争が起っている。中心市街の再生は、失われた雇用を補うにはまだ不足ではあるものの、何千もの雇用を生み出している[265]。人口の流出とは、新たな労働者が仕事の乏しい中心市街に流入してくる、ということでもある。雇用者は、中心市街に残された人々は仕事に対して不適当であり、熟練していないと主張する。たとえばロンドン・シティとスタンステッド空港は、失業率の高いイーストエンドから新しい人材を採用するのは難しいと述べている[266]。また、ブルーカラーの伝統のなかで教育を行ってきたコミュニティでは、変化に向けて再教育をするための経験や機会をしばしば欠いている。こうした障壁の多くが世代を越えて受け継がれてしまっているのである。しかしタワーハムレット地区のバングラデッシュの若者たちは、新しい仕事に就くためにITの講習に競うように参加している。労働者が増加するとともに、雇用者の偏見は減るだろう[267]。都市のなかのブラウンフィールドにおいて魅力的なビジネスエリアを作りだし、生活の価値やアメニティを提供していくことが、都市の雇用の増加の鍵である。そしてそれを機能させるためには、学校が改善され、犯罪が抑止されなければならない[268]。

若く、技術があり、より活発な労働力が、ロンドンやレディング、ブリストル、ケンブリッジ、ヨークやリーズのような都市に戻りつつある。ブリティッシュ・ビジネスパーク社はこの新たな動きに対応するために「ブラウン・ビジネスパーク」を再生する実験を行っている。ウォルソールはそうした最初の「ブラウン・ビジネスパーク」を再生させて、成功を勝ち得た[269]。しかしわれわれはまだまだ、都市における雇用の再生を、間違った方法で、間違った状況で行っている。都市は衰退し、それがブラウンフィールドにおける雇用開発のリスクを高くしてしまっているのだ。都市計画家は都市の可能性を低く評価して、住居と同様に、産業やビジネスに対しても都市の郊外を開発させてしまっている。雇用こそが、ブラウンフィールドの目標を達成する鍵なのだ。

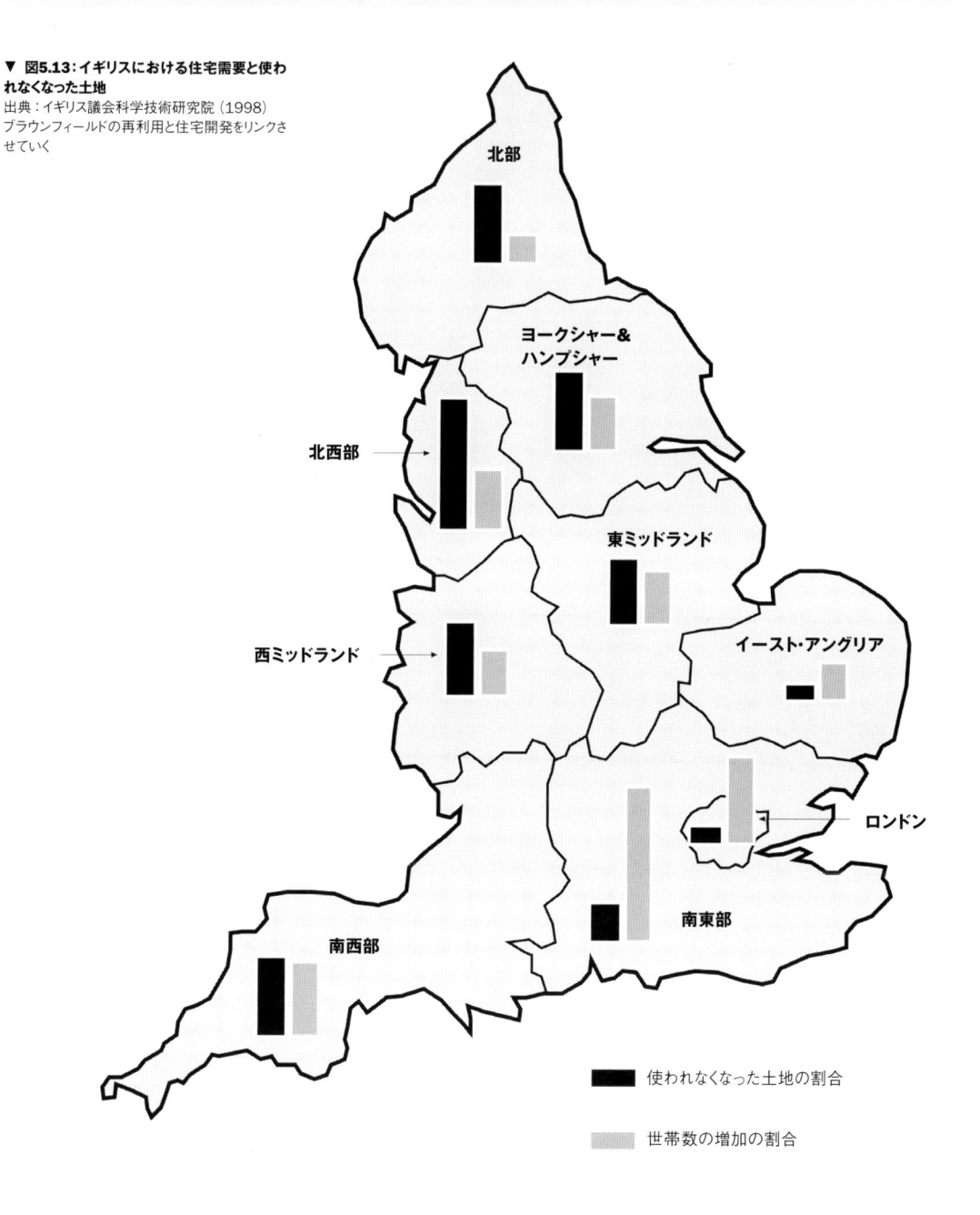

▼ 図5.13：イギリスにおける住宅需要と使われなくなった土地
出典：イギリス議会科学技術研究院（1998）
ブラウンフィールドの再利用と住宅開発をリンクさせていく

■ 使われなくなった土地の割合

■ 世帯数の増加の割合

土地へのプレッシャー

都市と郊外の田園地帯は相互に依存している。イギリスというこの小さな島国において、都市の中や周囲に無駄な土地を放っておくことは許されない。それなのにわれわれは都市の中心から郊外に向けて、開発をスプロールさせてきたのである。未来の世代に対して、どれだけの土地を手渡すことができるかをわれわれは考えるべきである。なぜなら土地を作り出すことは誰にもできないからである。ブラウンフィールドの利用率の向上はまだ弱い目標である。しかし、われわれはそれをより強くしていかなくてはならない。

残念なことに、議論はまだ合意を迎えてはいない。多くの人々が、イギリスはまだ緑が多く、美しい国であると主張している。開発をする土地の余地がないという意見に対して、利己的で、明らかな間違いだという批判もある。あと50年は今と同じようなペースで建設を続けることができ、それでも国の70%が開発用に残されるはずだという意見もある。社会的意識の高い人々が「良い住宅と良い環境を」という言い方で述べているのが、こうした意見である。ディベロッパーや自由市場経済学者は、人々がさらなる開発を求めるのであれば、最小限の制約を設けた上で、土地を使う必要があるという立場を取っている[270]（6章参照）。また都市計画家は、ピーター・ホールやコリン・ワードの「ソーシャブル・シティ」のような社会的、環境的な都市居住を実現するのであれば、郊外に新たに住宅地を計画する方が効果的であると述べている[271]。

ミルトン・キーンズ、スタンステッド、クローリーやアッシュフォードなどの新都市によって、次世代の郊外都市を実現するという提案は、あくまでもその環境的、社会的なインパクトによって評価されるべきである。それは成長を許さないためではなく、環境的なインパクトのコスト評価や、土地利用の質の向上、そして「シークエンシャル・アプローチ」の採用などをこれらの新都市に課すためのものである。インフィル、適応力、高密度利用、混合度の高さ、

公共交通のスマートなデザインと信頼性。こうした点が強調されるべきであり、ブラウンフィールドの再生が促進されるべきである。都心と郊外で開発が分極化せず、中心の密度が高いほど意味があり、既存のインフラやブラウンフィールドは注意深く再利用されるべきである。新都市のスマートな開発は、アスファルトの道路を減らすようなものでありたい。たとえばミルトン・キーンズとクローリーはインフラとブラウンフィールドをうまく利用することでグリーンフィールドを使用することなく、5万戸の住宅開発を実現した。新たな建設がサステナブルな密度計画によって導かれ、アメニティと公共交通に接続するのであれば、われわれは土地を新たに開発することなく成長と開発を実現することができるのである（6章参照）。

イギリス南東部では、状況は急速に変化している。ロンドンの建物の密度は急上昇し、中心部の新規開発は1ヘクタールあたり400戸という異常な密度となっている。集合住宅の割合は1980年から倍増しており、その多くが高所得者層を対象としたものである[272]。都市の魅力と環境性を高めるには、今後は3つの課題を解決する必要があるだろう。1つは、北西部における過剰供給や、南部の田園地方の需要の過剰予測の例で見たように、必要以上のグリーンフィールドが計画対象にされてしまっている、ということである。第2に、ロンドンや都市の中心部を例外として、あちこちが低密度で開発され、土地が過剰に供給されてしまっているということである。これはわれわれがいかにサステナブルではないかを示しているだろう。第3に、北西部と北東部に象徴的にあらわれた、大量の空地の問題である。ロンドンをはじめとして、すべての都市がこの問題には悩まされている[273]。都市の空地の再利用には税金が課せられる一方で、グリーンフィールドには補助金が隠され、その供給が誰にもとがめられずに続けられてきたことがこの原因の1つとなっている。

土地こそが重要な問題である。土地は有限の資源であり、すべての人のものである。土地は将来の世代のために保存されるべきであり、当然ながらダ

メージの少ない使用が心がけられるべきである。現在、土地がないために郊外へと向かう人々のために、環境的、そして社会的な補助金が支払われている。より多くの人々が豊かになるにつれ、この移動をもたらしている補助金制度を是正し、環境と都市に対するコストを再計算することが必要となるであろう。われわれは建設をもっと集約できるはずだし、エネルギー利用を減らすこともできるはずである。建物の再生や土地の保全も、まだまだ可能である。それらを実現してはじめて、都市は機能しはじめるであろう。いかにわれわれの方法は変えられるのか、第6章で考えていくことにしたい。

▶ レスター：土地はわれわれの生存に必要であるが、正しく使われていない
Courtesy English Partnership

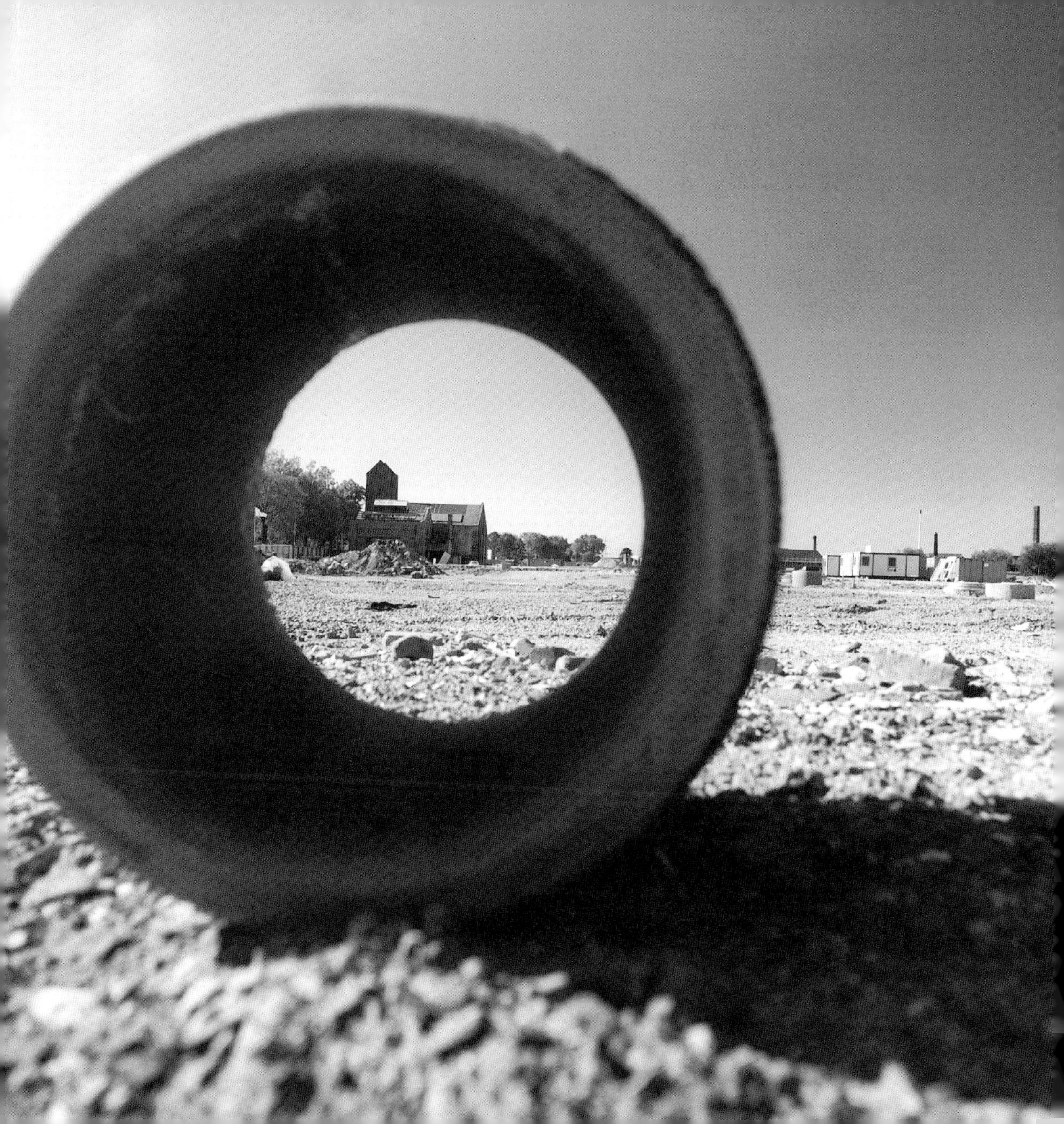

Happy Tree
SEEDLESS GRAPE
SALAD TOMATOES
CONFERENCE PEARS
MANGO
BRITISH TOMATOES
Westfalia

6　中心市街の再生 − きめ細やかな都市

きめ細かな都市空間

適度な密度

都市にフィットする住居

都市の再生

中心市街：

歴史的な中心市街

忘れられていた港湾地区

都市の計画

再生の影響

都市のネイバーフッド

都市空間の再創出

都市の美徳

6 　きめ細かな都市空間

イギリス南部のクライストチャーチは、引退生活者には理想的な海辺の街である。エイボン川とその沼地、広い干潟と海辺。古い修道院も、渡り鳥の聖域であるヘンギストベリー岬も、街の中心にある古いテラスハウスも、みな心に訴え、美しい。しかし、そのクライストチャーチにおいても、低密なスプロール、グリーンフィールドの開発、そして車の増加の兆しがある。新しい巨大スーパーマーケットが街のすぐ外側に設けられ、広い2車線道路と巨大なバイパスが買い物客を集めている。地元の商店は中心街区にあるものも含めて、それに懸命に対抗している。住宅地も開発中であり、かろうじて残っている湿地牧草地に接して、また街と海のあいだの干潟や沼地に沿って、戸建て住宅が現在建設されている。開発はバーナーマウスまで海に沿って続いており、自家用車や大型バスで開発地に来た人々が、自然保護区域であるヘンギストベリー岬に足を踏み入れてしまっている。傷つきつつあるこの場所に、今でも動植物を保護していると看板があるのは皮肉であろう。郊外の大型店舗との競争のために、街の中心に新たなショッピングセンターが建てられたものの、古くからある商業地区と断絶しているため、その効果はまだ低い。

▲ 前頁

ストリート・ライフ：都市空間に活気を与える
Christa Stadtler/Photofusion

行政は街の中心に庁舎を新設したが、大きすぎる駐車場と周辺への配慮を欠いたデザインには疑問が残る。用途の複合を図り、多くの住居を併設することで、残された湿地や牧草地の保存に寄与することができたのではないだろうか。干潟の近くの郊外住宅地に移り住んだ人々は、いまの状況を良いとは思っていないのだが、彼らにはそれ以外の選択肢がないのである。彼らは無力で、発言することもできず、かつて彼ら自身も楽しんだ田園地帯がブルドーザーの下敷きになっていくのを、ただ見守ることしかできない。木々や花、鳥、動物は消えていき、レンガやコンクリート、そしてアスファルトにとって代わられていく。これが、彼らの庭先で現実に起こっていることである。

この開発で得をする者などいるのだろうか？　海岸は開発に翻弄され続けなければいけないのだろうか？　需要は常に優先されるべきなのだろうか？　クライストチャーチで行われているのは、サステナビリティとは正反対の、人々の資産が食い尽くされていく敗北のプロセスである。これに代わり得るのは、街の中心市街地を高密に使うことであり、街路へのアクセスと裏庭をそなえたテラスハウスを再評価していくことである。空地や空き家は、まだまだ商業地区や街の中心地に存在するのだ。それらを再開発していくのであれば、住民の悲しみも怒りも和らぐはずである。そして郊外に広がる緑地と同じように、街の緑地や川岸も保全されるべきである。小さなグリーンベルトを作るという発想が、都市計画に必要なのではないだろうか。

クライストチャーチで生じた問題が、大きなスケールで起こってしまったのがマンチェスターである。マンチェスター北部と東部のネイバーフッドは、大きいものでは2万以上の世帯を抱え、それらの多くが見捨てられた土地、低い不動産相場、荒廃した居住環境に喘いでいる。今後生まれてくる2世代すべての住居を既存の都市内だけで提供できるはずなのに、郊外や田園に住宅が過剰供給されたため、コミュニティが荒廃してしまったのである。もともとマンチェスターは産業革命を世界に送り出した世界有数の都市であった。北部と東部の開発は19世紀の前半に行われ、昔ながらのネイバーフッドに運河や公園、河川のネットワークが張り巡らされていた。しかし繁栄の後、衰退が地域に訪れたのだった。19世紀の工場の多くは修復を必要とし、われわれの目の前で、コミュニティが死に向かい始めている。それなのにマンチェスターはまだスプロールを止めることができないのだ。なぜならそれは分断された都市であり、街を取り囲むべきグリーンベルトも不完全であるからである。スプロールを止めるとするならば、都市圏を構成する10の自治区と隣接する小都市を囲むグリーンベルトが必要となるだろう。

われわれにできるのは、都市をもっときめ細かくして、昔のような小さな規模と密度を取り戻すことである。ポスト工業社会の到来は、西ヨーロッパの

都市に変化をもたらした。都市は1960年代に始まった衰退から蘇り、人々や自治体の再生の鍵となり、地域や国家間の経済を担う中枢となりつつある。経済も、労働力も、国境を超えて行き来をしはじめ、それが常に都市やその近傍で行われるようになったのだ。今や都市は行政や企業と同じくらいに重要である。では、その都市を、いかに新たなグローバル経済に適応させていけばよいのだろうか？　現状を変えるために必要な、資源、技術、そして都市そのものへの期待をどのように取り戻せばいいのだろうか？

変化を生み出していくには、都市を肯定することが最初に共有されなければならない。これは大都市の中心部に住んでいる人だけではなく、都市の郊外や中小の都市など、都市との関連のなかで生きている人々すべてに関わるものである。なぜなら、空間が密接に結びつき合い、交流が容易なコミュニティにおいてこそ、われわれの活動が可能だからである。世帯数が少なければ、十分な生活サービスや家庭の自立はままならない。われわれは集まって住み、社会に結ばれた存在であり、孤立しては生きていくことができないからである。人生を通じて、われわれは支え合うための相手を求めている。だからこそ社会が堅く結ばれていることが重要であり、家族と世帯が細分化されることにより、ますます都市が必要とされるだろう。

都市は、今まさに肯定とともに迎え入れられつつある。ブラウンフィールドの開発を支持する人々もいれば、郊外での絶えざる建設を願う人々もいるが、都市がよりよく機能し、魅力を増すならば、人々はもっと都市に住むようになるという点ではみな同意するだろう。ディベロッパーでさえも、都市再生の必要性は認識している。状況とコストが見合うのだとしたら、実践は可能なのだ。われわれが必要としているのは、新しい発想を持ち、ブラウンフィールドとグリーンフィールドに対して複合的なアプローチを取ることができるディベロッパーである。実際の社会も、こうした方向性を後押ししている[274]。表6.1のような、ブラウンフィールドの開発についての議論が、今後もますます増えていくだろう。

高層 – 低建蔽率

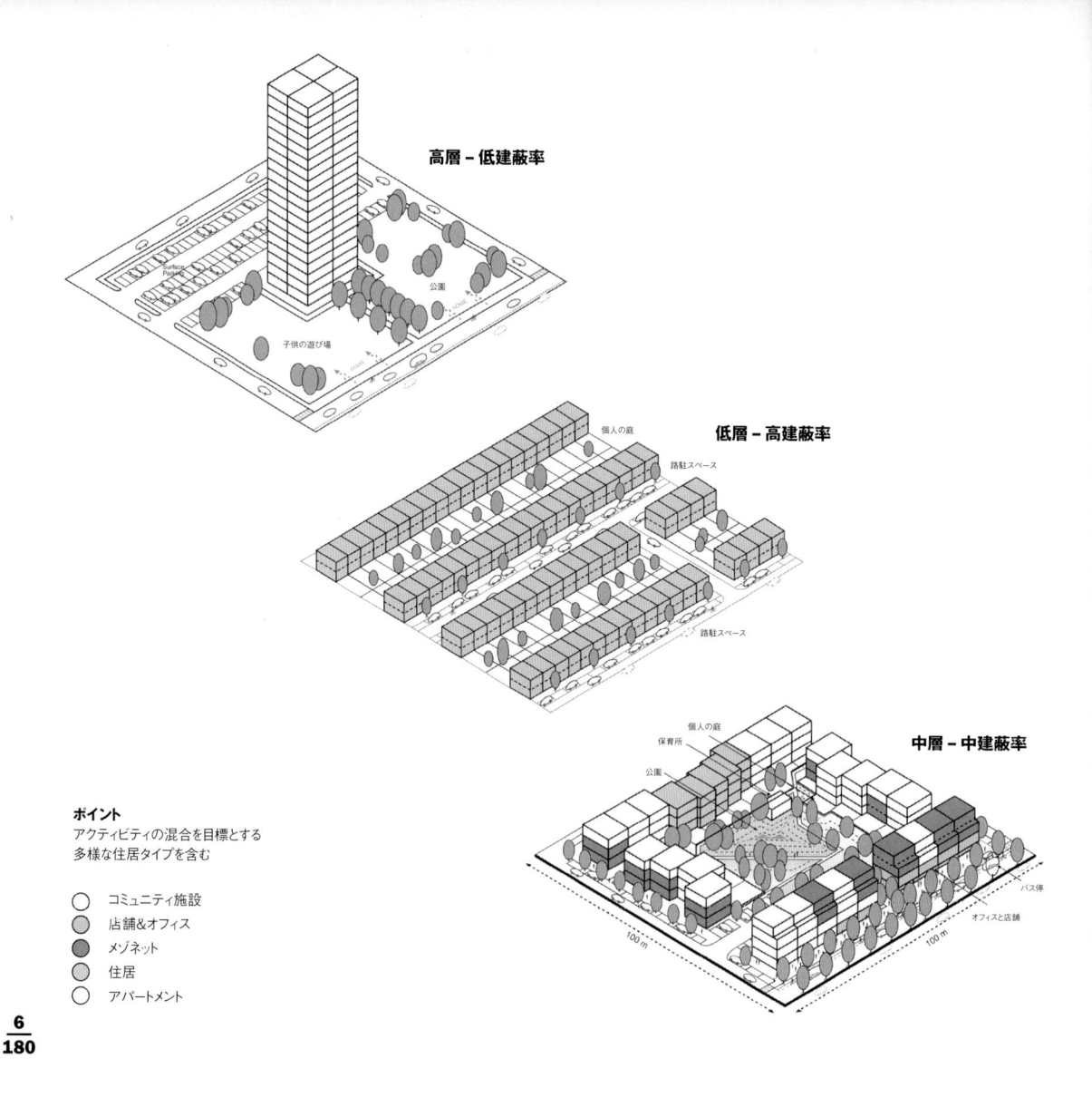

低層 – 高建蔽率

中層 – 中建蔽率

ポイント
アクティビティの混合を目標とする
多様な住居タイプを含む

- ○ コミュニティ施設
- ○ 店舗＆オフィス
- ○ メゾネット
- ○ 住居
- ○ アパートメント

▲ 同じ密度を達成するための3つの手法
Andrew Wright Associates for the Urban Task Force

グリーンフィールドでの建設の継続を支持

- **建設業者**は将来の建設のために、より多くの土地を求めている。グリーンフィールドでの開発は簡単、安上がりで、利益が得やすく、これまでは政策的にも支持を集めていた。彼らは、グリーンフィールドがある限り、さらにその開発を許可して欲しいと考える。いずれグリーンフィールドはなくなってしまうだろう。

- アフォーダブルハウジングを推進する**圧力団体**は、すべての人に十分な住宅と、すべてのコミュニティに十分な割合のアフォーダブル住宅を求めている。グリーンフィールドに建てられる新しい団地はアフォーダブル住宅を含むべきである。

- アフォーダブル住宅に入りたくても、都心で人気の高いエリアに手頃な住宅はない。都心部でも安い場所にはアフォーダブル住宅はあるが、街の雰囲気が悪いと人は入居しない。グリーンフィールドを開発すれば、低価格で質の良い住宅を供給できる。

- **小規模な都市と、都市化していない地方都市**では、成長を阻害したり、投資者を逃したりしないように、多少のグリーンフィールドの開発を進めることが多い。

都市内のブラウンフィールドの利用をもっと推進することを支持

- **NIMBY（地域エゴの持ち主）**は、田園居住者だけでなく都市からの移住者からみても、建設は田園を破壊していると主張している。かれらはグリーンフィールドのさらなる開発に反対している。

- **都市賛成派の圧力団体**は、これまでのやり方では田園と都市の両方が壊されていくことを知っている。そしてブラウンフィールドに残るギャップと空間を利用したいと考えている。

- **環境論者**は、最も重要な責務として、自然環境を守りたいと考えている。グリーンフィールドの開発は自動車利用を推進し、さらに広く環境にダメージを与える。開発された土地と建物を再利用すれば、グリーンフィールドをほとんど必要としなくなる。もっと環境にやさしく、交通に依存しない都市は人々を魅了する。

- **社会環境論者**は、社会的な分極化をひっくり返し、多様な世代や階層の人々にとって再び都市が魅力的になるための、唯一の手段として、都市に向いた政策を支持する。

▲ 表6.1：どこにつくるべきか？

適度な密度

人々が心配しているのは、都市居住を強いられたり、高層住宅に住むことしか選択肢がないのではないか、ということである。一方で、かつての小さな町や村のような密度感と一体感や、かつての住居のようなさまざまな大きさやスタイルの居住形態を人々は欲している。エジンバラのニュータウンやロンドンのケンジントンが示しているように、高密さ自体は、もともと重要な問題ではない。なぜなら両者とも最低でもヘクタールあたり250戸という高密な計画であり、その多くを占める集合住宅の価格は、全国の平均住宅価格の5倍に達しているからである。本当に問題なのは、社会的混合がないために低所得者が集まり、貧しい家庭が過密に詰め込まれ、劣った環境を改善する機会がないことであり、それこそがかつてエベネザー・ハワードたちが否定したことである。注意深いデザインと管理によって、魅力的で、高密度で、複合したコンパクトな居住空間を、既存の都市のなかで生み出すこと。そのためにも、われわれは貧困を克服し、人々が安心して交じり合うことができる都市をつくらなければならない。子供たちがさらされている貧困を20年でなくすというトニー・ブレアの目標は、それゆえに、きわめて重要である[275]。

都市圏の外側の、一般的な町や村の中心部では、その密度はヘクタールあたりおよそ50戸である。新規開発はその1/2の密度であるから、もしもヘクタールあたり50戸という密度を保持するならば、田園部で開発に必要とされる土地は半分になるだろう。ブラウンフィールドの開発が増加しなかったとしても、新規開発の密度を上げれば、押し付けがましくなく、より人々の心に訴え、昔から馴染んだ居住形態を手に入れることができるのである。ディーボンやコッツウォールズ、チェシャーやヨークシャーなどの魅力的な村には、住居や庭園、商店やオフィス、そしてオープンスペースが入り混じったコンパクトな中心部がある。コミュニティの中心部には古い建物が密度感を持って並び、それらは高い価値を保っている。古さ、スタイル、クオリティ、そして中心部からの近さと密度感が評価されているのだ。店舗の上階には

▲ サステナブルな都市では、交通の核を高密な地域が囲む
Andrew Wright Associates for the Urban Task Force

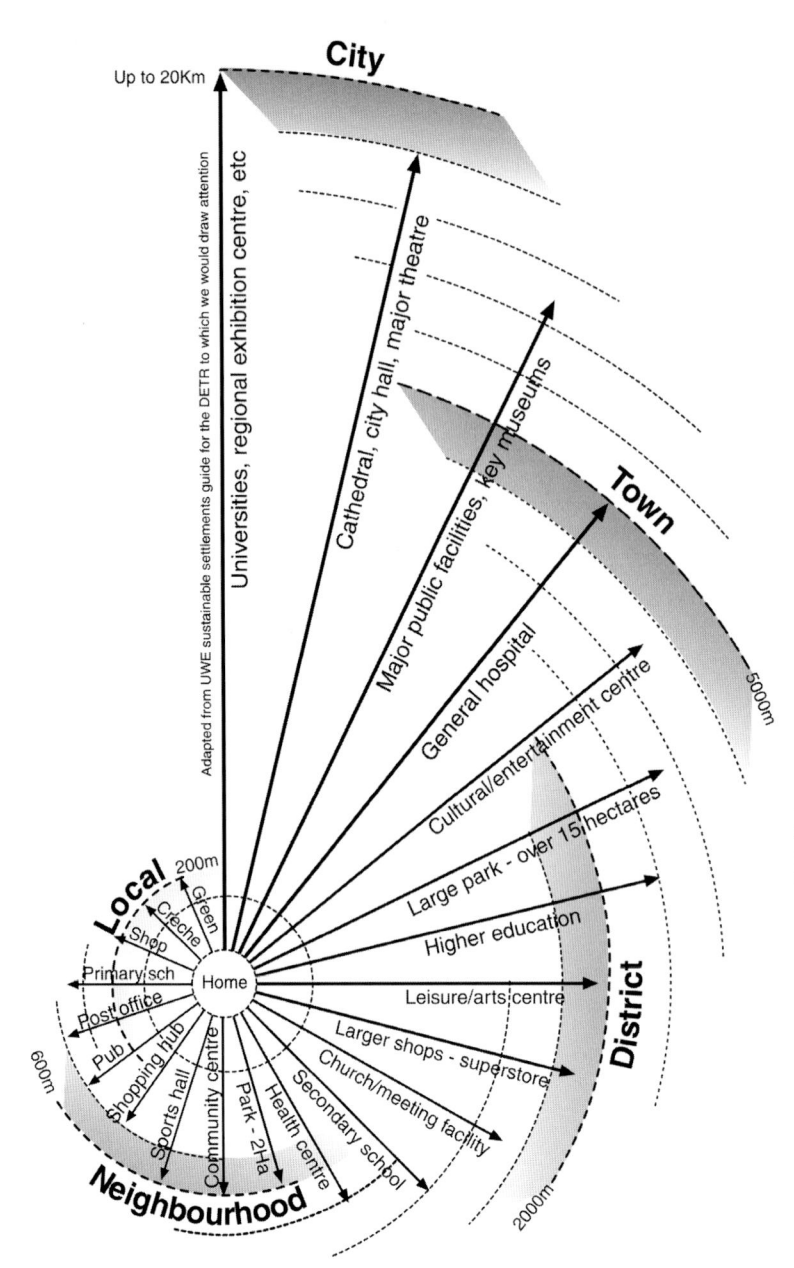

◀ ネイバーフッドから都市へ：社会的生活の基本的な構成要素
Andrew Wright Associates for the Urban Task Force

住居があり、屋根裏部屋も使われている。街路に接しつつも裏庭にも細い小径が通じ、その上を覆うように部屋が作られていることもある。利用できる空間が、最大限に活用されているのだ。こうした古い町には大きな邸宅にあるような駐車場や車道はほとんどない。車は狭い敷地に押し込まれたり、路上に駐車されたりしているのだ。現代の都市に比べて乱雑さが少ないため、古い町では車よりも建築の形式によってその形態が決められている。

土地問題と同様に、ネイバーフッドをコミュニティとして機能させることも、われわれの長期的な課題である。伝統的な高密度の居住形式は、新しく作られるコミュニティを活性化し、サステナブルなものとするだろう。ヘクタールあたり50戸以下の密度では、店舗やバス、病院、そして保育園や学校を、皆が歩いていける範囲内に配置し、維持していくことは難しい。アーバン・タスク・フォースがすでに示したように、密度は活力を高める上できわめて重要なのである。

ガレージと車道付きの郊外居住への憧れ、長屋形式のアフォーダブル住宅への抵抗、そして拡散する都市問題への恐れ。これらすべてが、低密さへの志向の一因となっている。より広い土地に、より少ない戸数の住居を建て、そのことにより1戸あたりのコストを押し上げる。それは「高級住宅」を手に入れる余裕がある人々にとっては、郊外への移動をためらわせるものではないだろう。言うまでもなく、それを手に入れることができる人々にとっては、自分だけの土地に広々とした家を持つことは魅力的だからである。その場合、低密な建設には供給量の限界があるから、土地に対するさまざまな需要は増大する。しかしディベロッパーが多くの戸数を供給したいと考えても、役人や都市計画家が、供給を減らすように主張する[276]。彼らは郊外の裕福さは密度の低さによって支えられていると考え、質の悪いディベロッパーを締め出すのには、低密度開発が一番良いと信じているのである。しかしそれは根拠のない考えであり、クライストチャーチの例に見るように、自滅的なものである。

都市にフィットする住居

もしもヘクタールあたり50戸という平均密度が、村落や新規開発も含め、既成市街地のすべてに適用されたならば、今後20年分にわたり必要なグリーンフィールドの開発は、今の時点で進行中の開発分だけで満たされることになる。これは予想されている単身者世帯の増加がすべて現実となり、それぞれ個別の住居を要求したとしても十分な量である[280]。もちろん1戸、2戸だけの住宅開発は、これからもあり続けるだろう。そして密度の分布は必ず偏ってもいるだろう。それでもなお、政府が引き上げたヘクタールあたり30〜50戸という平均密度は、開発におけるグリーンフィールドの必要面積を、現在の43%という値から、ほぼゼロへと減少させることになる。表6.3aがそれを示している。子供を持たない単身者世帯の比率が大きければ、ヘクタールあたり40戸という密度計画のもとで、余裕のある空間、プライバシー、庭、そして単身者向けの住居を提供できるのである。この計画ならば、低密度を好む人々にも受け入れられるであろう。さらに表6.3bでは、ブラウンフィールド60%、グリーンフィールド40%という開発地利用の目標に、計画密度の引き上げがいかに影響を与えるのかを示している。表にあらわされた数字には、地域差が反映されていない。国内の地域それぞれに余裕があれば、イギリス南東部からの人口移動も促進されて、均衡のあるイギリスへの道が開けるだろう。

密度への見方が変われば、都市には革命が起こる。国際的なNGOであるフレンズ・オブ・アースとUrbEdは、新しい開発の75%は、現在の既成市街地にフィットさせることができると、説得力のある論を展開している[281]。ロンドン計画諮問委員会は、今後20年間にロンドンで必要とされる住居は、ロンドンの都市域内、しかもほとんど既成市街地内に収められると考えている。ロンドンは国内で最も土地が不足し、最も混み合った都市である。こうした最も需要が多いところで、都市域を拡大しなくてもよいのだとしたら、それは驚くべきことである。土地が不足し、都市の内部も有限なのだとしたら、

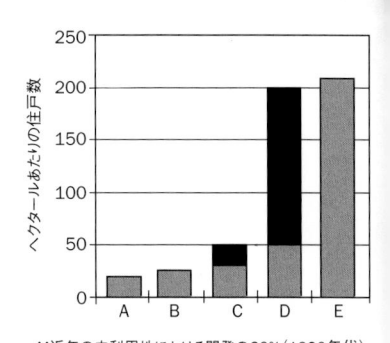

A：近年の未利用地における開発の60%（1990年代）
B：1999年までの計画ガイダンス
C：2000年の政府による新しいガイダンス
D：都市センターの開発—2000
E：CASPARモデル—バーミンガム2000

▲ 表6.2：公的に計画された密度
出典：DETR（2000）；JRF（2000）

▶ **表6.3a：都市のブラウンフィールドにおける住宅供給の変化**
都市のブラウンフィールドには、再生された建築物、1ha未満の開発敷地、既利用地を含む。
注：ニュータウン計画で推奨された。遊び場、学校、空地に関する要求水準はもっと低い子供の密度を反映したと推測される。
出典：UTF(1999);DETR(2000b)
注：すでに開発進行中のグリーンフィールドで、2021年までの世帯数の増加予想分すべてに対し、住宅を提供できると考えられる（ニュータウンの密度が適用された場合）。

	ブラウンフィールドで開発可能な割合（%）	グリーンフィールドで要求される開発の割合（%）
1999年5月から実施されたパターンに基づいた場合 ーヘクタールあたり25戸	55	45
新しい計画ガイダンスにおける最低限度に沿って、密度を20%増大させると ーヘクタールあたり30戸	65	35
密度を50%上げると ーヘクタールあたり37.5戸	82	18
2000年3月の計画推奨値に沿って、できる場所すべてで密度を100%上げると ーヘクタールあたり50戸	100	0

▶ **表6.3b：グリーンフィールドと都市のブラウンフィールドにおける住宅需要 1996-2001**
出典：王立都市計画研究所（1999）；地方自治体向けの改定計画ガイダンス、DETR, 2000；DETR（1999p）
訳注：単位mはミリオンの意味

	戸数
1999年DETRの計画によって要求された住宅戸数	3.8m
1.グリーンフィールドにおける要求住宅戸数（40%）： 　既存および計画敷地で、ヘクタールあたり25戸とした場合：	1.52m 1.05m
現在のパターンでの不足	
2.既存および計画敷地で、ヘクタールあたり40戸とした場合： 　開発許可されたブラウンフィールドにおける余剰戸数	1.68m 0.16m
3.現在の都市のブラウンフィールドにおける要求住宅戸数（60%）： 　同じ土地でヘクタール40戸で開発した場合 　グリーンフィールドにおける要求住宅戸数 　（ブラウンフィールドでヘクタールあたり40戸とした場合）	2.28m 3.65m 0.15m
開発許可されたブラウンフィールドにおける余剰戸数 **（ヘクタールあたり40戸）**	**1.53m**
すでに開発中のグリーンフィールドは、要求以上を満たしている。	

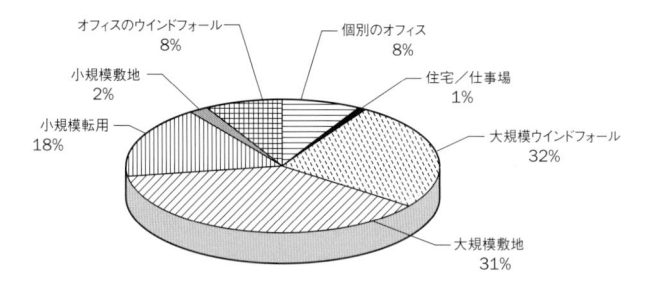

- オフィスのウインドフォール 8%
- 個別のオフィス 8%
- 住宅／仕事場 1%
- 小規模敷地 2%
- 小規模転用 18%
- 大規模ウインドフォール 32%
- 大規模敷地 31%

◀ 表6.4：ロンドンにおける構成要素別の開発容量 1997-2016
出典：LPAC (1999)

訳注
ウインドフォール：計画に位置づけられていないが、突然開発が可能となりうる敷地

◀ ウォリック：コンパクトな都市の中心
William Cross/Skyscan Photolibrary

住み手が変わっても使われ続ける住宅や、高密度の土地利用の需要が生じるはずである。しかし、これはコストと供給の限界を押し上げるから、低コストの社会住宅の大量供給を維持し、既存の都市の内側に開発地を見出すために、いくつかの戦略が必要となってくる。たとえば使われていない土地や、セカンドハウスの税制上の優遇を廃止すれば、人々は手持ちの資産をより活用するようになるだろう。表6.4が示すように、ロンドンには住宅供給の資産がまだまだ隠されている。ロンドンで新しく供給される住宅の80％以上は、ブラウンフィールドの内にある。なかでも重大なのは、いわゆるウインドフォールであり、これは公的な都市計画のシステムには乗っていない。そのほとんどが1エーカー以下の小さな土地、もしくはリノベーションが可能な古い建物であり、民間の創意工夫によって都市の中で生き延びている。空間的にも、ウインドフォール（相続地や相続物件）はイギリスの新規開発のうちの1/3〜1/2ほどの空間を提供している。都市を機能させる大きな可能性を、こうしたウインドフォールは持っているのである。

もし、ヘクタールあたり40戸という戦後の平均値まで密度を戻し、ウインドフォールを最大限に利用するならば、グリーンフィールドの利用は新規開発のうちの15％以下に抑えられる。さらに密度をヘクタールあたり50戸まで引き上げるならば、今後20年はブラウンフィールドやウインドフォール、空いた建物などを活用することでグリーンフィールドの開発をしなくて済む。先に示したように、これは大都市だけでなく、小さな町でも同様である。

しかしながら、郊外と都市部における道路幅員、アクセス、駐車場とガレージの設置義務などが、コンパクトでサステナブルなデザインへの努力を台無しにしている。採光、階高、屋根裏部屋、半地下階、密度、プライバシー、見下ろしに関するルール、そのほかの難解なイギリスの建築規制も同様であり[282]、驚くべきことに、いくつかは1666年のロンドン大火に由来したものである。求められているのは、設計家とディベロッパーが柔軟に対応できるような、シンプルなガイドラインなのである[283]。

単一用途のゾーニングは、中心市街や都市周辺においては複合開発の妨げである。ニューキャッスルの地方行政官は、雇用を維持するために、かつての工業地域の中心に商業と工業ゾーンを混合させようと考えている。すでに雇用が完全に不足し、決定的な打撃を受けた地域の再生を、複合開発の新しいアイデアによって乗り切ろうとしているのだ。より高い密度、より多くのサービス施設、そしてショッピングや食事を楽しむための公共交通の活用によって、業務とレジャー、住居を混合させる方法はいくつもある。複合的な開発は投資を妨げるよりも、その魅力によって投資を引きつけるものである。用途混合を戦略としているグラスゴーとバーミンガムがその好例だろう[284]。

皆が自己利益を求めて集まっているわれわれの社会においては、個人の利益を公共の利益へとまとめていくことが必要である。そのために都市計画家は存在するのであり、彼らこそが、5章で触れた「ニシン漁」の問題を解く1つの鍵である。皆の手に届く価格の堅実な住居、緑豊かで快適な国土。そうしたわれわれ共通の目標を守るのが彼らの仕事である。彼らは土地供給の制限者であり、「ノー」と言うことができる人々である。土地は他の商品とは違うゆえに、彼らこそが、土地利用への集団的な権利を守っているのだ。土地は、住宅、雇用、交通、食物、つまり生きるのに必要なものを供給する唯一の手段である。すべての人のために、そして将来の世代のために、われわれは土地を守っていかなければならない。だからこそ、土地を保護するアプローチが必要なのである。都市を囲むグリーンベルトを強制的に設置すれば、それは役に立つであろうが、規模の小さい町にミニ・グリーンベルトがなければ、クライストチャーチのように問題はたらい回しにされるだけである。土地はますます廃棄物を溜め込み、環境汚染の受け皿となっている。われわれのライフスタイルが、広範囲に、そしてサステナブルでない形で土地に影響を与えているのだ。公共の利益を考えるならば、今までとは違ったやり方で土地に対するべきなのだ。

こうした問題への都市計画家の対応は、過去20年間、発想においても手法においても間違っていた。彼らは低密さが都市と田園の持続のために必要だと考え、あまりに低密度の新規開発を推し進めてきた。さらに彼らはすべての人々の要望を叶えるために、あまりに多くのグリーンフィールドを開発用地に指定してしまった。自動車を擁護し、個人の利益の保護に努めたあげく、バスなどの公共サービスも廃れさせてしまった。都市計画家は、ディベロッパー、政治家、企業家、そして自動車産業のロビイストと裕福な消費者の間で、もう身動きがとれないのだ。それはプレストンの港湾地区の開発が、周囲からの圧力によって無惨な結末となったことに端的に表れている。その港湾部には歩道もなく、中心部もなく、計画自体も存在しない。開発地区は高速道路によって分断され、平屋のオフィスや巨大な駐車場が散在し、町から歩くのにも遠すぎ、商店やレストランを支えるにも密度が低すぎる。車なしで過ごそうものなら、全くもって最悪の場所なのである。そして結局残されたのは、ディベロッパーが関与した政治スキャンダルと、それへの大きな非難だけだったのだ[285]。

20世紀の都市計画において、記念碑的な成果と言えるグリーンベルトは、1つのヒントとなるだろう。それはシンプルであり、分かりやすい。実行可能であり、公平である。そしてすべてに親しまれ、すべてに適用することができる。ヘメル・ヘムステッドのハートフォードシャー・ニュータウンの事例のように、法律によって市街地の周囲にグリーンベルトを整備していくことは、土地の保全、空地の活用、既存の建物の再利用、そして適切な密度の適用などの面において、地方自治体の責任を高めることになる。地方自治体にしても、グリーンベルトの豊かな事例を手に入れ、さまざまな状況に対応することが可能になる。土地規制の中の、断片的で、ネガティブなルールを整理していけば、われわれは土地に対して創造的に対応でき、都市計画をより良いものとすることができるだろう。ほかにも、ブラウンフィールドと空き家の優先利用、用途混合と高い密度計画、サステナブルなエネルギー計画とコンパクトなデザイン、そして環境の負荷の最小化など、分かりやすいルール

が考えられる。こうしたシンプルなルールによって、都市計画家は、田園を侵食しつつある開発競争を止められるのではないだろうか[286]。

都市の再生

都市を再生するには、長期的で、幅広い視点が必要である。そのためには隠された可能性を見抜くことができる専門家、ディベロッパー、建設業者が必要であり、都市計画家にはそれをまとめる役割が期待される。その場合、都市計画家は用途混合にオープンであるべきであり、特に小規模で周りを囲まれた敷地においては、その姿勢は重要である。それは都市を肯定し、きめ細かく都市の空地を埋めていく新たな手法なのだが、大規模開発を行うディベロッパーたちはこの方法に反対している。彼らは巨大な政治力と財源を保つためにも、都市計画家と政治家の視線が大規模開発に向くように努めてきたのである。そして土地の規制の悪用を巡って、これまで多くのスキャンダルが生じてきたのである。一方で、マーケットとは別に取引される土地こそが問題であるから、通常のように土地に対してもっと自由なマーケットが作られるべきだと述べる者もいる[287]。土地が限られているイギリスでは、土地を投機対象として扱う歴史と、広範囲の都市計画システムがあるために、土地利用は厳しく制限されているからである。このような声の中で、バランスを取りながら成長と変化を許容し、規制の悪用を防ぎ、土地の消費と破壊を避けていくためには、地域の計画家、政治家、そしてディベロッパーの役割が非常に重要である。ルールが透明でシンプルでないならば、彼らは「誤魔化す」ことができる[288]。さらに大手ディベロッパーに提供されている、大規模開発に対する優遇措置の存在も、われわれは知っておかなければならない。それがあるからこそ、小さなウインドフォールが大手ディベロッパーや公的な都市計画から見過ごされてしまっているのである。

ウインドフォールのような、無数の小さな空間の開発は、都市のダイナミズムにとって不可欠である。それは大手ディベロッパーにとっては不便な空間で

あるだろうが、だからこそ最大限の優遇を与える必要がある。そうでなくては、都市のコミュニティのためではなく、大手のディベロッパー、そして地域の政治家のための成長戦略ばかりがはびこり、都市の再生は範囲においても規模においても力を失ってしまう。ニューキャッスルでは、グリーンフィールドの開発に関して、実に後味の悪い争いが生じてしまった。それは開発によって利益を得ようとするディベロッパーと、その経済効果が失われることを恐れた地域が計画を推し進めたために起きたものである[289]。しかし、都市はいったい何を得たというのだろうか。

都市は、コルクでぎっしりと満たされた巨大なプールのようである。街路、敷地、建物、空隙などの都市の要素が、押し合い、場所を変え、あるものは隠され、あるものは明示される。それらは常に動いているから、要素を捉える視力と、ビジョンを実行するための柔軟性が都市再生のために必要となる。それはたとえば1990年代のニューヨークの劇的な復活が、都市のあちこちに再生の鍵を見出すところから始まったことに示されているだろう。

われわれの都市の未来は、決して都市空間のクリアランスにあるのではない。これまでに築かれた環境に、新たな空間をきめ細かくフィットさせることに、新たな都市があるのである。バーミンガムとリーズの中心部に戻りつつある若い人々に調査をすると、彼らはリノベーションされた古い建物を選択することが分かる[290]。マンチェスターとグラスゴーも、世界的な大企業の支社や、新たな企業を多く引き寄せている。これらの動きは小規模ではあるものの、都市に生じた空隙を新たな生命で埋めている。では、こうした再生は実際にどのように起こっているのだろうか。

中心市街

20年間の衰退の後、イギリスの都市の歴史的中心市街は再生しつつある。つい最近まで荒廃と空洞化に覆われていた地域が[291]、ようやく回復を

迎えたのである。1974年に地方自治体が合併・再組織化されて以来、オランダとデンマークのモデルに基づいた住区サービスの目標は、自治体が大きすぎるゆえに達成が難しかった[292]。一方で都市全体の方針を決めるには、中央政府のコントロールが強すぎた。イギリスの社会全体も、経済破綻によって伝統や歴史に対する信頼を失った時代だったのである。しかし1980年代、都市の歴史的な中心市街は、近代化にとって必要不可欠な拠点となりはじめた。都市の空洞化、地方自治体の弱体化、新たな経済への移行という課題が、都市に対するわれわれのアプローチに変化を迫ったのである。都市再生が主題となり、そのなかで3つの戦略が浮上することとなった。歴史的な中心地区の再生、港湾地区の再生、開かれた計画、がそれである。

歴史的な中心市街

1979年、環境大臣のマイケル・ヘセルタインは、コベントガーデンに存在する170以上の歴史的建築の保存を承認した。パリのデファンス地区のように地域全体を高層オフィスに変える計画があったのだが、それは葬り去られたのである。地元のグループが徹底的に戦い、地域を脅かす焦土戦のような破壊計画は修正を余儀なくされた。そしてこの出来事以来、都市再生のアプローチは大きく変わることとなった。再利用と修復が、50年にわたる否定的な見方を逆転し、都市計画の主題となったのである。

今やコベントガーデンは、世界中の羨望を集める事例である。保存とビジネスを結びつけ、モダンデザインと歴史的な街路を結びつけ、公共空間とエンターテイメントとを結びつける。このアイデアはあちこちへと飛び火して、古いものと新しいものが、さまざまに絡み合わされることとなった。歴史も、アバンギャルドの独創性も、芸術もモダンデザインもすべて都市の宝である。ロンドンにはペデストリアン・ゾーンがあり、それは今でも広がっているが、その中心にあるコベントガーデンはカムデンロック、スミスフィールドといった地域

になお影響を与えている。同じように昔ながらの市場として運営されている両者は、コベントガーデンのセンスの良さを取り入れ、さまざまな人々やアクティビティが密度高く入り混じるように再生されているのだ。

コベントガーデンの影響は他にもある。テムズの南岸、国立劇場の隣のコインストリートでは、コーポラティブ住宅、アフォーダブル住宅、企業、そして公共空間が開発された。コインストリート・コミュニティ・ビルダーがオクソタワーを、高級レストランとバーを備えた集合住宅に変えたことは、アフォーダブル住宅と企業活動がいかに複合できるかの好例であろう。

かつては見捨てられた地域であったテムズの南岸、サウスバンクは今や変化と活気に満ちた場所である。ヨーロッパ有数の文化施設とさまざまな用途の建物が周囲に公共性をもたらし、歩行者にあふれた川沿いの遊歩道を彩っている。遊歩道は、グローブ座、テート・モダン美術館、デザイン・ミュージアムなどロンドンの最先端のアートセンターを連携し、セントポール大聖堂へと至る歩行者専用のミレニアム・ブリッジによってロンドンの中心部と結び、多くの人をサウスバンクへと誘っている。彫刻と現代美術を展示するテート・モダンは発電所をリノベーションしたものであり、オープンから2ヶ月の間に、幅広い世代や分野の人々が100万人も来場した。ミレニアム・ブリッジは、最初は揺れるというトラブルを抱えたものの、そのエピソードによってますます親しまれるものとなったのだ[293]。

忘れられていた港湾地区

基本的に、イギリスの都市はその中心部に川、もしくは運河を持っている。官民協働のロンドン・ドックランド開発公社は、ロンドン港の荒廃した埠頭を再生するために1981年に設立された。ドックランドにあるアイル・オブ・ドックス地域の人口は、1980年の2万人から、今では4倍の8万人となり、現在でも増加中である。しかし、テムズ川沿いに広がるこの素晴らしい地

域は、全体計画の欠如、その場しのぎの開発許可、民間投資に対する援助の失敗がなければ、もっと多くの可能性を持ったであろう。

ドックランド開発の最初の10年を覆ったのは、分裂的で、自由市場偏重で、高コストのオフィス優先主義であった。イギリス最大のオフィス開発であったキャナリーワーフには、交通インフラが供給されず、用途混合というリスク分散もなされなかったため、開発者であるオリンピア・アンド・ヨーク社は過酷な運命を辿ることとなった。世界でも有数の資金力を持っていたはずの彼らは、行政側の失敗によって破産してしまったのである。そもそも開発自体があまりに大きかったうえ、働く以外の機能がなかったために、人々は日中は室内に閉じこめられ、夜には揃って帰ってしまっていた。街には人気がなく、死んだようであった。それでも最初の10年を過ぎると、高層タワーのオフィス街は活気を見せはじめた。ドックランドの新交通システムが、テムズの東と南の両方に延長されて、テムズ流域のブラウンフィールドの再生を促すようになったのだ。ミレニアム・ドーム、キャナリーワーフ、ロイヤルドックも新たな地下鉄によってウォータールー駅と結ばれるようになり、ドックランド全体の経済的な可能性に変化が生じた。しかし周辺に住んでいる人々が恩恵をこうむるか、地域を追い出されるかは、開発の今後の課題である。雇用と住居は生まれているものの、莫大な投資と地域の活性化が関係するかどうかは別の問題であるからである[294]。現在、開発は東部のロイヤルドックに集中しているが、サウスバンクのような繁栄が生み出されていくかは、まだ分からない。

イギリスの主要都市のドックと運河の再生は、それぞれ新たに設立された開発公社が担うこととなった。対象地区は合計12箇所、ほとんどが都市の中心部に位置していた。開発は公共交通の整備の引き金となり、高密、用途混合の開発が、期待以上の成果をもたらした。新しい建物や修復された建物が水面に映り、人々が都市に戻ってくるよう誘いかける。交通の騒がしさからも無縁であり、自然との出会いにも満ちている。ユニークな景観と、それ

をつなぐ歩道と自転車道。昔ながらの建築と新しい公営住宅、倉庫と工場のリノベーションに、公園や美術館。新しい企業、特にハイテクメディアとデザイン系の企業が、緑豊かな場所での新しい開発の魅力に気づきはじめた。都会的な密度と田園の静けさが、そこには同居していたのである。

開発公社の成功は、コスト論や行政のあり方、そしてマーケットの現実について、さまざまな教訓をわれわれに残すこととなった。そして地方の政治家たちは、彼らの都市にいかに大きな可能性があるかを知ったのである。10年間の投資の後、ドックと運河は地方自治体に返還された。投資は清算されたが、たいがいは会社が消滅した後であった。ロッチデール、ブラッドフォード、クルー、ゲーツヘッド、ミドルズバラ、ウィガン、カーライル、コベントリー。これらの産業都市は存在意義を失い、根深い問題を抱えていたが、都市の中心部に関しては彼ら自身で再生プランを生み出した。ドックの再生がなければ、だれも都市再生が可能であるとは思わなかっただろう。

地域や地方自治体、そしてネイバーフッドの再生のために作られた新しい公債は、都市の再生のためにある[295]。それらは官と民のパートナーシップ（PPP）だけでなく、さまざまな国と地方自治体のサービスも呼び寄せている。都市再生公社を通じて政府と連携し、民間の投資を引き出すことは、いまでは地方自治体の政策の鍵である。再生可能な地域に焦点を絞り、政府以外の投資を呼ぶことができたなら、彼らは成功するだろう。公債は、この手法に弾みをつけて、初期の公共投資に比べてはるかに多い民間資金の呼び水となっている[296]。都市の後背地の再生はまだまだであるが、かつての産業都市は、みな中心部にサクセスストーリーを誇っている。再生は、破滅的な衰退を見せる都市のネイバーフッドの目と鼻の先で起きている。その実践的な手法については、さらに7章で確認することとしよう。

都市の計画

自治体の都市計画局は、土地利用のコントロールという重要な役目を持っている。しかし戦後の都市部の自治体は、増え続けるブラウンフィールドを目の前に、時代遅れの長期計画を唱えるばかりだった。必要のない道路拡幅、都市内の学校や病院の増設、交通計画、住宅開発、そしてオープンスペース計画。1980年代の初頭、彼らはこれらを捨て去り、多くの敷地を売却せざるをえなくなったのである[297]。この出来事こそが、ブラウンフィールドの利用率を50%にするという1995年の目標の一因である。ただし中心部のブラウンフィールドの払い下げは、皮肉にもグリーンフィールド開発の規制を弱めることも助長した。先に見たような、過剰供給という現象が起きたのである。都市の中心での利益は、結局グリーンフィールドの低密なスプロールによって相殺されてしまったのだ[298]。

再生の影響

土地利用の規制緩和、修復された都市構造、都市の中心部の歴史保存の影響は測り知れない。政府が設立した開発会社が、これほど機能するとは都市は期待していなかったにちがいない。公的資金、新しい住宅、新しい居住者、新しいアメニティと観光客、そして民間投資が都市に押し寄せたのである。開発公社は、それぞれ独自に画期的な計画を編み出した。たとえば高密な用途混合の開発、安全で魅力的な公共空間やペデストリアン・ゾーン、古い都市構造にフィットする大胆な住居、そして新しく統合された交通計画などである。これらのアイデアは1990年代になって認識されたものであり、ドックランドに手がつけられてから10年後に登場したものだった。都市の中心部での開発は、ディベロッパーの期待以上の人気を集めた。予定よりはるかに高い市場価格を獲得したのは、衰退の時代、供給の欠如の時代を通して、都心居住に対する需要が積もり重なっていたためであろう。そして20世紀で初めて、国中の都市の中心で人口が増加すること

となった。グラスゴー、ニューキャッスル、そしてマンチェスターでは、最も高額な住宅といえば、都市の中心部の物件を指すようになった。ニューキャッスルの中心で100万ポンドに達する物件が売り出され、大きくマスコミに取り上げられたのも記憶に新しい。ロンドンでも高額な物件は中心部にあり、都市の周辺部にはない[299]。人々が求めているのは今までとは違った住居であり、それは新たなタイプの世帯の流入によって支えられる。密度それ自体が問題ではないことが、新しい高密度の開発の成功には示されているのだ。表6.5はこの開発の時期区分を示している。

都市のネイバーフッド

歴史的な地域と建築の再生は、可能性と上品さに満ちたテラスハウスの再評価や、見過ごされてきた多くの場所の活性化をもたらした。しかしそれは都市の富や、企業の利益の増大をもたらしはしても、社会を結束させるような効果には至っていない。自由な開発と再生に対する政府の補助は、中心市街の周りのネイバーフッドとは無関係だったのである。中心市街の成功は周囲の貧しいネイバーフッドの犠牲の上に成り立つという意見があるように、本来ならば衰退したネイバーフッドこそ大きな可能性が探られるべきである。ロンドンのニューハムやタワーハムレット、もしくはマンチェスターのワイゼンショウや東マンチェスターなど、積極的な自治体はすでにそれを試みている。そのためにも、焦点が絞られた実行のシステムが必要である。

イギリスの地方議会は、衰退しつつある公共住宅政策を革新的で地域に根ざしたものに変えようと試みている。それはパートナーシップを重視する手法であり、地域独自の住宅供給や都市再生を試みる会社に、情熱と革新性を期待するものである。たとえば中心街や学生街などにある、貧しい集合住宅とその共有空間をデザインし直せば、その魅力は人々を引きつけるだろう。ボトムアップ型の地域への参加でオープンスペースやエントランス周りなどをデザインし直し、驚くべき効果を地域にもたらす。そうした例は

◀ パリ：デザインの良い、都市内のローコストハウス（設計：レンゾ・ピアノ・ビルディング・ワークショップ）
Michael Denance

▶ 表6.5：都市の再生

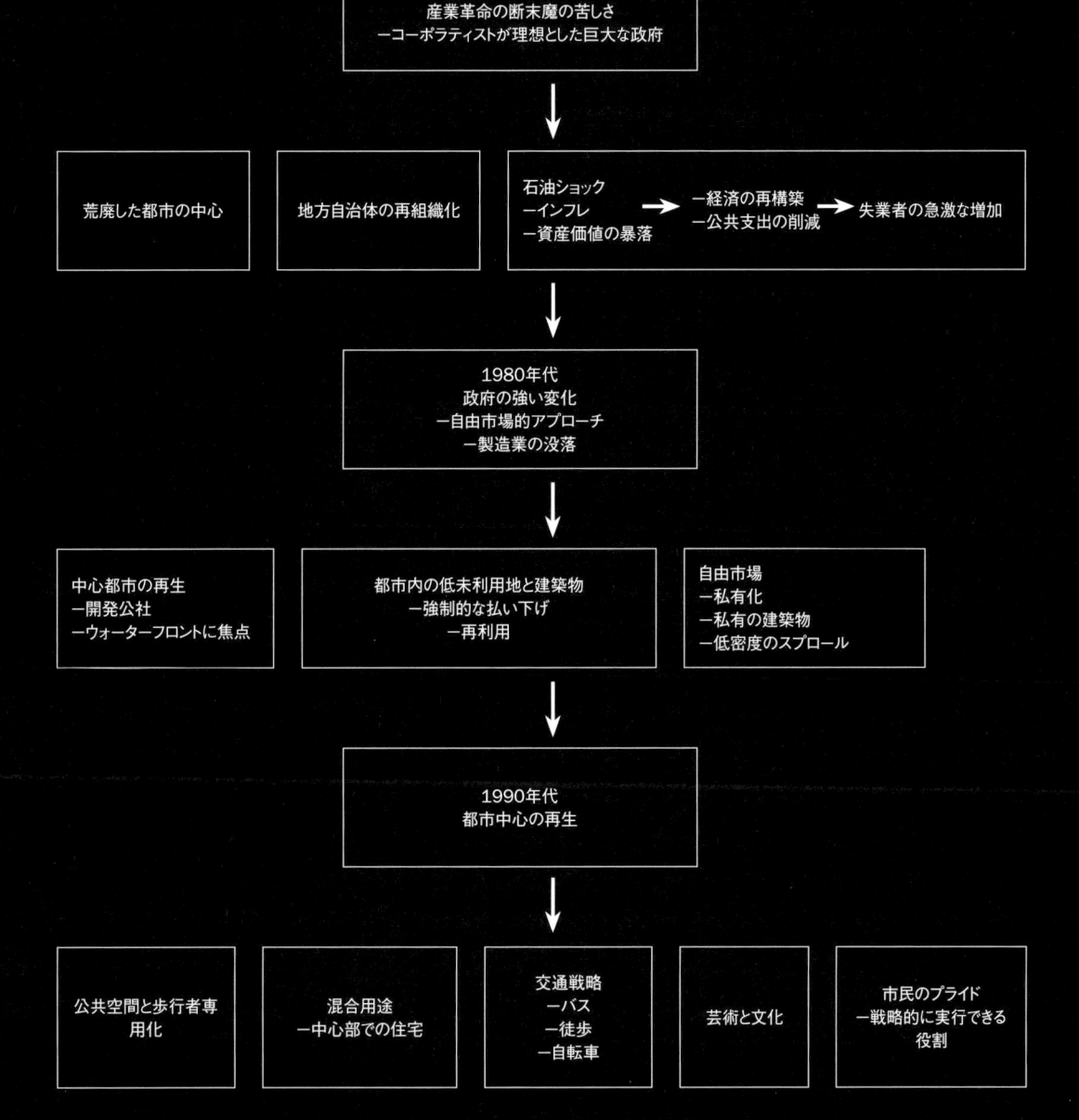

```
┌─────────────────────────────────┐
│         1970年代                │
│   産業革命の断末魔の苦しさ      │
│ ―コーポラティストが理想とした   │
│        巨大な政府               │
└────────────────┬────────────────┘
                 ↓
┌──────────────┐ ┌──────────────┐ ┌─────────────────────────────────────────────────────────┐
│ 荒廃した都市 │ │ 地方自治体の │ │ 石油ショック    → ―経済の再構築  → 失業者の急激な増加 │
│   の中心     │ │  再組織化    │ │ ―インフレ          ―公共支出の削減                     │
│              │ │              │ │ ―資産価値の暴落                                         │
└──────────────┘ └──────────────┘ └─────────────────────────────────────────────────────────┘
                                                        ↓
                            ┌─────────────────────────────────┐
                            │         1980年代                │
                            │      政府の強い変化             │
                            │   ―自由市場的アプローチ         │
                            │      ―製造業の没落              │
                            └────────────────┬────────────────┘
                                             ↓
┌──────────────────┐  ┌─────────────────────────┐  ┌──────────────────┐
│ 中心都市の再生   │  │ 都市内の低未利用地と    │  │    自由市場      │
│ ―開発公社        │  │      建築物             │  │ ―私有化          │
│ ―ウォーターフロ  │  │  ―強制的な払い下げ      │  │ ―私有の建築物    │
│   ントに焦点     │  │    ―再利用              │  │ ―低密度のスプロール│
└──────────────────┘  └─────────────────────────┘  └──────────────────┘
                                   ↓
                     ┌─────────────────────────┐
                     │       1990年代          │
                     │     都市中心の再生      │
                     └────────────┬────────────┘
                                  ↓
┌──────────┐ ┌──────────┐ ┌──────────┐ ┌──────────┐ ┌──────────────┐
│ 公共空間 │ │ 混合用途 │ │ 交通戦略 │ │ 芸術と   │ │ 市民のプライド│
│ と歩行者 │ │ ―中心部で │ │ ―バス    │ │  文化    │ │ ―戦略的に実行│
│ 専用化   │ │  の住宅  │ │ ―徒歩    │ │          │ │  できる役割  │
│          │ │          │ │ ―自転車  │ │          │ │              │
└──────────┘ └──────────┘ └──────────┘ └──────────┘ └──────────────┘
```

1985年、住民の流出に対応するべく都市再生の会社の協働で生まれたアイル・オブ・ドックスの公営住宅のプロジェクトが初めてである[300]。

低所得のコミュニティを守りつつ、若者のような「アーバン・パイオニア」が都市のネイバーフッドに移り住んでくる、という方向性はないだろうか。都市の内部のネイバーフッドの再生には、コミュニティの参加と、革新的な手法の両方が必要である。バルセロナはこの前提から始め、都市再生への市民の参加をすばやく実現した。対照的に、イギリスの都市の中心市街では周囲のネイバーフッドを全く無視していた。この間違いは、まだまだ直すに遅すぎはしない。マンチェスターは東部と北部の再生でそれに取り組んでおり、ニューキャッスルでは「成長に向かって (going for growth)」、グラスゴーでは「未来のための住宅 (homes for the future)」のプロジェクトで、市民の参加を呼びかけている。社会的疎外対策室によるネイバーフッドの再生計画はこうした努力の緊急性を強調しているが、バルセロナのように、シンプルで、限定された目標こそが必要だろう。雇用の創出、コミュニティ自身の決定権、公共サービスの改善や、地域の自主性の支援などである。これらはどこでも適用可能なものである。8章でそれを再び論じよう。

都市空間の再創出

われわれは歴史的な都市、活気に満ちた都市が好きである。新しいランドマークと古いランドマーク、混じり合う歴史と現代、落ち着きとダイナミックさへの興奮、古い建物の周囲や内側での新しい活動。これらはわれわれを魅了する。そしてわれわれは、小さくてコンパクトな小都市、村や集落の中心部が好きである。そこには賑わいがあり、仕事と居住とレジャーが混じり合っている。それは長い年月をかけて育まれ、ゆっくりと周囲の環境に適応してきたものである。建物はごくわずかなルールによって集積し、そこには高密度の土地利用への知恵が隠されている。それは白紙の状態から生み出すにはまったく難しいものだろう。

都市空間の魅力と、そこで営まれるアクティビティを統合することは、成功への1つの道である。それが両方あるからこそ、われわれの日常生活にゆるやかな連帯が生まれていくからである。コミュニティの感覚、もしくは関心を共有しているという確かな感覚。それは街路や店舗、カフェや公共施設など、1人ひとりの世界を互いに織り合わせていく公共空間で育まれていく。建築の密な集積、車やバスのコントロール、散らばる個人の住宅と郊外は、公共空間を際立たせるものである。

建築は都市の歴史と進化に対して、大きな影響を与えてきた。それは建物とその間の空間に形態を与え、古いものを蘇らせ、新たなものを融合させてきた。時をすごす場所の秩序は、市民の幸福に直接的に影響する。たとえば美しい建物に囲まれた魅力あふれる公共空間は、人々とアクティビティが一体となるのを促している。都市の形態と配置は枠組みを提供し、そのなかで、文化、コミュニティ、経済活動、親交、匿名性が生み出される。シエナのカンポ広場のような、都市の中心にある広場は磁石のように作用する。細い街路の影を抜け、広々とした日差しの中へと入っていくように、それは絶え間なくわれわれを誘惑するからである。

街路は都市の動脈であり、人々という血液を集め、流れさせる経路である。流れる人間こそが大切なのだから、世界中の都市が試みているように、車を排除し、人と車のバランスを調節することが大事である。そして街路に面する窓やドア、エントランスなどは、日常的な社会的接触やさりげない監視の機能を果たし、階段・ポーチ・バルコニーは人の交流の場所となる。都市の活気は、建物の隙間から生まれてくるのだ。植木鉢、樹木、庭や小さな公園は緑を生み出し、遊び場や座れるところは、訪問者を招くサインとなる。店舗の上階に人が入れば活気が生まれ、道のメンテナンスをする清掃人の姿は、街路を安全なものとする。活発な街路は、都市に歌を唄わせるのだ[301]。

土地利用は急速に変わっており、ロンドンでは、予測の4倍のスピードで変わりつつある[302]。そしてそのため、価値のある敷地が絶えず生じることとなり、都市とコミュニティ、そして新たな建築の形態が現れることになったのだ。グラスゴー、マンチェスター、バーミンガム、ロンドンなどの中心部を歩けば分かるように、適切な利用がなされていない都市においては、目に付くのはリノベーションとウインドフォールばかりである。重要なのは「都市の成長線」に沿った都市空間の再創造、そして街路と公共空間の育成なのだ。なぜならば、それこそ都市を連結し、束ねるものだからである。

ロンドン、エジンバラ、ダブリン、パリ。そこには絶え間なく再生され、常に人気を保つネイバーフッドがたくさん存在する。マンチェスターのように、貧しく、深い傷を負った都市を再生することは、難しいうえに魅力的な提案ではないように人々は思うかもしれない。しかし、運河沿いのカフェやクラブは、新しい生活を急速に生み出している。もとは工場労働者用の住宅地であった東マンチェスターも、荒廃し、半ば見捨てられた地域ではあるが、交通を改善し、緑化を進め、成長を拡散させずに集中させていけば、再び成長することができるだろう。208~9ページの図は、東マンチェスターでの再生の可能性を示している。ロンドンの中心部の再成長がサウスバンクとドックランズに沿って広がったのと同じように、運河と公園を備えた「都市の成長線」に沿って、都市中心部の再成長を外側へと誘導する計画である。

都市は有機的に成長し、学び、成熟し、適合していく。土地の再利用と再開発を並行して行う新しい手法は、都市に対して持続性とダイナミズムを与える。グラスゴー、バーミンガム、マンチェスターはこのやり方で、小さな地域を積み重ねながら再生している。中心部に集中した有機的でコンパクトな都市。この考え方は、既成市街地内の新しい活動を止めさせるということではない。たとえば10エーカー以上の大きめの敷地においては、プロジェクトが新しいランドマークとなることが許されている。ロンドンには、そうした開発の可能性を持った敷地が数百も存在する[303]。グラスゴーでは土地の約

10%が空閑地で、新しい開発を待っている。慢性的な衰退からの回復はまさに始まったばかりなのだ[304]。

マンチェスターの住居価格は国内で最も低い。それは否定的に聞こえるかもしれないが、都市に移り住もうとする開拓者たちには、セールスポイントとなるだろう。都市に広がる衰退したコミュニティを救うためには、ブラウンフィールドの利用率を70〜80%に高める必要がある。マンチェスターは高速鉄道によってイギリスの他の地域と強く結ばれる必要があり、たとえば5年の間にロンドンから2時間ほどの距離になるべきである。そうすれば、国際的な投資家に訴え、イギリスでも最大級の再生プロジェクトが可能だろう。現在、投資家は、汚い産業都市のマンチェスターを選ぶことに消極的だが、マンチェスターの土地と空間は十分でないものの、再び成長することは確かなようである。

都市の美徳

都市にはたくさんの長所がある。都市は小さなコミュニティに比べ、寛容で、複合的で、匿名性が高い。そこでは失敗や弱さは人目を引かず、いずれ都市に吸収されていくだけである。都市には、厳しい競争による弊害、家庭崩壊、学校崩壊、失業問題などが集積しており、近代的な経済生活のなかで人間は分断されている。しかし、都市が取り込むことができるものには限界がある。精神疾患、抑うつ、攻撃、反社会的な行動は、都市部のコミュニティのほうが多く発生する[305]。また、人的資源は少なく、コミュニティの抵抗力は弱く、崩壊の危険性は高い。都市は近代経済のなかで、さまざまな変化への圧力を吸収しているが、都市を肯定する、非排他的な再生戦略のみが、都市がばらばらになるのを防ぐことができる。

われわれは都市を必要としている。すべての道は今でも都市に通じ、すべての進歩は都市の健全さと活力に結びついているからである。都市の中心

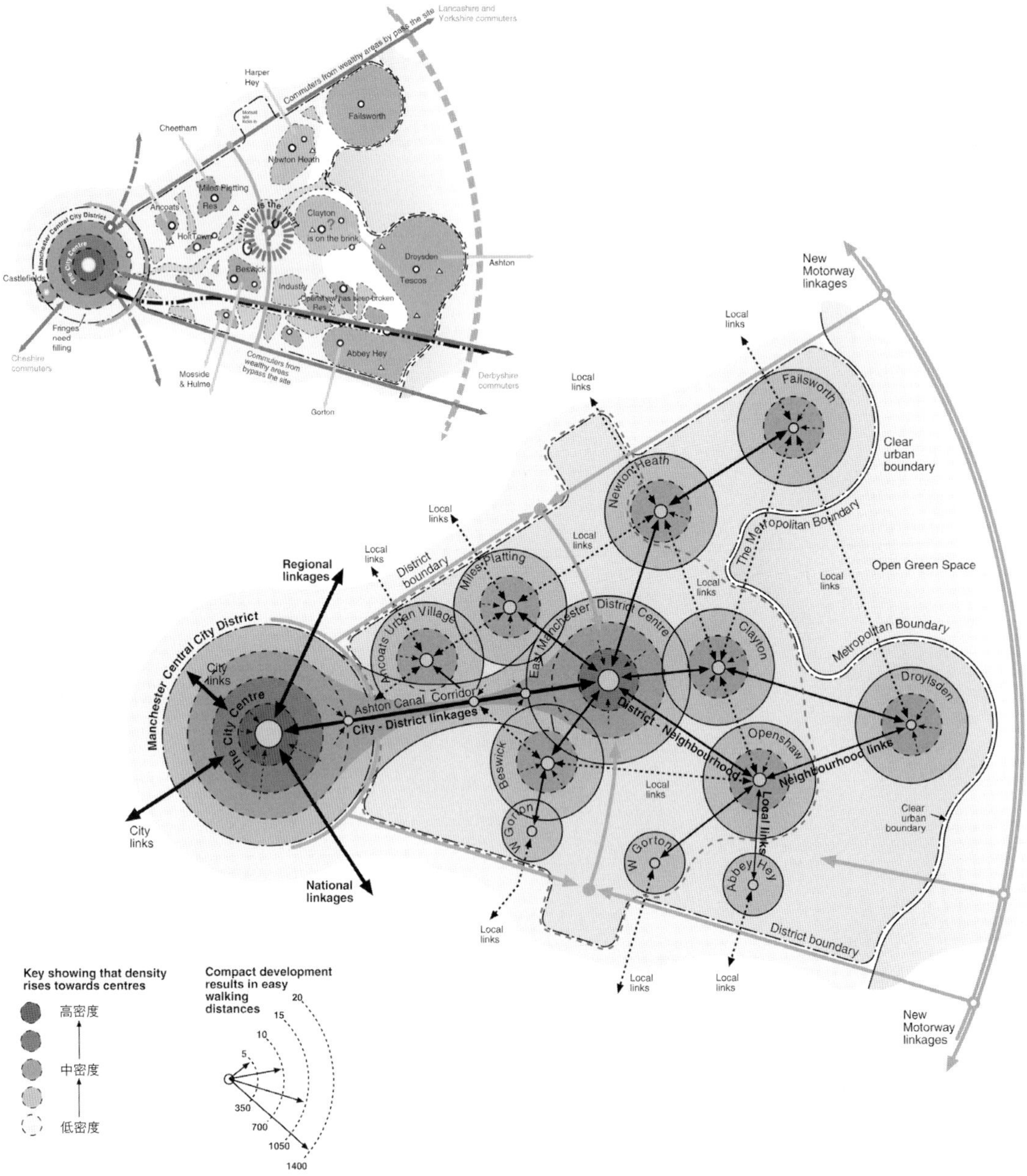
Lancashire and Yorkshire commuters
Commuters from wealthy areas by pass the site
Harper Hey
Cheetham
Failsworth
Newton Heath
Miles Platting
Ancoats
Res
Where is the heart
Clayton
is on the brink
Holt Town
Manchester Central City District
The City Centre
Castlefields
Beswick
Industry
Openshaw has been broken
Droysden
Tescos
Ashton
Abbey Hey
Fringes need filling
Cheshire commuters
Mosside & Hulme
Commuters from wealthy areas bypass the site
Gorton
Derbyshire commuters
New Motorway linkages
Local links
Clear urban boundary
The Metropolitan Boundary
Metropolitan Boundary
Open Green Space
Regional linkages
District boundary
Ancoats Urban Village
East Manchester District Centre
City links
Ashton Canal Corridor
City - District linkages
District - Neighbourhood
Neighbourhood links
Local links
Openshaw
Droylsden
W Gorton
Abbey Hey
National linkages
Key showing that density rises towards centres
高密度
中密度
低密度
Compact development results in easy walking distances
5
10
15
20
350
700
1050
1400

◀ 東マンチェスター（現状）：可能性を秘めながら
もばらばらな都市コミュニティ
Richard Rogers Partnership with
Andrew Wright Associates

◀ 東マンチェスター（提案）：
まとまりをもって用途が混合された中心部が連なる
ことで、コミュニティを引き寄せる
Richard Rogers Partnership with
Andrew Wright Associates

▼ マスタープランでは、東マンチェスターを、市の
中心部と再び一体化する。新旧のネイバーフッド
は緑の回廊と運河に沿って形成される
Richard Rogers Partnership with
Andrew Wright Associates

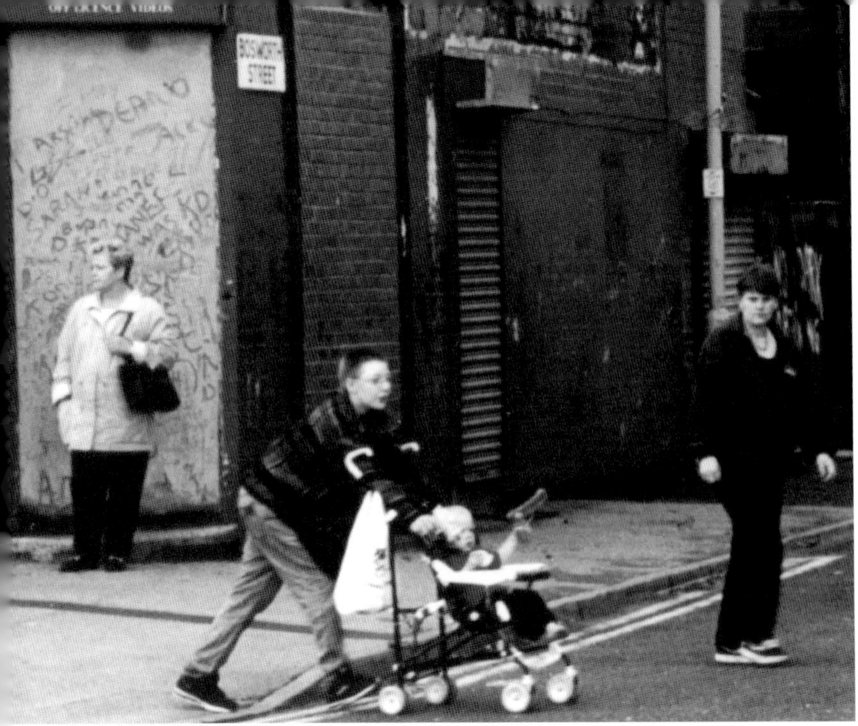
BOSWORTH
STREET

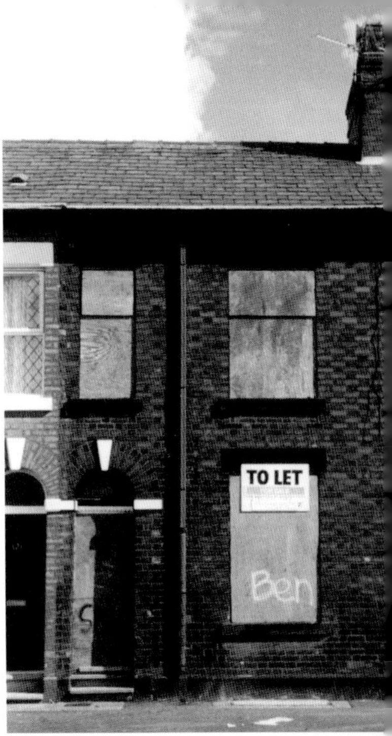
TO LET
Ben

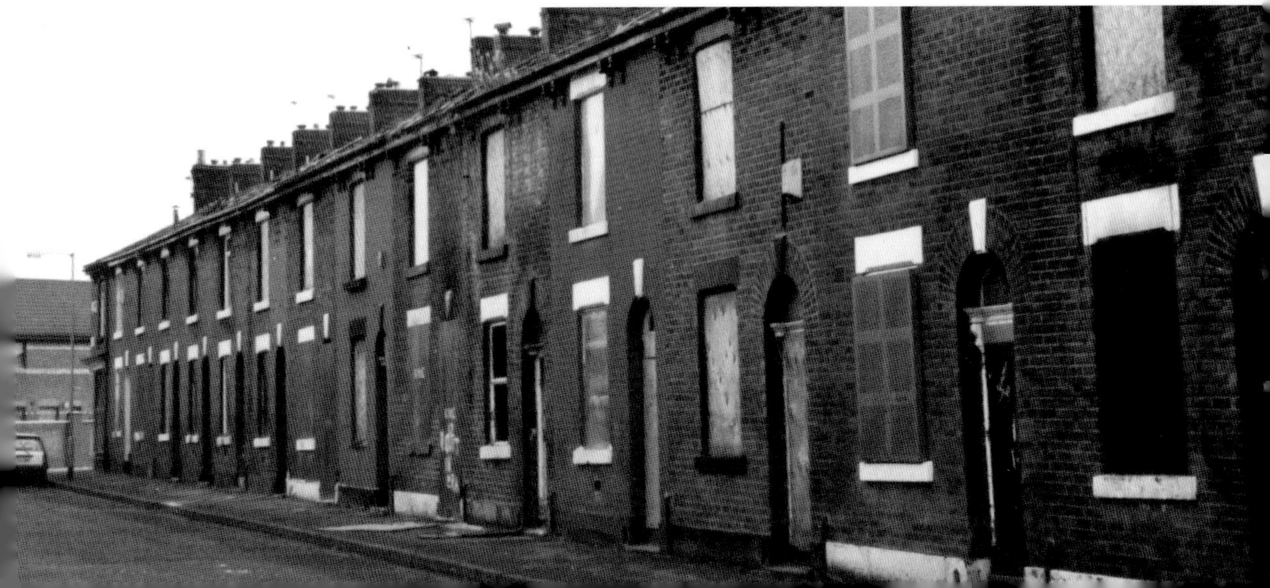

同士、また中心部のコミュニティ同士の間に存在する断絶は、政治家の懸念でもある。しかし政治家が相手にするのは土地を持っているか、持ちたいと思っている世帯主だけである。投資家や住宅購入者に対しても、都市を安全かつ魅力あるものにすることで、人々が都市から流出してしまうことを止めることができるだろう。中心的な都市で、これがいかに実現できるかはすでに示されている。機能している都市の中心部は、管理会社によって運営され、制服を着た都市のガイド、安全管理者、コンシェルジュがいる。そこでは市が企業に資金を供給しているが、それは少ない犯罪とバンダリズム、大きい歳入によって生じる保険のプレミアムなどの剰余金である。都市内のコミュニティを機能させるためには、人々が街に出ること、地域によるコントロール、公共空間への気遣い、その他これらに類似したシステムなどが必要である。

バスの運行頻度が高くなり、時間も正確になる。街路がより安全になり、清潔さと魅力を得る。街路樹が植えられ、さまざまなきめ細かいビジネスが育まれる。そうしたら、都心居住は今よりもっと魅力的になるだろう。新たな居住者がもたらす歳入は、より良い公共サービスを支えるだろう。そしてもとからの居住者の生活も、質が大きく改善されるだろう。表6.6は、サステナブルな変化がいかに起こりうるかを示している。

◀ 東マンチェスター：棄てられたテラスハウス
東マンチェスターの人口は、最大時の8万6000人から今日2万人弱まで減少している。雇用は流出し、都市環境の質はひどく劣化した

50年間の衰退の後、クラーケンウェル、ショアディッチ、ストラットフォードなど東ロンドンの地域では、新しい生活を営む人口が激増した。まず、チャレンジ精神を持った人々が古い物件に移り住み、リノベーションを行った。そして小規模な企業、仕事場やサービス業が建物の1階部分にオープンした。昔ながらの路上市場は拡大し、カフェやレストランは綺麗になり、訪問客が魅了されはじめる。そして細く古い街路が賑わい、活気が地域に戻った。同じことはマンチェスターの北端にある、アンコーツでも起こりうる。グラスゴーのはずれのグラスマーケットでも起こりうる。リバプールの港湾地区の古いネイバーフッドでも起こりうる。たとえばリバプールのエルドニアン・ビレッジ

焦点	行動
ブラウンフィールドを最初に―土地に対して順を追ったアプローチ	**開発困難なブラウンフィールド**―汚染除去への包括的な援助
新しいスタイルの計画―柔軟で混合した用途―持続可能なデザイン	**2倍の密度**―より良い土地利用―3、4、5階建ての建物
都市の価値を高めるさまざまなアプローチ―コンパクトな住宅地のなかの公共スペース	**優れたデザイン**― 明確で、柔軟で、3次元的なマスタープラン―物的環境を最大限に生かす
政府―中央、地域、地方 ― ネイバーフッド	**地域コミュニティ**―先駆者たちとともにスタートし、ボトムアップの意思決定を認める
社会的な排斥―最も重大な都市問題―ネイバーフッドの修復	**公営団地と都市内の貧しい地域**は、もっと幅広い層に魅力的となる―ネイバーフッドの管理と地域の企業
人種の混合―都市は混合によって栄える	**若者に関心を向ける**―仕事、就業訓練、さまざまな機会
建築と居住―アフォーダブル、容易なアクセス、柔軟な保有権―人々を住まわせる	**建物を壊さない**―再生を援助する
都市環境―緑の回廊、公園	**交通**―交通を抑え、バスレーン、自転車と歩行者の保護を実施する
投資の必要性と目的―バランスを回復するためには、どの程度投資が必要なのか	**すでに実行中のこと**―交通への対応、就業訓練、教育、健康、警察、治安、再生、修復

▲ 表6.6：変革を起こすには

は、活動的な協同組合によってコミュニティを再生している。

都市の魅力は、住宅ディベロッパーと同じくらいにグリーンフィールドを破壊しようと暗躍する企業主にも伝わるだろうか？　都市の内部のネイバーフッドが回復し、ディベロッパーがそこに新たな住宅を設けようと考える。それに対応するような勢いで、都市の内部に低技術と熟練技術の雇用が生じるだろうか？　少なくとも、実際の交流を必要とするサービス業やIT系の企業主にとっては、都市には多くの利点がある。アクセスの利便性とコストに比べて、規模と空間があまり重要視されないからである。今や都市における仕事の多くが、地球規模の活動を情報源として利用しており、現代の生産システムのほとんどは、空間に対する要求やエネルギーの集約度よりも、都市への適合度を必要としている。都市は、総合的で、職場から近く、街路に面したオフィスを提供できる。それは急成長を遂げるサービス産業や国際企業が探しているものであり、個人向けのサービスやセキュリティ、クリーニングや子供のケア、食事やエンターテイメントなどに最適な場所である。これらのサービスは急成長を遂げている[306]。人々が住み、にぎわいを取り戻した中心部。そして交通が改善されたネイバーフッドを持つ住みやすい地域。これらの新しいビジネスは、周囲の地域から仕事を受けるであろう。

雇用と住居がスプロールした結果、都市の外部のコミュニティはダメージを負っており、さらなる外部への拡大は難しくなっている。こうした状況において、郊外においても小規模な空間を活用し、建物の階数を増やし、用途変更によって高密化を試みたとしたら、郊外部にある住居もコンパクトでサステナブルとなるのではないだろうか。だとすれば、田園地域に対しても、ブラウンフィールドの利用目標を適用したほうがいいのだろうか。これは仮定の話ではあるが、議論として十分ありうるものだろう。なぜならマーティン・クルックストンが「サステナブル・アーバンデザイン[307]」のなかで触れているように、この考え方によってアーバンデザインの原理を田園に適用することが可能となってくるからである。続く7章で、住宅にとっての最大の資源で

- 経済発展には都市が必要である
  - 土地は有限である
  - 環境的に持続可能とするには、よりよいエコロジカルなバランスが必要である
  - 田園地域は、呼吸装置／大気浄化／休息を提供する－保護が必要である
  - スプロールは自己破壊行為である －全員が失う
  - 社会規範は、失敗者が残っていることを確定する

- 住宅地を高密度化することが、都市にとって有益な理由
  - 世帯が少人数化している
  - 世帯が増加するなか、より多くの世帯を住まわせることができる
  - より豊かになり、より質の高い空間への要求が強まる

- 都市が必要とするもの
  - よりコンパクトな居住をサポートする公共交通
  - 都市内の緑のオープンスペース
  - より魅力的な都市環境
  - 良好な公共サービス
  - さまざまな所得階層を満足させる警察、学校、医療施設

- 優れたアーバンデザインと建築は、都市を機能させる
  - 裕福な人々は魅力的な場所を選択する
  - 複合したアクティビティは相互に機能することができる
  - 市民のプライドが成功を生み出す
  - 公共空間の回復と歩行者を重要視することが、活気のある都市を作り出す

- 中心市街戦略は機能している
  - 公共空間
  - 歩行者専用道路
  - 公共交通へのインセンティブ
- 成功することにより、人々が選んで都市に来るようになる。
- 都市内のネイバーフッドに対して、役に立つアイデア
  - 取り壊しを避け、既存のコミュニティをサポートする
  - 物的状態や積極性を回復する
  - さまざまなサービスをとりもどす
  - 新しい住人を増やす

機能するルール
- 一般的な密度を高める
- 柔軟なゾーニング
- 用途変更がしやすいシステム
- 用途変更と再分割を、最大限に援助する
- 駐車スペースの限定と、自転車・歩行者スペースの最大化
- 交通計画との統合化
- 計画とデザインの専門家をもっと用いること
- 柔軟で発展的な開発計画
- 有機的な変化へのサポート
- 空間の最大限の利用－屋根裏部屋、半地下、地下室

機能しないルール
- 質を担保するための、低密度
- 用途混合の制限
- 用途変更の制限
- ゾーニングによる分割－就業対住居、もしくは余暇
- 気前の良い道路供給
- 過大な駐車場の供給
- 広い道路結節点
- 密度、高さ、空間、用途転用に対する数値基準の厳格な適用
- 新しい世帯のかたちに対する対応の失敗
- 陳腐化した開発計画

◀ 表6.7：インナーシティを復活させる

ある郊外について論じていこう。ここでは表6.7で都市内部の再生について、表6.8で新たな環境へのプランニングの適用法を示している。

郊外型のショッピングセンターの人気がなくなりつつあるのは、人々の気持ちの変化のあらわれである。グリーンフィールドの開発は、結局誰かを痛めつけているのだ。たとえば空港拡張に対する反応は、人々の気持ちと許容の限界をはっきりしめしている[308]。騒音、付随して起きる開発、急激な混雑などは、誰も求めてはいない。グリーンフィールドの開発は今までは許されてきたけれども、こうした不満の声は高まりつつあり、開発の拡張は年々難しくなっている。われわれはクリーンな技術とコミュニケーション革命によって新たな経済を迎えており、資源の消費を抑えながら生産と富を増大させる可能性を見いだしつつある[309]。汚染、資源の濫用に関しても、われわれは対策を絶えることなく築きつつある。都市はこうしたアイデアの試験場であり、環境問題への関与と合意を形成する母体である。少なくとも、どの都市においても環境対策のコストが同水準となるのであれば、豊かな国に住むわれわれは合意を結ぶ必要があるだろう。そうでなければ、貧しい人々の環境資源を使って生活することを止められないからである。

よりコンパクトで、より環境に配慮した新たな開発。それこそが、われわれが現在抱える問題への答えとなるだろう。都市の内部を経済的にも魅力あるものにするために、行政による優遇措置は公平に行われるべきである。そうすれば、住人や労働者、そして雇用者は都市へと戻ってくるはずである。あのディック・ウィッティントンがそうであったように。

◀ 表6.8：機能するルール

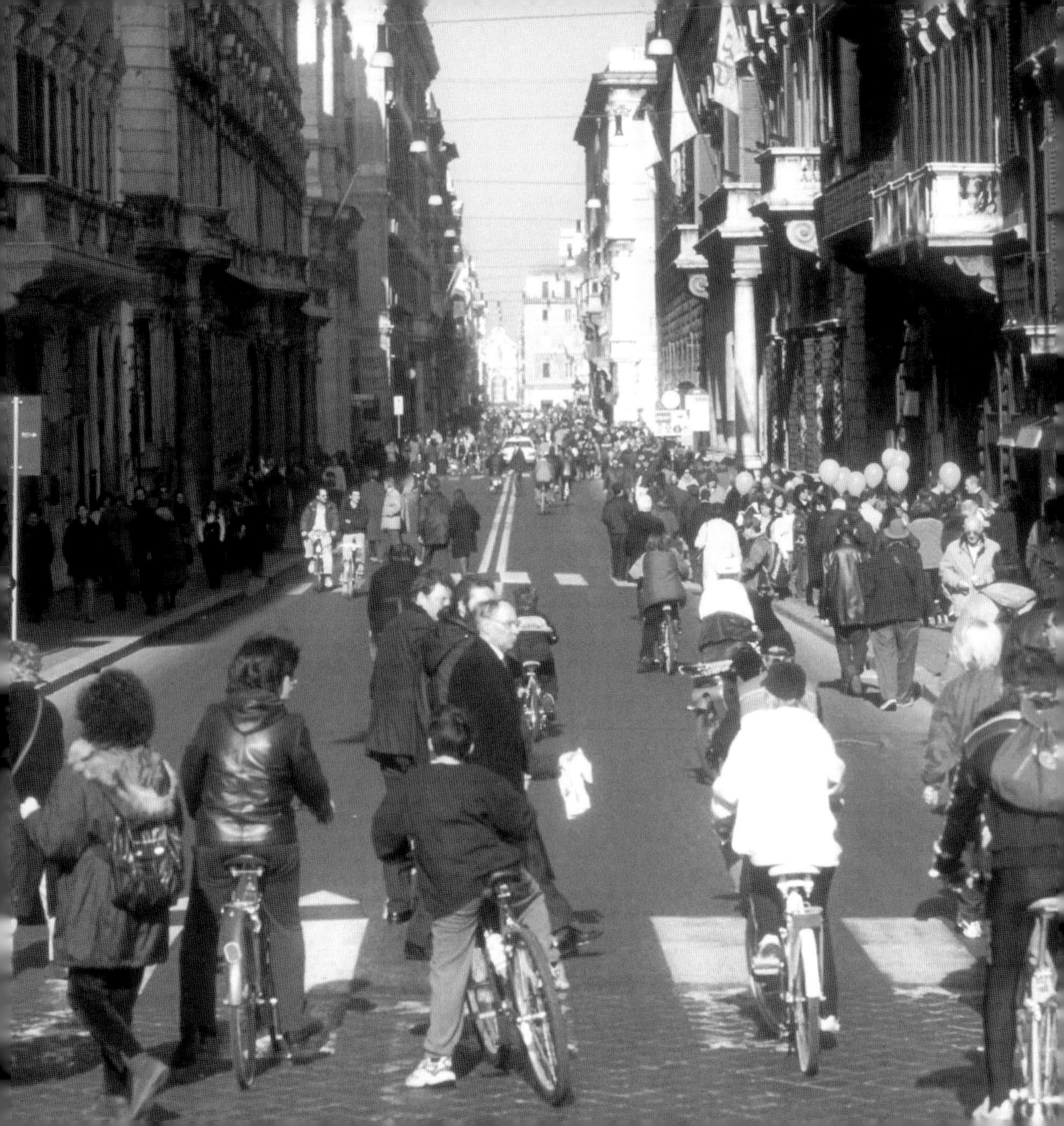

7　都市を機能させるために

- ビルバオとニューキャッスル
- 都市のデザインと企業家の社会性
- 市民がつくる都市
- 都市の土地の再利用
- アフォーダブル（入手可能）な住居
- 郊外
- 経済的統合と社会的統合
- 新しい職種と技術の革命
- ネイバーフッドの社会的再生
- ネイバーフッドの運営
- 交通革命
- 地域のアイデンディティと都市のガバナンス
- 都市の環境
- 都市再生の解答

7　ビルバオとニューキャッスル

ビルバオはスペイン第二の工業都市である。この都市は北海岸部に位置しており、バスク地方の中心をなしている。フランコ政権下の1960年代、スペインは貧しく、独裁政権のもと極端に分断されていた。ビルバオはそのなかにあって最も裕福で近代的であり、重工業経済と繁栄する港、極端な人口密度という特徴を持っていた。周囲の山々が商業地域や港を取り込んでいたために、高密さが生まれていたのである。

ビルバオは、ポスト産業時代における工業の衰退とテロリズムによって、大きな打撃を受けた。バスクの独立組織であるETAが爆破や暗殺を繰り返し、それが観光客や投資家を遠ざけ、1995年頃にはビルバオの港や中心部は慢性的な衰退に陥ってしまった。港付近に集中する高密度のネイバーフッドは、豊かさも生活の質も、地域の尊厳までも失ってしまった。人口は激減した。独立主義者はバスク語で、あらゆる壁や橋、倉庫に、政府や外国の会社を非難するスローガンを書き付けた。極端な主義の政治と、街で活動する外国人たちを排斥しようとする圧力が存在していたのである。このときビルバオは、決定的な分岐点にあった。街の8月の伝統的な祭りで、きらびやかな飾りをつけた彫像が復活の祈りを込めて河へ沈められ、それがビルバオの衰退と再生の象徴となったのである。

▲ 前頁
ローマのカー・フリー・サンデー
AFG-La Verde

続く5年の間に、注目すべき変容が起こった。ETAは活動を続けていたが、スペインの進歩派やバスク地方政府による自治の保証、バスク語の復権とバスク人の権利の承認により、彼らは妥協に応じることになった。暴力行為は減り、スペインの経済成長としては記録的な割合で投資が生じた。観光が経済の活性化の軸とされ、銀色の鎧をまとったグッゲンハイム美術館が1997年に開館した。そのドラマティックな新しいランドマークは古い港や都心に威容を誇り、ビルバオ再生の象徴となった。港には新しい歩行者専用橋が設けられ、ノーマン・フォスターのデザインによる地下鉄駅も公共

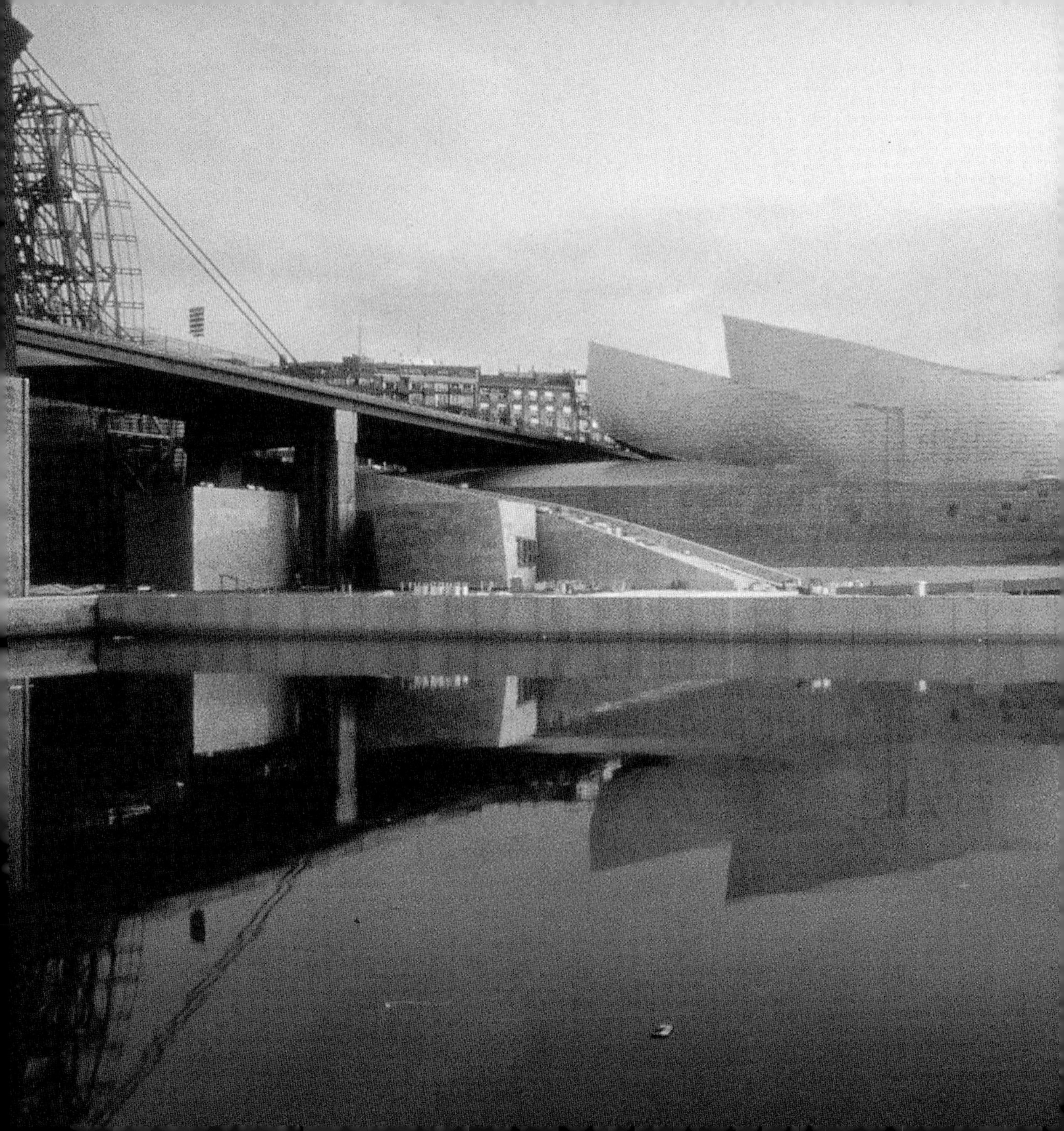

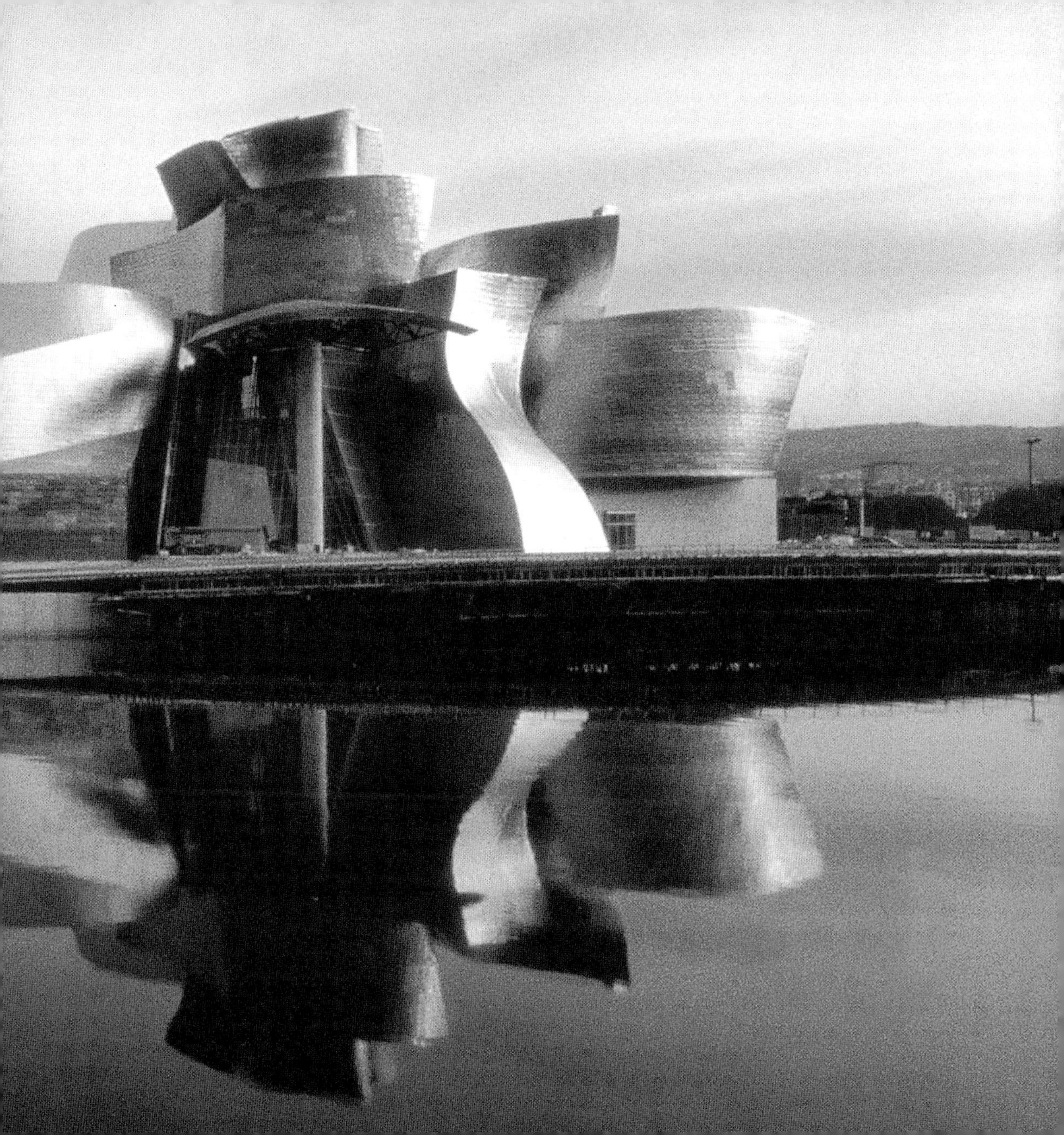

空間を拡張するものとなった。衰退に直面していたとはいえ、ビルバオの豊かで稠密なインフラストラクチャーは生き延びており、そこに新たな息吹が吹き込まれたのである。

ビルバオには技術と経験を持った労働者がおり、地域の自治政府と、ヨーロッパ最古と言われる独自の文化や言語による強固なアイデンティティも備えている。こうした特質は1970年から1990年にかけて急激に衰退し、防御的な障壁となっていたのだが、都市再生戦略を実行し、国際的な投資と文化・観光事業を都心部のアクティビティに連繋させる市の取り組みのなかで、ふたたび独自の資源として活用された。ピレネーの南端に位置するバルセロナと同様、ビルバオは現代的で国際的なスペイン北部の玄関となったのである。

ビルバオのグッゲンハイム美術館の建設費は、およそ1億1千万ドルほどである。1998年、この美術館には120万人の人が訪れ、翌1999年にも同じぐらいの人が来た。2000年の訪問者は約300万人となり、そのうち4/5はバスク以外からの人と想定されている。おそらくこれこそが最も重要な進歩であろう。美術館によって、ビルバオと地域が新しいアイデアと役割へと向けて、開かれることになったからである。美術館のオープン以来2年半の間に、新しい観光産業は4億ドルを生み出し、新しいビジネスと税金により、市には70万ドルの追加歳入がもたらされた[310]。

グッゲンハイム美術館は、近年の建物の中で最もドラマティックなものの1つである。その独特の湾曲形態、目を見はる金属の外皮と、港における力強い存在感。それはランドマークであるとともに、新たなアイデアと新たな人々に都市が開かれたことの象徴である。ビルバオは長い年月にわたる抑圧と暴力に耐えながら、密度と環境、そして活力という資産を獲得した。人々はその豊かさに引き寄せられるようになった。古いものと新しいもの、国際的なものとローカルなものが織りなす都市のランドスケープを楽しめるよ

▲ 前頁

ビルバオ：芸術と文化による都市の再生（設計：フランク・O.ゲーリー）
David Heald

うになったのである。ビルバオがこうした変革をなすことができたのだから、イギリスのかつての産業都市も同じようにできるはずである。

ニューキャッスルはいろいろな点で、ビルバオに似ている。まず、急激に衰退している工業の港であり、劇的なウォーターフロントを持っていること。次に歴史的な中心市街地がコンパクトにまとまり、可能性と魅力を備えていること。そして都市の内部のネイバーフッドが貧しく、そこには古い技術を持つ労働者層が住んでいることなど、である。タイン川の対岸にはニューキャッスルの双子都市ともいえるゲイツヘッドがある。この2つの都市は文化的なパートナーシップを常に形成してきた。

ニューキャッスルとゲイツヘッドは、幅1/4マイルのタイン川に隔てられて、互いに向かい合った位置にある。この川にはエンジニアリングの粋を集めた6つの橋がかけられて、イギリスのなかでも最も魅力的な河川環境を作っている。新しく作られた歩道専用橋のミレニアム・ブリッジは、ゲイツヘッドの河岸のバルティック芸術センターと、ニューキャッスル側の新しい美術館とを結ぶものとなるだろう。両都市ともタイン川沿いに高級アパートメントを新設し、都心に人々を呼び戻しつつある。ニューキャッスルの都心の集合住宅は、市場に出ると同時に完売した。これは彼らが成長や用途混合、再活性化を望んだ結果である。中央駅から広がるグランガータウンは、国内において最も美しく、手つかずのままで残っているジョージア朝時代の街である。ニューキャッスルは、商店や事務所の上部の住宅をリノベーションし、生活と労働を混合させようと試みている。彼らはかつての都市の姿を取り戻そうとしているのである。

この都市には、特筆すべき財産がある。昔のままの美しいジョージア朝建築の街。都心の印象的な石造りの保存建築。タインの両岸に位置する、歴史的な劇場と新しい文化センター。優れた鉄道網と、郊外へ延びる進歩的な地下鉄システム。そして何より、都市への人々の誇り。オースバーン

▲ ビルバオ：フォスター・アソシエイツのデザインによる地下鉄出入口
Richard Davies

▲ ニューキャッスル：大都市の復興－200年前
Ward Philipson Group

◀ そして現在
English Partnerships

の急峻な川岸に集まる産業時代の建築物は、リノベーションするには魅力的なものだろう。これらすべてが都心からほんの少し歩くだけの位置にある。ただし、ゲイツヘッドの巨大な郊外型ショッピングセンターや、グリーンフィールドの乱開発も存在しており、これらにより都市の活力がまだ抑圧されていることも述べておくべきだろう。

新しくできた歩道に沿って、下流の方へ歩いてみる。古い工業地帯に近づくにつれ、その地域が放棄されていることが分かるだろう。更地になっている土地は、最近までそこに公営住宅が建っていたことの証であり、仮囲いで覆われた住宅地には安心感が欠けている。それは古い河岸に近すぎ、保護のないまま破壊に晒されているからである。タインの西に足を向ければ、そこには高速道路と工業地帯が広がり、川から遮断された、窓のない現代的なコルゲート葺きの住戸がある。ポスト工業時代の、用途混合による新しい河岸を創造するという機会はこのように見過ごされているのだ。急峻な川岸の古いテラスハウスも見捨てられており、今後5～10年の間に、およそ6000戸の魅力的な住宅が壊されようとしている[311]。実際に、ニューキャッスルの河岸では1971年から住宅の約1/3が失われ、その中心部は今も劇的な衰退を続けている。都心からほど近いベンウェルやスコットウッドにおいては、犯罪、貧しい学校、解雇や衰退により、質のいい住宅でさえも放棄されている。これらの都心部を救い出そうという努力にもかかわらず、希望が街から消えたのだ。そしてニューキャッスルはイギリスで最も分極化が進んだ都市の1つとなってしまった[312]。

ニューキャッスルは今、重要な分岐点にある。ビルバオのように都心の成長にエネルギーを集中させ、文化や観光の可能性を探るべきか？　あるいはバルセロナのように、環境の質を改善し、都市から流出しようとする人々を都市のネイバーフッドに留めるべきか？　グランガータウンの中心とジョージア朝の街区をペデストリアン・ゾーンとして、コペンハーゲンのように人々が歩いたり座ったりできるようにするべきか？　多くの産業都市と同じように、

ニューキャッスルは魅力的な環境と財産を持っている。それは歩いて回れる大きさのコンパクトシティであり、現在の人口の2倍に対応できるインフラストラクチャーも備えている。人口が都市のまわりのグリーンフィールドへと離れてしまうのを防ぐにはどうすればいいのだろうか？　貧しいコミュニティに希望を持たせるにはどうすればいいのだろうか？　7章ではこうした問題を抱えた都市を、いかに再生させることができるのかを考えていきたい。

今後25年間に、イギリスは1人暮らし用の住宅の新設を270万戸ほど必要としている。そのほとんどは既存の都市のなかの、既存の建物におけるものとなるだろう。人口は今後25年間で460万人増えると予測されており、その社会的・環境的影響はとても大きなものになると考えられる。さらに今後30年間にわれわれが住む場所の、その4/5は既存の建物となるという予測もあるから、これらの魅力とフレキシビリティを高めることに対しては、国中の理解を得ることができるだろう。6章で述べたように、われわれは単に都市の人口を取り戻そうとしたり、高密度に住もうと言っているのではない。再生の主役は人にほかならないのだから、人々に都心への回帰と再生への参加を呼びかけることが大切であること、そして既存の空間をよりよく利用することによって、都市のネイバーフッドと郊外の両方を再生することこそ、われわれが強調したいことなのだ。世界的に環境問題が生じている状況のなかで、都市こそがわれわれの財産である。郊外も、都市の周縁や中心のネイバーフッドも、みな等しく役目を担っていると思われる。

都市のデザインと企業家の社会性

都市に住み、働くことは、都市問題解決への、参加のはじまりである。都市が発展するのは、デザイナーや発明家、起業家が日々都市問題に直面し、それに対して提案をするからである[313]。都市に住んでいれば、彼らは自分たちが創ったもののユーザーと常に出会い、混じり合って生活をすることになる。だからこそ、都市問題を解決しうる技術を持つ人々を、都市に留めてお

くことが重要なのである。今は発明家や起業家が都市から離れてしまっているために、都市問題の解決策も実践的・効果的ではなくなっている。都市のダメージはますます深くなっているのだ。アメリカはこうしたことを先鋭的なかたちで経験してきた。問題に取り組む人たちが離れてしまったため、貧困が拡大し、都市が衰退してしまったのだ314。

新しいアイデアは、ときに予期せぬ結果をもたらす。たとえば郊外の誕生は、都市のネイバーフッドの衰退を手助けした。たとえば現代の交通は都市内のコミュニティを分断し、今では多くの都市が、車によって圧殺されようとしている。たとえばオートメーションはわれわれの仕事を肩代わりしてくれるが、今ではそれが大切な低技能の仕事をも消し去ろうとしている。大げさなデザインが施された近代建築の多くが、メンテナンスがしにくく、社会的なネットワークを軽視したものであるため、都市の状況をさらに難しくしている、という反省もあるだろう315。いずれにせよ、われわれは社会的・物理的な衰退に対する都市デザイナーや起業家の戦果によって生きている。だからこそ、社会排除防止局の「ネイバーフッド再生のための国家戦略」は、都市問題に向き合う才能やアイデアを取り込もうとしているアーバン・タスク・フォースのアジェンダと、連繋を取るべきだろう。物理的な改革と社会的な変革は、一緒に行うべきものなのだから。

われわれは新たな「アーバン・パイオニア」を引き寄せ、彼らに留まってもらう必要がある。若く、エネルギーに満ちた開拓者たちは、状況を変革し、新たな社会を進んで創ろうとする未来への案内人である。彼らは都市に住みたいと思っており、働く場所やさまざまなチャンスを得、そして友人の近くにいたいと考えている。彼らが求めるのは魅力的な都市居住であり、それは標準的な郊外では果たせないものである316。住居は広く丈夫で、公共交通と商店街に近く、人生の楽しみにお金を残せるくらい安くなければならない。現在は、裕福な人や一定の地位の人だけが、便利な都市生活を享受している。交通や都市税、自動車の所有などが都市では高くつくからであ

リサイクルと建設	老朽化したインフラストラクチャーの再生と再デザイン	土地利用の向上
↓	↓	↓
都市内の古いネイバーフッドや街路を再生させ、改善し、用途変更し、再利用するために、デザイン・コンペティションを組織する	密度の高い街路パターンを保存し、拡張する―街路の一部として、扱いやすい小さなオープン・エリアを作り出す	再ゾーニングと用途混合
↓	↓	↓
衰退したネイバーフッドや不動産をリニューアルするため、住民と一緒にローカルな「マスタープランや提案」を作成する	場所を「再生」するための、革新的なデザインや新しいアイデアを支援する	再生のための強い動機づけにより、都市的な開拓を後押しする―都市における「自宅での農業」や都市の自己建設
↓	↓	↓
都市内のネイバーフッドの魅力を高めるため、街路の活動に関する新しいアイデアを奨励する（たとえば住宅地や植樹など）	都市内の衰退したネイバーフッドにつながる、バスの循環路や自転車道、ペデストリアン・ゾーンを作り出す	改革のため、小規模な「コミュニティ基金」を付与することで、社会的起業家を支援する
↓	↓	↓
古い建物の新しい利用を発展させる	地域のランドマーク―公園、図書館、教会―を保護し、再生させる。新しい活動を促進する	小規模の空間を利用する機会を与える
↓	↓	↓
改良され、混ぜ合わされた新しい建物のために、場所を混合させる	樹木を植え、小さな緑の空間を作る	障害を取り除き、土地をきれいにし、連続的なアプローチを導入する
↓	↓	↓
解体ではなく、再利用のための動機を与える	コミュニティの活動家を引き込み、ボランティア活動やネイバーフッドの自治委員を支援する	眠っている資産や土地をなくしていく

▲ 表7.1：都内のネイバーフッドが抱える都心再生の課題

る。こうした状況を変えなければ、人々は都市の富と利益を享受することも、都市に留まりたいと思うこともないだろう。都市のネイバーフッドに住む貧しい人々は、再生の利益を受ける権利、なにより住み続ける権利がある。破壊よりもリノベーションの方が、よりこの方向に近いことは言うまでもないだろう[317]。

必要なのは、人気のある都市のエリアにおける、魅力あるリノベーションである。まだまだ物件数は少なく、高価であるため、活気のある場所から住居のリノベーションを始めるべきだろう。1つの街角を再生させれば、それは隣の街角を再生しようとする人たちへの応援となる。いわば都市居住そのものが、再生のプロセスとなるのである。たとえば街区ごとに都市再生を進めていけば、そこに住み続けようとする居住者は周囲の街区の環境を良くしようと、まちづくりに進んで参加するかもしれない。街をより清潔に、より安全に、より良い教育のある場所にと、彼らの思いは波紋のように地域に広がっていくだろう。だからこそ、都市の現在の姿を把握しながら、あるべき将来を見通すために、強いビジョンと想像力が必要なのである。

都市の周縁部の貧しいコミュニティは、さらに周囲の郊外と関係させることで再生が可能である。コミュニティに自信を取り戻させ、投資を引き出し、都市人口を回復させるにはそれが最も早い。なぜなら、彼らはしばしば都市生活そのものに絶望し、反抗的な構えを持っているからである。言い換えればネイバーフッドの再生、都市の再生が根付くべきなのは、こうしたコミュニティにおいてであって、都市に戻ってきた人々が生活したり働いたりするスペースを持っている彼らこそが、再生の鍵を握っている。表7.1は、われわれが第6章で見た中心市街の再生が、どのように都市のネイバーフッドに応用できるかを示したものである。

さらに幅広い再生は、実験的な手法によって育まれるだろう。想像力豊かな都市デザイナー、開拓精神に富む居住者、活発な運動を続けるコミュニ

ティ、先見の明がある経営者や企業家。こうした人たちの技術や関心を統合し、新たな都市のための組織へと育てていくことは不可能ではない。

われわれの社会は、絶え間ない人の交流や集合的な活動によって支えられている。都市文化や市民社会は人々の融合から生まれ、ビジネスの確立には、都市が持っている大規模でフレキシブルなサービス、労働、チャンスが必要である。世界都市やハイテク企業の動向に関する研究は、今、新しい種類の高密度都市居住がいかに生まれつつあるかを示している。古い都市構造が引き継がれたり、作り直されたりしながら、都市経済や建築、交通などのアクティビティの密度が高まりつつあるのだ[318]。都市再生はさまざまな規模のビジネスにチャンスをもたらすものでもある。新しいビジネスの世界に対応するべく、都市や建物のデザインも変わりつつある。

市民がつくる都市

都市をつくるのはわれわれ自身なのだから、都市の豊かさはわれわれの創造性に比例する[319]。すでに都市に莫大な投資をしているならば、見方を少し変えるだけでわれわれの都市生活のイメージも変わるはずである。そしてわれわれは、本当に望むものこそをデザインし、自らの都市を組織していく必要がある。デザインは芸術であると同時に科学であるから、それは空間や建物を魅力的にするのと同時に、都市生活をより効果的にする手助けとなるだろう[320]。たとえばデザインによって古い住居に人々が戻ってくるのであれば、それは社会の分極化を減らすものとなる。われわれがデザインする街路やオープンスペース、公共建築やネイバーフッドも、長期にわたって都市や社会に輪郭を与えるものである[321]。居住のかたちや組織をデザインし直し、今までに蓄積されたストックに新たな価値を与えていくことは可能だろうか？

歴史を通して、美しい都市は人間の創造性を刺激してきた。都市の建築や公園、広場や交通、歴史のあるモニュメント、社会的なネットワークとネイ

バーフッドのつながり。それこそ、現代都市が取り戻すべきものである。なぜならビルバオが示しているように、都市再生には、都市を築いたときのようなビジョンと発明の精神が必要だからであり、革新的なデザインは都市の成功を引き寄せるからである。都市居住をより魅力的に、よりコンパクトに、よりサステナブルにデザインすれば、都市生活者はそこに留まり、さらに新しい才能を引き寄せることもできる。きちんとメンテナンスされれば、優れた建物は自ずと持続するものなのだ。

都市のメンテナンスが効果的に組織されれば、都市はより清潔で安全なものとなる。われわれは建物の管理人や清掃人、守衛や警備、その他の維持管理に関わる人々をあまりに軽視しているが、彼らこそ、都市を適切に機能させる人々である。イギリスは長いことメンテナンスに力を注いでこなかった。そのために、われわれの都市は国際的な都市のランクにおいても非常に低い位置にあった。たとえばドイツの都市が上位40位の中に7つも入っているのに対し、イギリスはロンドンだけがランクインしている有様である[322]。メンテナンスこそが生活を決定するのだ。われわれは既存の都市空間のなかで生きているのだから、再生を成功させるためには生活の場、変化の場、そして衰退した場のすべてを活性化させる必要がある。だからこそ、デザインと組織化の両方が進められなければならないのである（表7.2）。

居住の場の再デザイン、コミュニティ運営の再組織化。それは未来の最適な都市居住への道である。都市は人間の創作物であるから、失敗をすれば、われわれはその結果とともに生きていかなければならない。しかしわれわれは変化や修正を加えることができるのだから、都市居住の効果を高め、地球に対する負荷を最小限に抑える方法をきっと見出せるはずである。アーバン・タスク・フォースの作業で明らかになった、5つの論点をここに挙げておくことにしよう。

最初の論点は、土地が有限であることである。責任をもってそれを取り扱

デザインとは何か？

- 建設のための環境に秩序をあたえる
- デザインの決定に公共を巻き込む
- 街路や公共空間の用途を混合させる
- コンパクトで活気に満ちた街路を強化するため、連続したファサードを作り出す
- 明快に接続し、調和した、形態とパターンを作り出す
- 機能や利用に関して、楽しく実際的な空間を作り出す
- 配置、素材、構造、ボリューム、利用形態、接続形態などに関する問題を解決する
- 流れを作り出すための需要のラインを利用する
- 空間を活かすことを意識した計画を行う
- 既存のフレームに新しい建物を適合させるための技術を発展させる
- 最初から最後までプロジェクトを貫徹させるための技術を適用する
- 物理的変化を引き出すため、科学、芸術、計画を統合させる
- 生活の質を改善するため、物理的な変化を利用する
- ランドスケープや環境、既存の配置を考慮した新しい建物を作り出す
- 社会的要請に呼応できる物理的形式を作る
- 社会的かつ経済的活動を促進させる

どのように組織化するか？

- 物事が活動するように持っていく
- 問題解決
- 新しいことを生み出すためのシステムを作る
- すでにあるものを維持させる
- 実際的な成果を生み出し、目標に向けて働きかけるチームを作る
- 評判のよい基準や成果を見守り、推奨する
- 手作業でのアプローチに優先権を与える—地上レベルの仕事を支援する
- 計画や決定、伝達に関して、消費者、利用者、市民を巻き込む
- 人々が技術を身につけられるようなトレーニングを組織する
- 資金が残るよう保証し、その利用を管理する
- 資金やより広い資源に関して交渉する
- 政治的投資や支援を勝ち取り、その補助を受ける
- 協力者をリンクさせていく
- より広く、戦略的な綱領を作る
- 草の根の活動を促進させる
- 地域の計画に応える
- 小規模の自発的なプロジェクトチームを作り出す
- 地域レベルの問題を、地域によって解決していく

デザインの諸問題

- デザイン技能の低さと、貧弱なデザイン教育
- 社会を秩序づけるための、物理的デザインの限界
- 社会的ネットワークに関する誤解
- 理解を妨げる障壁
- 包括的アプローチの欠如
- 構造や計画の押し付け
- 公共的参加の欠如

マネジメントの諸問題

- 頭でっかちの構造
- 展望のないビジョンと、貧しいリーダーシップ
- 代表者やチーム活動が少なすぎること
- 信頼の欠如
- 官僚的な手続き
- トップによる資本の浪費
- 支援のない構造
- 規則や目標、規定に関する過剰な依存

い、できるだけ再利用することは、すべての人にとって必要なことである。なぜなら土地は生存のために最も必要なものであり、われわれすべてが土地に依存しているからである。未来の世代のために土地を保護し、貧富間で利益を分配することはわれわれの責任である[323]。開発地域の土壌汚染や廃棄物、過剰開発への対策は、なによりも優先されなければならない。遊閑地をどのように再利用し、公共スペースの価値をどのように取り戻し、衰退した建物やネイバーフッドをどのように再生させるか。それがコンパクトな発展と未来の鍵である。

2つ目の論点は、経済と社会の統合である。それによって都市はより魅力的なものとなり、人々はそこに住み、働きたいと思うようになる。そのためには、よい建築が求められる。物理的に荒廃した都市内のコミュニティに関しては、よい住居によって都市内の雇用と居住を結びつけることができるだろう。用途混合や機能混合は、新しいタイプのネイバーフッドによって可能となり、それは社会とのつながりをもたらしてくれるだろう。都市は社会の衰退の中心ではない。都市は、変化によってこそ生きながらえるのである。

◀ 表7.2：デザインと組織化

三番目は、われわれの意志決定に大きく影響を与えている、交通である。車の利用は50年の間に12倍となり、今では代替交通の登場を妨害している。渋滞は、都市の回復を妨げ、同時に経済的な拡張も阻害している[324]。より多くの人々が、より集約的に移動できる新たな交通がデザインされるべきである。それは街路や都市居住をより親しみやすいものとするだろう。高密な公共交通は、社会的かつ経済的な再生を促進させるものなのだ[325]。

4つ目の論点は、都市のガバナンスとリーダーシップである。それこそが都市再生の骨格をつくるものなのだが、せっかくの評価の場である地方選挙に都市居住者はわずか1/4しか出向かない。みなが都市に幻滅しているため、地域に大きな影響を与える議題がないかぎり、都市のネイバーフッドの投票率はさらに低い。その原因の1つは、権力と責任を一極化しようとす

テーマ	問題
土地	土地への尊重の欠如と、サステナブルでない利用のされ方 メンテナンスや新しい建設に関する、消費税の不平等 グリーンフィールドの建設に隠された補助金 ブラウンフィールドの汚染や再生のためのコスト スプロール、低い密度と諦念
経済的、社会的統合	貧困／解雇／失業／技能のギャップ 領域の分極化－異化／秩序の崩壊／反社会的行為 人種的な不利益と集中 破壊主義と環境の破壊 コミュニティの断片化－家族の崩壊と子供の育成の問題 投資と企業のギャップ
交通	車の過剰利用と渋滞 交通事故／大気汚染 徒歩や自転車利用の減少および危険度 鉄道の余剰と投資の減退 自動車によるバスの遅延
都市の自治	政治的リーダーシップの弱さ／公共的参加の弱さ／無力さの感覚 都市的な「プロフェッショナル」の喪失－他者を排除するシステム 主流となる都市的サービスの枯渇－教育、健康、警察、その他 公園やオープンスペースの軽視 公共領域、都市的環境、破壊主義、治安の軽視
環境	開発に関する、計測不可能な影響と見えないコスト 浪費と廃棄によりリサイクルが適切になされていないこと 非効率的かつ過剰に使われているエネルギー－大気汚染／土壌汚染／水質汚染 排気ガスによる温室効果と、世界的な温暖化 緑、樹木、土地の喪失

▲ 表7.3：鍵となる5つのテーマ

る中央政府の失敗によるものである[326]。われわれは国家のような巨大なシステムに働きかけることに絶望しており、むしろ都市の再生を実行しえるビジョンを持ったリーダーこそを求めているのだ。われわれは、自分たちが直接かかわり、何かをなしえるときにだけ、物事を変える力を感じることができる。成功は、巨大な絵のような問題全体の、それぞれの部分を1つ1つ解決して成し遂げられる。良いガバナンスは、それゆえ地に足のついた社会参加と、それを全体のビジョンに統合する仕組みによって行われるのだ[327]。

最後の論点は、環境的な圧力に関するものである。郊外の後背地の急激な都市化とスプロールにより、土地の保全とヒューマニティの促進の間にあった関係性はなくなってしまった。その圧力は急激に高まっており、現代の都市生活による環境的なダメージは、伝統的な居住地とは比較にならない。われわれの都市生活においては、消費はより多く、再利用はより少なくなっている。これまでと同じやりかたを続けるならば、安全な土地はなくなり、空気や水、土地の汚染がわれわれの進歩の前に立ちはだかるだろう。遅きに失する前に、われわれは立ち止まってみるべきではないだろうか。

アーバン・タスク・フォースは、実行が必要な100の問題への勧告をこれらの5つのテーマにまとめている[328]。表7.3は、5つのテーマとそれぞれに必要な行動について説明したものである。第7章の以降のページでは、都市の再生と5つのテーマの関わりを詳しく見ていきたい。

都市の土地の再利用

規制を超えることなく土地を管理すること、環境へのダメージを制限しながら経済的な成長を可能にすること、革新を抑圧することなく、発展を集約させていくこと。その達成には、中央政府と地方政府の注意深い判断と実践が必要である。人間やアクティビティの多様さを保証するには、都市に十分な大きさが必要であり、それがなければ経済的な成長は望めない。しか

し、都市の成長と郊外のスプロールには、それぞれ限界がある。世界中の発展途上国で起こっているように、とめどのない都市の成長を許容するのか。それともアメリカやヨーロッパで起こっているように、都市の縮小とスプロール化を同時に出現させてしまうのか。近接するネイバーフッドを連結させることによって作り出された村や街、そしてコンパクトシティは、人間とその活動を豊かに混合し、場所のアイデンティティをもたらしてくれる。そもそもコンパクトシティは、限られた土地や交通、そして外部への防御を出自とするものだった。そして今、土地は非常に拘束されている。少なくともイギリスや多くのヨーロッパの国ではそうである。だから、コンパクトシティの概念が再び求められるようになってきているのである。

世界中の大都市のほとんどは、その成長の歩みを止めつつある[329]。いくつかのメガシティが存在するものの、もはやその成長は収拾不能であることが明らかになってきたのだ[330]。むしろ現在、急速な成長を見せるのは小さな都市や街である。この100年のイギリスにおいても見られたように、小さな都市や街は、成長を吸収するにも、都市を運営するにも十分な適性を持っているのである。これらの小都市は、開発や投資を引きつける。なぜなら人々は、より小さく、より操作可能な場所の方が魅力的であることを知っているからである。それゆえに、スプロールと都市の拡散を抑止しようとするのであれば、より高密度で小さな都市による再生という道が開けてくる。住み手のいない建物や、利用可能な空き地の多くは小都市に存在しており、小都市においてこそ人々は最も魅力的な生活を営むことができる。第6章で見てきたように、広大な都市ばかりでなく、小さな都市を囲むグリーンベルトの設置も、スプロールを抑制する上で意味を持っている。

ストックポートとアルトリンカムがマンチェスターに、そしてクロイドンがロンドンに飲み込まれたように、都市の拡張は小さなコミュニティをいくつも吸収してしまう。ハンプシャー州やエセックス州、ドーセット州などでは、低密度の開発が途切れることなく続いているが、もっと想像力のある政策が可能であろ

う。優れたデザインを持ち、コンパクトであり、統合的であり、用途が混合された21世紀の都市。公共交通ネットワークや、既存の高密度の都市基盤を利用すれば、その効率は高まっていくはずである[331]。ミルトン・キーンズ、アッシュフォード、クローリー、スタンステッドなど、成長の核となっている都市も、この方向性によるならば都市域の内部だけで発展することが可能である。ヘメル・ヘムステッドのニュータウンはその成功例であり、さまざまなかたちの土地所有、さまざまな所得層、注意深いデザインと配置論、都市空間の細やかな活性化と既存の建物のコンバージョンが試みられている。その結果、ヘメル・ヘムステッドは計画的な成長の1つのモデルとなったのだ。

地域に帰属していると皆が感じられるように、新しい考え方に皆が慣れていくように、大きく広いコミュニティの連帯を強調する一方で、「小さいことは美しい」という共通認識を育てていく必要がある。クリティバやバルセロナ、ロンドンではそのようなことが行われており、たとえばロンドンは32の小さな特別区という単位から構成されている。ロンドンの有名な都市計画家、アーバークロンビーは大都市の内外にあるネイバーフッドを「アーバン・ビレッジ」と発想し、それは多くの人々にアピールするイメージとなった[332]。しかし大きな都市、複雑な都市においてはネイバーフッドという概念はあてはまりにくく、単に人々が住んでいるところとイメージされがちである。都市の匿名性、喧噪、そしてその巨大さが、それを掻き消してしまうのだ。

ネイバーフッドの再生が都市再生にとって本質的に必要だと考えてみると、大規模で複雑な都市システムを、小規模で操作可能な地域へと分割して捉える視点が生じてくる。小さな特別区であれば、帰属の意識も持ちやすく、安心感も居心地も高いものとなる。それをたとえばタマネギを使ってあらわしてみると、固い芯の部分がわれわれの住居であり、街路であり、ネイバーフッドである。それを取り巻く層は、地域の商店であり、バス、学校、病院などである。そして広大な表面がネイバーフッドの境界であり、そこを横断してわれわれは仕事や遊び、知人や親戚のもとに出かけるのである[333]。

ここ30年、ロンドン市内のネイバーフッドの価値は高まりつつあり、それは住宅価格の上昇にあらわれている。リノベーション、街路樹の整備、街路の活性化、公共交通の改善、市民サービスの向上、商店街とペデストリアン・ゾーンの優先。これらすべてが、ネイバーフッドの再生を担っている。若者やフットワークの軽い新しい世帯に訴える新たな都市居住のイメージが少しずつ組み立てられていったおかげで、多くの居住区が80年も続いた人口の減少が増加へと転じつつある[334]。つまり明らかになっているのは、都市内のネイバーフッドは再利用され、再価値化され、再度人口を増やすことができる、ということである。首都であるロンドンは特別な利点を持つとしても、長きにわたる人口減少、失業、貧困や物理的荒廃という問題点はすべての都市に共通のものであるから、ロンドンの例は大きな示唆となるだろう。

1972年、ロンドンのバーンズベリーの低所得者地区の住民は、ジョージア朝時代の建物の解体という事態に直面した[335]。彼らが建物のリノベーションを対案として出したことがきっかけとなり、イズリントン地区はネイバーフッドの社会的混合と再生という成果を得ることとなる。当時はマーガレット・ホッジが住宅供給を統括しており、イズリントンの議会も都市再生へ目を向けつつあった。彼らはスラムクリアランスと大規模住宅供給を止め、行き場所のなかった人々にリノベーションされた建物を提供し、住民のパートナーシップの育成と、ロンドンでも最大規模の都市再生プログラムを実行したのである。1974年の住宅供給実行法がそれであり、議会運営に市民が参加することによって、イズリントンの再生が可能となった。そして皆が親しんできた伝統的な街路のパターンも再評価され、大切にされはじめたのである。

再生のバリエーションの1つに、汚染された土地の再生というものがある。グリニッジ半島のミレニアム・ドームやラルフ・アースキンによるミレニアム・ビレッジの計画は、都心に近接する「ひどい土地」の対策の代価と、複雑さと、緊急性を示している。テムズ・ゲートウェイ・プロジェクトは、こうした土地の再生という考えに基づいており、サステナブルな都市の密度を高め

ることによって、ロンドン東部の人口を増加させるべく計画されている。新たな交通は計画の鍵となり、ブラウンフィールドの住宅地としての再利用は都市の負荷を軽減していくだろう[336]。フィレンツェでも同様のアプローチがあり、歴史的地域と空港のあいだのブラウンフィールドが、人口2万人の新しいネイバーフッドとして計画されている。ここでは緑地が公園として保存され、新しい住居と雇用、そして余暇が一体のものとなるだろう。

アフォーダブル（入手可能）な住居

経済の発展は、価格上昇、過当競争、社会の分極化をもたらすと考えられている。しかしコミュニティと住民を守りつつ、新たな住民の誘致や経済活動を促進させる方法も存在する。ニューヨーク市議会はアメリカ最大の地主であり、市営住宅局は15万戸もの住宅を運営している。深刻な土地不足と貧困を抱えるニューヨークは、市場の65％を占める私営の賃貸住宅と、公共の非利益住宅が連繋し、低所得労働者の生活を支えている[337]。

都市部においても、田園部においても、安価な住宅を守るための戦略が必要である。その場合、既存の住宅を建て替えるよりも、リノベーションによって維持し、改善する方法の方が重要である。たとえば古いジョージアン・テラスには2、3世帯が高密に住むことができる。小さなビクトリアン・テラスは壁を取り払って広く住むことができる。人気のない公営住宅もセキュリティを高め、環境を改善し、通りからアクセスできるようにすれば、良いリノベーションが可能なのである[338]。

公営住宅が物理的な理由で取り壊されることはほとんどない。たとえば東ロンドンのハックニー地区にはウッドベリー・ダウンという街区があり、そこには築70年ほどのバルコニー型の高密な集合住宅がある。典型的な街区ともいえるウッドベリー・ダウンには可能性があり、立地もよく、構造的にもしっかりしているから、市がこれらを守ろうとすれば、すぐにでもアフォーダブルな

フィレンツェ：新しい、コンパクトで、サステナブルなネイバーフッド。歴史的都市の西地区、既成市街地に位置する人口2万人のためのネイバーフッド

▼ 環境呼応型のデザインにより、エネルギーを節約して風や太陽、水を利用する
Richard Rogers Partnership

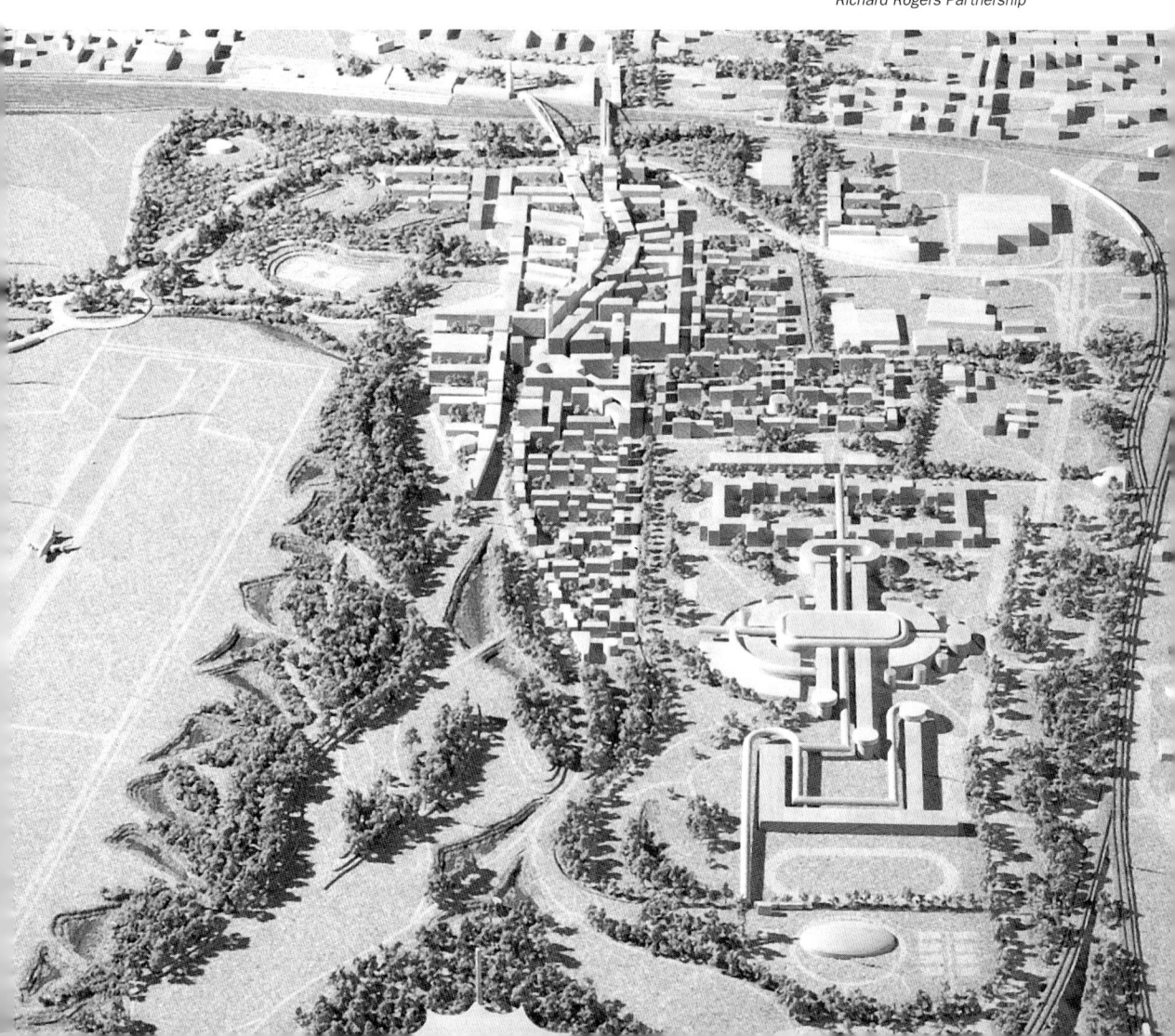

▼ 混合したコミュニティ：中央の歩行者専用道路は公共の建物と公共輸送機関に連結している
Richard Rogers Partnership

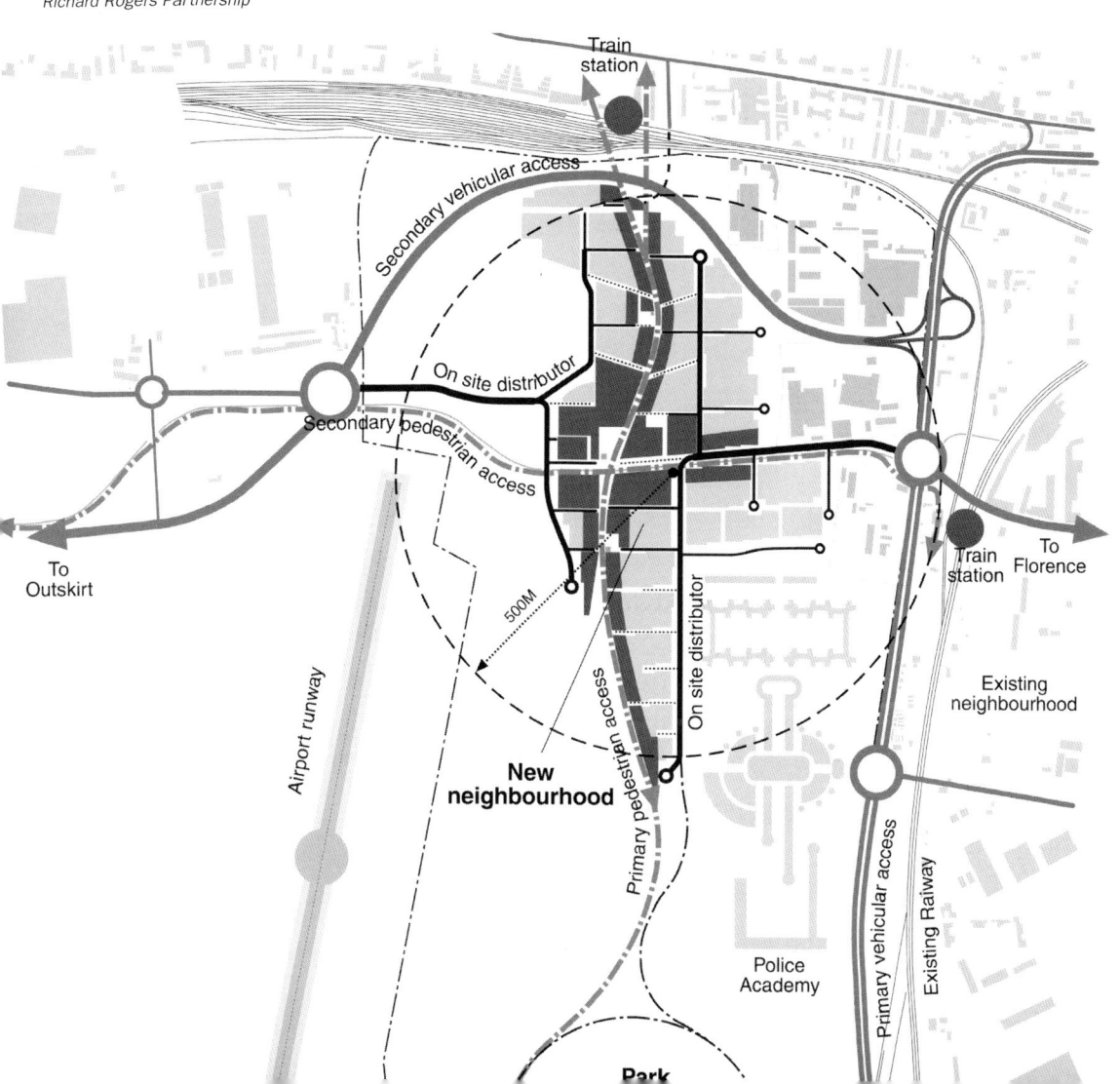

平均値に較べて9倍の密度となっている。建築は、厳しいエネルギーと環境の設計基準のもと、都市的で現代的なデザインが意識されている。住戸の玄関にはそれぞれ木と金属でできた階段とブリッジがあり、建物の間の中庭は石で舗装され、ガラス屋根が架かり、住民の交流の場となっている。住戸はそれぞれ快適であり、設備も整い、広いベッドルームと外部バルコニーがついている。スタイルとしては初期の産業時代を模した懐古的なものだが、現代的で都市的な生活を求める若いカップルや単身者には非常に魅力的である。都心居住を望み、住宅を買うよりは借りたいと考え、週に107ポンドの家賃を払うつもりがあれば、この集合住宅は「アフォーダブル」である。結果として、オープン前にプロジェクトは満室となり、リーズでも同様の試みがなされることになった。プロジェクトは銀行からの借入金によってなされたが、そのリターンは非常に高いものだったため、今では投資家の支持も高くなっている。市場調査では、古い建物のリノベーションが好まれるということは分かっていた。しかしCASPARプロジェクトは、それに現代的な魅力を加え、都心居住のスタイルと、中心市街地を望む眺望を持っている。バーミンガムでは土壌の再生計画が多くあり、古い運河は散歩道と自転車道が設けられ、古い橋はリノベーションされている。こうしたことが一体となって、都市に落ち着きと場所性が生まれはじめている。

グラスゴーでは、さらに冒険的なアフォーダブル住宅の実験が行われている。グラスゴーにはコーポラティブ住宅とコミュニティ住宅のための組織が60もあり、スラムクリアランスと都心の集合住宅の再生を両立させるスコットランド的な開発手法が生み出されている。それは20ほどのコーポラティブ住宅により公営住宅を小さなコミュニティに作り替えるというものであり、スコティッシュ・ホームズ社によって都心の真ん中に、スコットランド風のアフォーダブル住宅が実験的に建てられている。

ホームズ・フォー・フューチャーのプロジェクトは、クライド川沿いのグラスゴー・グリーンの端にある。100戸ほどの新しい住宅が、放置されていた三

▶ グラスゴー：「未来のための住宅」（ホームズ・フォー・フューチャー）へと人々を呼び戻す
（設計：ウシダ＆フィンドレイ、エルダー＆キャノン、リック・マザー、シティ・オブ・アーキテクチュア 1999）
David Churchill

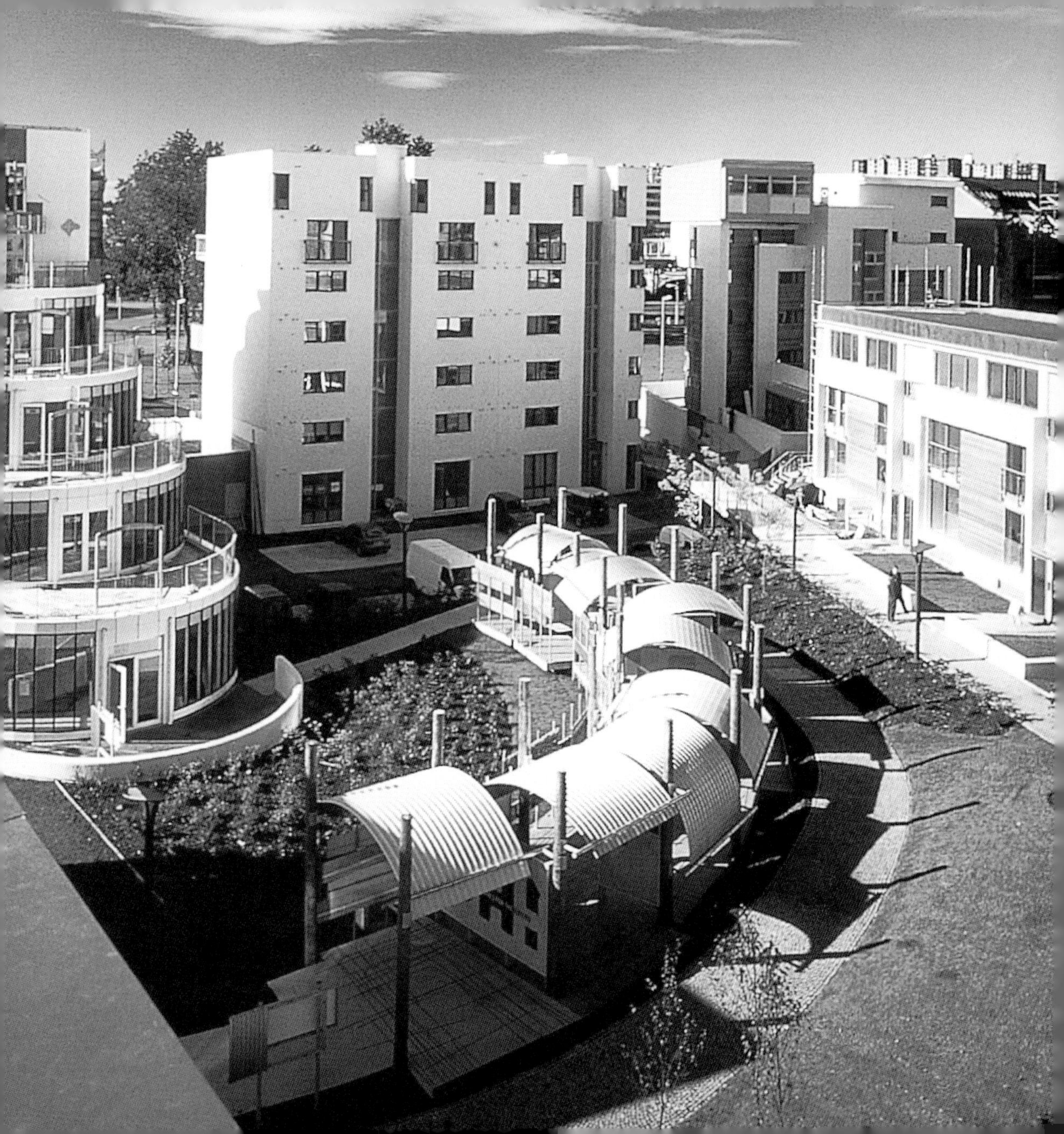

角形の土地に供給され、賃貸と分譲の両方の所有形態などにより、社会的混合も試みられている[344]。敷地は都心から歩いて10分ほどのところにあり、主にフラット型を中心とした集合住宅が、わずか8ヶ月で建設された。これらは希望価格を大きく超える値段ですぐに完売し、それまで最も貧しく、最も衰退していたネイバーフッドが、都市で働く人々により魅力あふれるものへと変貌したのである。建物は超近代的で光と明るさにあふれており、多くの都市再生プロジェクトに見られた「ネオ・ジョージアン」のテラスハウスや「ネオ・モダン」な住宅からの脱皮が試みられている。中にはこれを、「まとまりがなく、形態的な秩序を欠いている」と批判する人もいた。木製パネルを使った集合住宅、低層のテラスハウス、そして半円形に街路を囲むバルコニー型住宅も、「まるで建築動物園の中で競い合う種族のように」目を引くものだと言われたりした。しかしバーミンガムのCASPARプロジェクトと同じように、ホームズ・フォー・フューチャーは都市生活の常識に挑戦しようとしているのであり、熱気のある新しい市場を開拓しようとしているのである。

住宅の供給量を上げるためには、慣習にとらわれない発想を生かすべきである。たとえば無駄な事務所や倉庫、使われていなかったり、建物の2、3階にある店舗の住宅への転用が考えられる。または、寂れた公営住宅や空き家を改修しようとする「アーバン・パイオニア」を、資金補助や、住み込み制度などによって支援する方法もある。もしくは単にスーパーマーケットや駐車場の上階に住宅を設置することも、ドイツ人が行っているように、スペースの余った住宅に賃貸住宅を設けることを奨励する方法もある[345]。いずれの場合でも、アフォーダブルな住宅の供給は保証されるべきであり、ディベロッパーがアフォーダブルな住宅を買い占めないよう規制することが重要である。サステナブルな手法を取るならば、われわれは人気のある地域の人口密度を3倍まで上げることができ、1ヘクタールあたり25戸の住宅密度を75戸にまですることができる。その場合、駐車場の設置は最小限に抑えられるべきである。住宅に2台分の駐車スペースがつくられ、結局空いた状態になっていることがあるが、それは空間の無駄であろう。

われわれは、住宅のストックのなかに、すぐ住むことができるのに利用されていないアフォーダブルな住宅があることを認識しておくべきである[346]。住宅産業は、コミュニティの豊かさを守るためにも、既存の建物の売買と維持という原点を思い出すべきなのだ[347]。また、われわれは各戸独立型のアパートではなく、より細かな単身者用の住居という選択肢を探すべきである。彼らにはルーム・シェアという選択があるべきだし、より簡単にパートナーシップが持てるような環境が必要である。たとえば大学の学生ホールのような共有空間が住居にも必要なのだ。なぜなら交流が必要なのは大学生だけではなく、修業中や、仕事をはじめたばかりの若者にも、交流する環境が必要だからである。部屋をつなぎ、働いたり食事をしたりする場所をつなぐ民間寮＝ホワイエのような場所をつくっていくべきではないだろうか[348]。

アフォーダブルな住宅には、自立して生活することができない人々に対する特別なサポートと、人生の転機で自分に合った住居を見つけることができない人々へのサポート、という2つの側面がある。ロンドン計画顧問委員会は、新たな計画指針を採用するならば、グレーターロンドンの住宅供給を試算よりも20万世帯も増やすことができると述べている。われわれの柔軟性が、今、試されているのだ[349]。

郊外

郊外は、多くの人々が暮らしている場所であり、多くの家族が住みたいと思っている場所である。郊外は都市住居の半分を供給しており、その面積はおそらく都市の2/3を占めている。しかし郊外の価値はまだ十分に認識されておらず、再評価が必要である[350]。なぜなら郊外は、都心とは全く異なるスケールの可能性を持っているからだ。

郊外は基本的に人気があり、住居の低密さによる広々とした空間がある。広い庭や道路、単純で形式化され、拡張に適した街路パターンにより、高

郊外の利点	郊外の問題点
・なじみのある住居形態	・貧弱なエネルギー利用―自動車に対する過剰な依存
・中流家族にも手の届く価格	・貧弱な土地利用―けちけちした空間の使用
・供給量の多さ	・貧弱な配置―舗装道路の過剰な拡張
・広大な空間	・古い郊外の衰退
・弾力性のある、長持ちする形式	・制限された施設
・維持管理の容易さ	・制限された様式と活動範囲
・均質な人口	・街路と中心部間のつながりが少ないこと
・輸送機関の連携-改善の可能性	・退屈で単一な形式
・安心で安全な雰囲気	・通勤者のための共同宿舎
・広々とした庭	・急激に衰退する、低所得者層の郊外の不動産
・住宅購買者のための、安心な投資	・適合のむずかしさ
・子供や地域の人のための空間	・用途混合がほとんどなされていないこと
・新しい住宅や仕事のための可能性	・道路のための空間が大きすぎること

▲ 表7.4:郊外の資産、責任、そして可能性
出典:Llewellyn Davies (2000)
Gwillam,M et al (1998)

密な都心から拡張した場所である。古い郊外は都市にうまく統合されていることもあるが、まだ新しい郊外は、しばしば人が少なすぎたり、車が多すぎたりする。郊外が居心地のよい場所となり、よい公共交通や商店を備え、多様なアクティビティがあれば、そこはきわめて魅力的な場所となるだろう。郊外は増加する核家族という今までの発想に基づいて作られているが、新しいタイプの世帯も同じように受け入れるならば、より多くの人々が郊外に魅了されることになるだろう。そして、今までと同じ人口を維持する一方で、投資を再び引き出し、小規模の世帯も惹きつけるようになるだろう。郊外の再生は、都市居住の可能性を広げる上で、重要なものである[351]。

郊外には、使われていない区画や建物、増築のための用地などがある。これを活用し、運営し、多様化と高密度化をはかり、郊外にネイバーフッドの中心をつくりだし、都市のパターンへの統合をはかる。それは街や都市の再生戦略の一部となるだろう。その可能性について表7.4にまとめてある。

郊外は変わることができるだろうか？　その可能性は未開拓の部分が大きい。たとえば、駐車場の上部、余ったスペース、庇の下などに部屋や集合住宅を付加することも可能なはずである。だとすれば、ハートフォードシャーの州議会が行っているように、そうした増築を住宅分譲のオプションとしておくこともできるはずである[352]。ショッピングモールも住居と一体的にデザインすることができる。人口密度を上げれば、バス・サービスの質も向上するし、アクティビティを集約させれば、生き生きとした中心地を生み出すこともできる。議会主導で、市民サービスやレジャーを備えた地域センターを設けることもできるし、それと選挙区を関連させれば、市民社会の一体感を強めることもできる。ボランティアによる地域の発展への貢献も忘れてはならない。また、都市の外の公営住宅も、大規模な社会的混合の場とすることができるし、住宅購入者が中心となっている郊外社会をもっと統合させる可能性も持っている。住宅の購入は郊外の発展を支えてきたが、今後は非営利企業やボランティアが、混合と発展を促進させるだろう。そして郊外の

▲ 郊外は土地が不足している—ここに、さらに部屋を持つべきだろうか？
Martin Bond/Environmental Images

デザインも、住居の増加や空間利用の改善というテーマのなかで、より魅力的な街路パターンを創り出していくだろう。

郊外も都市の一部である。その人気を維持するためには、緑地や開放的な雰囲気を守りつつ、都市的な質を向上させることが必要である。クリティバの革新性は、遠く離れた郊外と都心を、交通によって連結するというアイデアによりもたらされた。われわれは、大学のような学ぶためのコミュニティや、音楽やスポーツクラブのような趣味のためのコミュニティを必要としている。幅広いコミュニティとの触れあいが大事だからこそ、車ではなく、別の方法で郊外と都心を結ぶことが重要になる。高密度に住むことの可能性はここにあり、それゆえわれわれは都心のコミュニティの再評価と、既存の郊外との可能性に注目しつつある。増えていく世帯に住宅を供給するためにも、既存の市街地の活性化をはかり、コンパクトで手をかけたものとするべきである。なぜなら、われわれが開発してきた土地には、まだ莫大な可能性が眠っているからである。

経済的統合と社会的統合

新しい職種と技術革命

何が都市経済を繁栄させ、衰退させるのか。都市は21世紀をどのように生き延びていくのか。これらの疑問に対して、さまざまな意見が出されている。たとえば、ニューキャッスル、マンチェスター、グラスゴー、バーミンガムでは人が住んでいないネイバーフッドの取り壊しが検討される一方で、衰退した中心市街に、芝生や樹木などの新しい緑地環境を作ることが提案されている。しかし中心市街を緑地化しても、それはコミュニティの貧困を救うものではなく、グリーンフィールドに与えたダメージを改善するものでしかないはずである。また、テレワーキングとホームワーキング、自由時間と移動時間、そして老後の時間が増えつつあり、それによって都市の重要性は低くなると

主張する人々がいる。しかし都市が情報通信システムに取って代わられるものでないということは明白である。ハイテク産業は、その巨大さと変革の早さゆえに、近接性に重度に依存している。郊外での雇用は、都市内部の雇用回復に比べて遥かに速く進んでいるが、ここイギリスとアメリカにおいては都心こそが重要であることがさまざまな証拠から分かっている[353]。大学などの研究機関の集中、新しい経済を支える行政、市民サービスや文化的活動によって、都市はますます重要になるだろう[354]。

新しい雇用の多くがIT革命に依存しており、それは5年前までは技術不足として見捨てられていた都会の若年層を労働力として発掘しつつある。貧しいが、能力を持っている若者たちは、今やコンピューターを覚えようと殺到している[355]。彼らは情熱と都会的なセンス、コンピューター技術によって、より新しく、より小さく、より柔軟性のあるサービスビジネスには欠かせない存在となっている。われわれが目撃しているのは、サービスと情報技術の両方を巻き込んだ都市の新たな労働革命であり、それは主に大学都市の周辺で形成されつつある。マンチェスターにもバイオテクノロジー産業が育ちつつあり、都市南部の開発はそれによって後押しされている。

先端的企業は、都市の内部に新しいサービスを生みつつある。彼らは新たな都市環境に刺激を受けて、魅力的で広々としたオフィス、店舗、スタジオを求めて都市にやってくる。知識集約型のテクノロジーに必要なのは、高密な情報の交換であるから、その繁栄には都市の密度の高さは欠かせない。人材の不足があれば、車や定期チケットなどを与えて都市の外部から積極的に人を集めようとする。だから都市での雇用創造は、ネイバーフッドの再生に大きな影響を持っているのだ。しかし、ネイバーフッドの再生によって雇用を集めるという逆の発想も、また可能である。イズリントンのアッパーストリートとエンジェル地区では、新しい居住者が新しいサービスを創造した。80年代の荒廃からの再生は、彼らによってなされたのである。

雇用の拡大は期待以上のスピードで起きている。5年から10年前までは人影もなかったロンドンのストリートも、新しい企業を迎えて大躍進を見せている。ホクストンやスピタルフィールドなどの衰退が激しかった地域にも、ロフト、倉庫、テラスハウスのコンバージョンとリノベーションが流行し、新しい住民が新しい雇用と連動して現れたのである。グラスゴーで同様のことが起きたのも心強い事実である。最初の水準は低かったのだが、グラスゴーでは他の都市以上のスピードでサービス業が成長している。

マンチェスターの中心から1マイル南に位置するヒューム地区は、都市再生の潮流を劇的に示すものである。ヒュームの不動産価格は、1997年から1999年の2年間で50倍に上昇した[356]。スーパーマーケットチェーンのアスダはこの地域に店舗を開店したときに、新しい仕事のために地域の人々を訓練し、新しい信頼関係を創造した。民間の寮であるホワイエも、社会訓練と雇用とを結びつけるべくオープンした。ヒュームに隣接する地域にも再生は飛び火して、地域全体の再生がはじまろうとしている。

新しい雇用の多くはパートタイムなどフレキシブルな労働形態を持っており、新しい技術、高い個性を必要としている。こうした要求に応えられるのは女性のようであるが、若い男性も雇用の担い手として増加しつつある[357]。ハイテク産業や新しいサービス業に適合しない都市労働者たちも、雇用を飲食業にも、交通にも、セキュリティ分野などにも見つけることができる。イギリスは、これらの対面サービスがいかに重要なものであるかを認識していない。グラスゴーが制服をきたストリート・ガイドを用意しているように、公共空間の乱用や反社会的な行動を防ぐために、マニュアル通りの交流ではなく、配慮やユーモアのあるコミュニケーションがますます必要になっている。都市環境の良さを最大限に発揮させようとするのであれば、公共空間に安全をもたらすストリート・ワーカーと対面サービスが必要となるだろう。

ほかにも新たな兆候がある。企画・開発とそのマネジメントに対しては、短

期的な需要が都市にはある。物理的な再生と新しい企業の誕生を組み合わせるには、アメリカでシンボリック・アナリストと呼ばれる職能の人々が必要だろう。彼らによって情報が編集され、富が生まれていくのである。

ネイバーフッドの社会的再生

豊かな人々を惹きつけるために都市の居住環境とアメニティを創造することこそ、最も重要な挑戦である。企業家たちが働きたいと思うようなライフスタイル、そして魅力的な空間がなければならない。マンチェスターにはその問題と可能性の両方が示されている。美しく保存された中心市街は周辺のネイバーフッドを再生するための磁力であり、リングウェイ国際空港がある都市南部の再生も動き出している。郊外には公営住宅のモデルであったワイゼンショウの団地があるが、マンチェスターの産業基盤が崩壊しはじめた1980年代、団地は人口と人気を急速に失った。しかし地元企業と住民たちが7000戸ものリノベーションを行い、再生が都市の中心から郊外へと広がるにつれ、ワイゼンショウの居住環境は急速に回復した。2000年3月、政府は団地の回復をより効果的にするために、ワイゼンショウからリングウェイ空港へ高速交通システムを延長することを決定している[358]。

成長の兆しがある中心市街と、いまだ衰退を続ける地域の再生を結びつけなければならない。門戸は広く開かれているが、企業に勤める人々、環境に関心がある人々、新しい考えを持った人々を惹きつけるには未だ十分ではない。ワイゼンショウが示すように、衰退した地域の住民も変化の一翼を担うことができる。彼らは産業や雇用形態の変化から取り残されており、仕事を得ようにも技術的に不十分と見なされている。彼らは新しい動きは絶望しているが、地域に対する忠誠心からコミュニティの衰退に抵抗している。彼らこそ、都市の資産である。教師や医者、店主と同じように、地域の人々も鍵となる働き手であり、コミュニティを活性化するための細かなサービスの担い手である。彼らには未来がある。彼らこそ、われわれの財産を作り、都市を

再建する人々なのだ。

ネイバーフッドの運営

この変化のなかで期待されているのがネイバーフッドの運営法である。アーバン・タスク・フォースの報告書も、社会排除防止局の戦略書も、同様の考え方によって新しいタイプの雇用と社会・経済を結びつけようとしている[359]。たとえば街路に監視員を配置し、コミュニティを連携させ、修繕とメンテナンスの責任担当を決めていく。そうした方法によってネイバーフッドを再生し、無秩序さを阻止していくのだ。

ネイバーフッドの運営論は、居住街区と同様に都市の中心部に対しても適用可能である。コベントリーは運営会社を設立し、犯罪とバンダリズムの増加を抑止しようと考えた先駆的な都市である。ショッピングセンターの売り上げが減少するほど中心市街が荒廃しており、議会とショッピングセンターの資金によって、セキュリティ、清掃、駐車場のスタッフが雇われたのである。それによって荒廃と犯罪は姿を消し、店舗は忙しさを増し、人々は都市の中心へと戻ってきた。そしてこの時設立されたタウン・センター・マネージメント社も、やがて国中で模倣されることとなったのである[360]。表7.5は7つの実験事例において、ネイバーフッドの経営がどのように機能しているのかを示すものである。

街路やネイバーフッドを機能させる仕事においては、規模の拡大は合理化をもたらさない。フロントラインの人々が手間をかけて行うサービスと、集約が可能なコールセンターや中央管理システムとは基本的に違うのである。表7.6は欠かすことのできない地域サービスの例である。これらのサービスの効果を上げるためにも、地域の調整と実践的なコントロールが必要である。1000戸の家庭あたり350の仕事が発生すると計算されている[361]。

▶ **表7.5：近隣マネージメントのための本質的構成要素**
出典：Popular HARCA
Broadwater Farm Estate
Waltham Forest Community Based Housing Association
Coventry Town Center Company
Monsall Estate, Manchester
Bloomsbury Tenant Management Organisation
Clapton Community Housing Trust
1999

ネイバーフッドの経営はどのように機能するのか

ネイバーフッドのマネージャー
・高い地位
・予算
・ネイバーフッドの状況のコントロール
・市民サービスとの協働
・地域との連絡
・現場における責任

ネイバーフッドのオフィス
・組織的な基盤
・主要なサービスの浸透
・地域や外部の情報とアクセスポイント

ネイバーフッドのチーム
・特定の地方領域への献身
・セキュリティの優先処理
・基本的条件への取り組み
・コミュニティの支援と投資の整備
・基本的市民サービスを行う地方職員の組織
・本質的かつ多様なつながりの提供
・街路におけるプレゼンス

ネイバーフッドの運営は何を提供できるか

主要なサービス
・住宅地の運営(公共地からの借り上げ)
・メンテナンス、街路の保全
・特別看護と環境サービス
・警備とコンシェルジェ・サービス
・迷惑行為の防止

他の市民サービスとの協働
・警察
・健康
・教育
・社会訓練と雇用の結びつけ
・コミュニティ施設

共同体のプレゼンテーション
・地域での合意事項
・コミュニティの会議
・実行可能なモデル形成
ーコミュニティを基盤とした住宅供給組合
ー地方の住宅供給会社
ー賃貸経営組織
ーコミュニティの信託システム
ー中心街区の運営会社

小売り店舗の経営
・セキュリティ
・環境
・保険
・顧客への連絡
・公共交通へのリンク

地域組織による主要なサービス

・公共福祉サービス
　学校／より高度で進んだ教育
　警察
　市民サービス
　高齢者／地域介護／精神衛生
　警備サービス
　児童保護／託児所／ファミリーセンター
　健康
　社会的保証／収入支援
　職業センター／雇用

・住宅供給
　家賃と投資と住宅供給の利益
　アクセス、配置、アドバイス、ホームレス問題
　修復とメンテナンス
　貸家の情報
　住宅環境のボトムアップ

・環境
　街路清掃
　廃物収集
　迷惑行為の防止
　公共空間の修理と維持
　公園、運動場と植栽

・特別な義務
　犯罪の阻止
　協働
　ビジネスの連絡
　地域の一般福祉
　地方への関心の促進
　近隣地域／共同体／青年世代
　開発
　訓練

・セキュリティ
　直接警察の役割
　警備／執事／特別看護
　プライベート／セキュリティ契約

・余暇とアメニティ
　図書館
　青年へのサービス
　スポーツ施設
　コミュニティセンター

地方に焦点をあてた国家プログラム

・再生プログラム＝単一の再生予算
・区域のイニシアチブ
・追加資金＝国の宝くじ
・対象エリアのイニシアチブ

現在、4000にもおよぶ都市のネイバーフッドを救うため、政府、地方議会、そして住民がさまざまなかたちの運営方法を開発している。それは都市の内部の問題のためにつくられたものではあるが、あらゆる規模と形態のコミュニティにも適用可能だろう[362]。村も、孤立した居住地も、すべてのコミュニティには運営の主体となる核が必要である。2000年4月に施行された「ネイバーフッド再生のためのイギリスの国家戦略」は、経済発展、コミュニティの育成、メインストリーム・サービス、地方のリーダーシップなど、貧しいネイバーフッドを機能させる方法論を集めたすばらしい試みである。雇用と居住を核とした公共サービスの強調は、都市のネイバーフッドに対するわれわれの見解と一致する。最大の挑戦は都市のコミュニティを混合することである。人種的マイノリティは冒険的な役割を担っている。社会の活力は彼ら抜きではありえないであろう。

しかし、この国家戦略には物理的環境の向上に関する提案が欠けている。本書の2、3章で示されたように、都市環境が人々の行動と態度に影響を与えることについてはなかなか言及されないのだ。物理的な再生に対するアーバン・タスク・フォースの提案と、ネイバーフッド再生のための国家戦略の600項目に及ぶ協議項目は一体化されるべきだろう。5つのテーマのうち第2のテーマである社会と経済の一体化は、いわば都市の原理である。そして都市はわれわれの活動を物理的に支える環境でもある。人々と雇用を都市に留めようとするならば、物理的・社会的環境を維持しなければならない。

◀ 表7.6：ネイバーフッド・サービスの内容と、地方から国家を横断する課題

交通革命

人の移動より早く、多くの情報が、有線・無線の情報技術によって運ばれる。しかし、新たな知識集約型のビジネスの世界で都市が雇用を集めていくためには、車に対する依存をやめ、よりよい公共交通と親しみのある都市環境を整えていくことが必要である。ビジネスにおいては、交通の便とサー

ビスの良い場所こそが好まれる。クリーンでハイテクな企業の存在、1人1人に行き届くサービスの整備と自動車交通の少なさ、そして公共交通の質などが、都市を選ぶ際の大事な要素となるだろう。

既存市街地の再生においては、都市内、そしてネイバーフッド間において新たな交通を提供することが重要である。最も明快なのは歩行者、自転車、そしてバスに焦点を当てることだろう。まず、店舗や学校、病院やバスの停留所まで、ネイバーフッドの中央まで歩いていけるかが基本となる。そしてネイバーフッドから、安く、快適に、仕事場や夕刻のエンターテイメントまで移動できることが鍵になってくる。自動車が不便で高価なものなら、人々は公共交通に頼ることになるだろう。そのためにも、洗練されたデザインとエンジニアリングを備えた新交通によって都市を活気づけるべきである。たとえばクリティバ市は、バスをスムーズで速く、低燃費にするために、地球中を探しまわって軽い車体を見つけたのである[363]。

われわれには、駐車場を制限し、公共交通に予算を与え、自動車への依存を減らしていくという選択肢がある。これは都市環境と都市経済の双方が利益を得るものであり、変化も分かりやすく、市民のサポートも得やすいものである。ストラスブールは、12kmにおよぶトラム路線と歩行者、自転車、バスへの路線沿いの優先権により、都市のイメージを一新した[364]。トラムだけでなく運河にも船を走らせ、それは市民に愛されるものとなっている。当時のストラスブール市長カトリーヌ・トローマンは、都市は車によって占領されるものではなく、人間のためのものなのだと考え、市民の熱意を呼び起こした。ストラスブール、コペンハーゲン、クリティバといった都市は、バス、トラム、自転車やペデストリアン・ゾーンを選択し、中心街での自動車の軽減と、都市全体の交通システムの改革を行ったのである。

交通は都市全体に巡らされなければならない。しかし、それが無駄にあっても良いことではない。大事なのは、交通が組織化されていること、大部分の

街路が解放されていること、スピードが制御されていることである。公共交通を魅力的なものとするには以下のような方法がある。バス、LRTとトラム、鉄道、道路、自転車と歩行者が統合された地域の交通計画。バスレーンに侵入する車両への罰則の強化。自転車専用道を備えたペデストリアン・ゾーンと広場。バスのチケットと乗り換えのシステムを統合し、料金を均一料金とすること。日曜日には、中心市街と公園につながる街路から自動車を閉め出すこと。バスやトラムの車両も停留所ももっと良いデザインになるべきだし、停留所ではサービスと発車時間について明快な情報が与えられなければならない。街路の照明も歩行者に安心を与えるものにして、案内のスタッフも増員する。ハンディキャップを持った人々が移動しやすいようにバリアフリー対策をほどこし、ペデストリアン・ゾーンと自転車専用道は植栽によって魅力を高める。こうした手法はさらなる可能性へと繋がっていくものである。たとえば、バスにファミリー・チケットを作ったなら、車に押し込まれていた子供も、退屈さから解放されるだろう。車の乗客が1人以上ならば、特別高速レーンを走れるというアイデアもある。チケットを買う行列をなくすべく、すべての交通を一体化したチケットという考えもあるだろう。

マンチェスター、エジンバラ、ニューキャッスル、オックスフォード、ヨーク、ロンドンなど、ほとんどの都市が自動車ではなく、バスや地下鉄の利用を勧めている。オックスフォードは包括的なパーク&ライドを採用し、市内にはバス専用道路と自転車レーン、そして自転車止めを整備し、市外にはロンドンへの高速鉄道と高速バスを設けている。ロンドンでは、市内のバス専用レーンに自動車の侵入を監視するカメラを設置した。そうした工夫がロンドンの自転車レーンにも必要であろう。

鉄道のシステムは、バスのシステムと強固に統合されるべきである。バスは大量移送交通のなかで最も順応性の高いシステムであり、地下鉄の1/20の費用しか必要としない[365]。トラムの費用は地下鉄とバスの間くらいだが、その専用軌道には大きなアドバンテージがある。ブリュッセル、チュー

リッヒ、アムステルダムの印象的なトラムシステムは、その良き事例であろう。しかしながら、バスはネイバーフッドをつなぎ、都心から郊外へと移動するのに大きな利点を持っている。パリとブリュッセルの間には連結車両のバスとトラムが走っており、大量の乗客の足となっている[366]。

バス専用路線を計画する際には、自転車レーンと広い歩道も一緒に計画されるべきである。安全性さえ保証されれば、自転車は都市を楽しむ自由をもたらすであろう。自転車レーンをあらゆる道路の脇に走らせ、街路の一部とする。そうすれば、ストラスブール、イェーテボリ、コペンハーゲン、アムステルダムのように車の必要性は著しく減少するだろう。専用レーンがなくとも、渋滞がある都市では自転車はすでに広く使われている。パリとニューヨークは自転車用の抜け道をつくり、自転車の安全性を高めようとしている。

ドイツ、オランダ、デンマークでは「ホームゾーン」という考えを採用し、住民のための街路づくりを進めている。これは街路全体において、歩行者に完全な優先権を与えるもので、他の交通は時速5〜10マイルの歩行速度にまでスピードを落とさなければならない。ホームゾーンは住民参加に支えられており、コミュニティの支援があったときのみ機能する。しかし人々の交流や、屋外生活への影響は劇的である[367]。ロンドン、リーズ、マンチェスター、マンマス、ノッティンガム、ピーターバラ、プリマス、シッティングボーンでも、ホームゾーンは試みられている。多くの地方自治体、とりわけ都市部ほど実験に熱心であり、それを実現するための組織もイギリス中に存在している。

街路と公共空間の再生の利点については、コペンハーゲンの事例が証明しているだろう。詳細な事後調査によると、1968年以来、ペデストリアン・ゾーンを7倍に広げたコペンハーゲンでは、歩行者は4倍に増加した。表7.7a〜cがそれを表している。

ヨーロッパの交通において最も重要な進歩は新しい高速鉄道のネットワー

▶ ニューキャッスルのタイン川沿いの街路の再生
Leslie Garfand/Environmental Images

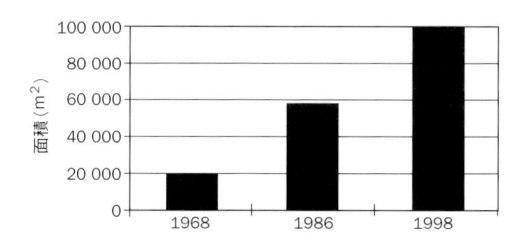

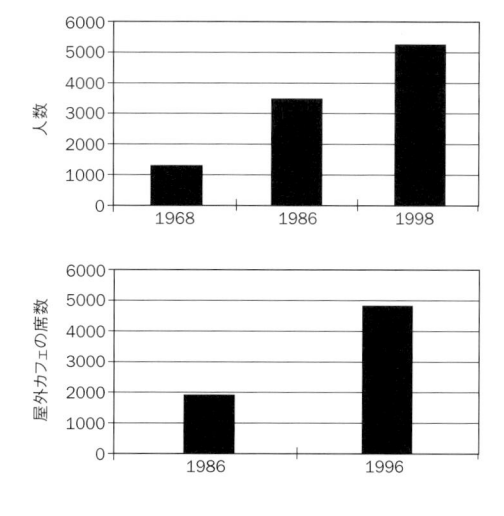

▲ **表7.7-a**：コペンハーゲンにおけるペデストリアン・ゾーン
出典：Gehl（1996b）

▶ **表7.7-b**：ペデストリアン・ゾーンで佇む人、座る人
出典：Gehl（1996b）

▶ **表7.7-c**：コペンハーゲンの中心部における屋外カフェ
出典：Gehl（1996b）

クである。飛行機の乗客1人あたりのエネルギー消費が最大であるのに対し、高速鉄道は最小である。高速鉄道は環境への影響を減らし、都市の中心をつなぐ最速の交通手段になりつつあるのだ。イギリスの都市もこの新しい鉄道ブームから恩恵を得るに違いない[368]。高速鉄道のネットワークの計画は、自動車や飛行機によるヨーロッパの移動を変えるものであり、国内的にも、イングランド南東から北部へと経済的なチャンスを広げるものである。既存のネットワークの上に機能性の高い鉄道網を建設し、それによって都市への投資パターンを積極的なものに変えていく。TGVがフランスに導入される前、リヨンに移動するには飛行機か自動車が主だった。移動には時間がかかり、それゆえ投資はあまりなされていなかったのである。しかしTGVの導入以来、リヨン市長のレイモン・バレは、中心市街の再生に着手して、それをきっかけとして貧しい団地が苦しむ郊外の再生へと計画を進めた[369]。先端技術と精巧なエンジニアリングによって、交通革命はさらに進められるべきであろう。

地域のアイデンディティと都市のガバナンス

どんな都市でも、背景に地域の文化がある。たとえば、バルセロナはカタロニアの伝統への誇りに支えられている。地域には強固なアイデンティティ、中心都市や小さな街に対する忠誠心、そして人々の暮らしに浸透する共通の意識やルールがある。これらはパスカル・マラガルやジャイメ・ラーネルのようなビジョンを持った都市のリーダーにとっては、非常に価値のあるものだろう。だから中央政府は地域のアイデンティティを中性化するより、強化した方がよいのである。それこそ地域の再生に弾みを与えるものだからだ。特にスペインとイタリアは、統一以前の小国制に基づいた地方政府の導入に成功している[370]。共通の通用語、技術、音楽や民話の伝統、風景や地域の誇りが、地域の開発を助けるものとなる。バルセロナ、ビルバオ、ナポリ、ミラノ、トリノのような地方首都では、こうした手法が創造性のもととなっているのだ。そうすれば、伝統と新たな政治や社会運動が結びつき、

才能を引き寄せるダイナミズムが都市に生まれるのである。

スコットランドとウェールズでは、地方の復権によって創造的なプロジェクトがすでに実現している。グラスゴー、スワンシーなどでは自ら意志決定を下すことで、新たな地域としてのプライドとアイデンティティを追求しつつある。一方、巨大な都市圏を抱え、高密に土地を利用するイングランドでは、むしろ都市ごとに個性を高めるようなアプローチをたどるであろう。

激しい都市間競争は、創造的な緊張関係を産み出すものである。しかし、ニューキャッスルとゲイツヘッド、マンチェスターとサルフォード、リバプールとバーケンヘッド、バーミンガムとウォルバーハンプトン、リーズとブラッドフォードのような双子都市は「シティ・リージョン」という単位のなかでパートナーシップを必要としている。隣接する地域が協働の努力を怠れば、都市の衰退は加速する。マンチェスター都市圏、もしくはミッドランドは、都市間競争で互いのエネルギーを弱らせる前に、そのシティ・リージョンを財産とすることができたのではないだろうか。少なくとも、ニューキャッスルやゲイツヘッドなどのタイン川沿いの都市は、国内で最も美しい沿岸の風景という文化によってパートナーシップを形成している。ヨーロッパ大陸以上に、シティ・リージョンという考え方はイギリスで受け入れられないかもしれないが、都市間パートナーシップを成功させるチャンスは多く存在している。近年、フランスは15の広域都市圏の議会を設立し、自治体間で協同的な意志決定をする実験的試みを開始している[371]。

イギリスでは中央政府と地方自治体は対立する傾向があり、それゆえ勇気のある自治体だけが突出するという状況が続いてきた。都市再生は、こうした状況を変える格好の機会である。イギリス都市の市長は、他の国と同じように活躍が求められている。強力なシティ・リージョンをつくり、地方自治体に問題解決のために多くの責任が与えられるのならば、やがて新しいタイプのリーダーシップが出現するだろう。広域のコミュニティに利益を与えるに

は、都市が鍵であることは明白である。都市は、地方自治体に新たな正当性を与えることとなるのである。

市民が地域に誇りを持ち、民主主義と市民参加が活発化し、沢山のプロジェクトが都市戦略を具体的にあらわすようになれば、市民はやがてリーダーシップを発揮するようになる。バルセロナとクリティバはまさにその典型であった。実際に行われている都市再生が、地域のアイデンティティやビジョンに沿ったものだと分かれば、彼らは自ら都市再生に参加する糸口を見付けるものなのだ。グラスゴーでは、多くのコミュニティが都市再生に対して参加したことに達成感を持っている。もしもコミュニティの参加を数値化できたとしたら、小さくても本質的な地域活動が、いかに現実の再生を形作っているかが分かるであろう。ブラウンフィールドの再利用、空きビルのコンバージョン、新しい雇用の創出、都市コンシェルジェ（コミュニティ警備員）の活躍、バスレーンの分離、ごみのリサイクルや樹木の植栽。再生はこうした工夫を積み重ねてはじめて可能なのであり、これこそが雇用を増やす方法なのである。たとえば、テムズ・ゲートウェイにある東ロンドン、ニューハム地区は、都市再生においては高得点を数えるだろう。コミュニティの参加によって、ストラットフォード地域とユーロトンネルの接続を勝ち取り、ロンドンの開発が東へと向かう機運が起きたのである。それを支えたのは、誘致する際の障害を取り除き、衰退した地域を再生させようと努力した住民だったのだ。

地方自治の活性化は都市再生の基本である。そしてネイバーフッドの再生を1人1人が実感し、それが都市全体へと広がって、政治、ビジネス、市民生活が結ばれていくように、それはボトムアップによってなされるべきである。ロッテルダムではネイバーフッドと都市全体の再生が連携しており、都市コンシェルジェのプロジェクトによって、地元の若者が雇われ、ネイバーフッドを結びつけ、犯罪を減らし、街路を改善し、地域の誇りが高まっている。こうした試みの1つ1つが、より広範囲の都市の変化へのサポートとなっていくの

だ。スペインの都市では、自らの環境に対して責任を負えるようなコミュニティを育成することが法律で義務づけられている。居住者が共同基金にお金を投じて、街区の修繕、清掃、監視をするのである。その結果、ヘクタールあたり400戸の街区からなるスペインの都市は清潔で、魅力的な環境を維持している。あらゆる所得層の居住者が街区のメンバーとなっているから、外国から訪問者が来てもスペイン都市を「貧しい」と決めつけることはできないだろう。なぜならば、街は清潔で活気に満ち、メンテナンスも行き届き、小さな家族経営の店で満ちあふれているからである。混合されたコミュニティによって、そしてよく管理された街路によって、スペインの都市は人で賑わっている。

イギリスは、公共空間の運営という点においてヨーロッパ諸国に大きく遅れを取っている。初期市民社会の遺産である都市公園の多くが、庭師、警備、管理人の欠如のために人が訪れないものとなっている[372]。地域社会の参加と対面サービスの整備をすれば、5000もの公園の復活が可能である。1990年代、ニューヨークのセントラル・パークは犯罪と誤った利用法から立ち直るのに10年もかからなかった。現在のセントラル・パークは、家族連れ、自転車やローラーブレードを楽しむ人、乗馬をする人、野球チームなどで満ちあふれ、公園への車両乗り入れが禁止される日曜日ともなると、公園は人であふれかえるほどである。

ニューヨークの街路には、セントラル・パークを映し込んだような小さなポケットパークがある。それらは大体2m^{2}以下であり、信号を撤去して植えられた樹木がある三角形の小さな広場である。コミュニティごとに植栽計画を立案する「グリーン・ストリート・イニシアチブ」というプロジェクトもある。また、コミュニティがその維持をすることを条件に、市が公園に植栽を行う仕組みもある。エンパイア・ステート・ビルのある34番街では、地域のグループが人通りの多い街路に沿って、ヒヤシンスとチューリップを巨大な鉢に植え込み、その世話を行っている。ブロードウェイからハーレムへと歩いていけば、

戦略的中心から地域のネイバーフッドへ

地域および地方への帰属の感覚
⬇
隣接する都市と周辺街区との協働
⬇
都市に対するビジョン
⬇
低料金の統合的交通計画＝周辺地域当局とのパートナーシップ
⬇
アイデアを公共に開かれた場で議論する
⬇
詳細にわたる応用可能で柔軟な再生計画＝公共の参加を最大にして展開する
⬇
文化的中心と記念的なイベント
⬇
あらゆる階層、年齢層の地域住民による都市および近隣に対する活動計画への参加
⬇
ネイバーフッドの再生と運営のためのボトムアップ式活動計画
⬇
地方共同体と自発的組織＝自助努力
⬇
地方住宅供給会社の設立など重要判断に対する地方投票
⬇
強力な対面サービス＝路上警備、ケアテイカー
⬇
公共領域への委任＝人々が都市空間のすべてを**共有**する。

街路の脇にベンチと低木と小道を備えた小さな庭園を発見するだろう。そこではおしゃべりする母親たちの傍らで、よちよち歩きの子供が遊んでいる。ごみ、落書き、暴力などの反社会的行動を許さないことが、このような小さな緑地を守っているのである。

市民が地域に誇りを持ち、再生への野心を取り戻すこと。コミュニティの長所を発見し、育てていくこと。良い運営を行い、十分な投資によって魅力を勝ちえること。自治体がこれらに着手しなければ、都市に再び人々が戻ってくるはずがない。ニューヨークの植栽のように、小さなことから始めても良いのである。表7.8に示したように、行政と市民がリーダーシップを取って、都市の再生に着手すべきである。

都市の環境

都市空間は美しくなくてはならない。そして人間が、さまざまな世代、人種、バックグラウンドを持つ人間の混合こそが、都市空間を生き生きとさせることを忘れてはならない。ローマの復活祭では、数百万人の人々がサンピエトロ広場と周囲の街路に集まり、強烈な雰囲気を都市に作り出す。セントラル・パークの緑の茂った道がジョギングをする人々であふれかえる時、そこには魔法のような魅力が存在している。ノッティングヒルの路上で行われるカーニバルの3日間、人々は階級、肌の色、宗教や信条を忘れることができる。

◀ 表7.8：都市再生における市民のリーダーシップの役割

都市生活は、時に無情で過酷なものである。だからこそ、社会構造や都市空間をゆるやかに結び直す公共空間が必要なのである。しかし道路の騒音、ほこりは都市住民を抑圧するものである。ロサンゼルスでは、交通や飛行機の騒音で子供たちが睡眠不足となり、集中力が減退し、神経過敏になっているという調査がある。コンクリートやアスファルトの強固さは人々にプレッシャーを与え、緑地の不足は人々を意気消沈させ、都市から逃げ出したい気持ちにさせる。広いオープンスペース、芝生や樹木は現代生活の

騒々しさを和らげるのに必要なものなのだ。

成功したニュータウンや郊外には、学ぶべき点が多い。人々は庭、公園、開けた田園風景を欲しているのだ。これらを都市居住者にも提供できるならば、彼らはそこに留まりたいともっと思うようになるだろう。騒音と交通が都市居住の主要なストレスなのだから、緑地をいかに作るかが重要なものとなってくる。

緑地の設置が優先されるならば、現代のランドスケープ・デザインの進歩によって、小さな空間でも十分に緑化が可能である。そして緑化と街の安全を、メンテナンスという1つのプロセスにまとめれば、都市にとって重要な2つの活動が同時に維持できる。ニューヨークでは、数百のコミュニティと団体が、1m角の花壇と木の苗を守り、水を与え、ごみと犬を遠ざけている。

緑地の設置にはさまざまな方法が存在する。もし、子供がいない核家族中心の高密な居住環境であれば、安全に囲まれた、樹木のある中庭がふさわしい。それは映画「ノッティングヒルの恋人」によって有名になったように、一種の広場として周辺に住むすべての人が楽しむことができる。高密度居住は、バルコニー、パティオ、屋上、庭園などの外部空間があるほど、よりよく機能する。家族や友人とくつろぎ、食事ができればそれだけで十分な広さである。極小の外部空間でも幸せな気分を味わうことができれば、人々はそこを自分の場所として感じるだろう。ハックニー区のピーボディ・エンバイロメンタル・フラッツは全住戸にバルコニーとパティオを備え、30戸でシェアする共同の庭や、小さいけれども植木鉢やつる植物や水槽のある緑地が設けられている[373]。ニューヨークが実現したように、高密度で、巨大な、緑の少ない都市でも緑化は可能である。マンチェスターでも可能なはずである。しかし、マンチェスターのどこに樹木があっただろうか。

樹木は二酸化酸素を吸収し、酸素を放出し、夏には陰を落とし、交通騒音

▶ バルセロナ：良質なデザイン、素材、ランドスケープの統合

を遮蔽する。さらに建物、街路、オープンスペースの雰囲気を和らげ、空間的な枠を与えることで都市に活気を与える役割もある。人気のあるネイバーフッドのほとんどは並木を備えており、大きく成熟すればパリ、ロンドン、チューリッヒ、コペンハーゲンのように都市の魅力の一部となる。バルセロナとマンチェスターは、樹木が少ないようである[374]。

1970年代のイズリントンの「樹木のための樹木」プロジェクトは、ピーター・ボンセルという優れた人物により組織され、イズリントンを最も緑の少ない自治体から最も緑の多い自治体へと変えた画期的なものであった。もともとオープンスペースが少ないこの地域で、街区に植樹するコストを負担するつもりがあるかという意識調査が議会によってなされている。住民は都市環境で生育しやすい植物の種類を選択し、議会は住居の外に植物を植え、それ保護するべく完全なサポートを行った。恩恵にあずかった街路のほとんどは、ハロウェイからアークウェイの間の貧しく、人種の混合した地域である。貧しい家族からのコスト負担は期待されなかったが、彼らがプロジェクトに参加したことが決定的に重要だった。そして大量の樹木はほとんどが生き残り、イズリントンの街路は上品なものとなったのである。

プレストンのアジアン・コミュニティにより展開された「裏庭プロジェクト」は、19世紀のテラスハウスの小さな裏庭に、植木鉢やトマトのプラントボックス、ハーブなどを設置していくものであった。マンチェスターのテラスハウスでも、建物のあいだの裏庭を住戸に接する庭園に変えることにより緑化する動きがある。この方法は一挙に樹木の植栽、芝生、花壇への緑化への道を開くだろう。そして監視の行き届かない裏道をオープンにすることで安全性の向上にもつながるだろう。ドイツでは、高層ビルの硬いコンクリートの街区を和らげるためにつる植物で低層部分を覆う試みがある。

駐車場や学校の運動場の周囲に植樹を施すことは、醜い空間を和らげる素晴らしい効果を与え、汚染を遮断し、育まれるべき自然を導入する。都市

部のいずれの学校にも「グリーンチャレンジ」のような試みが必要だろう。それは子供用の庭園を設け、樹木の世話に参加させること、グラウンドに芝生を植えベンチを置き、壁を覆うつる植物によって緑の校庭を創造するような試みである。

都市の団地もまた、緑化を標榜している。しかし、まず最初に居住者、特に若い人たちと自治会において計画が受け入れられなければならない。それがイズリントンの「樹木のための樹木」や、ニューヨークの「グリーン・ストリート」が機能している理由だからである。支持もないのに緑地をコミュニティに導入しても、住民参加は機能しない。地域の子供が植栽を手伝うようになって、はじめてそれを緑化と呼べるのだ。いくつかの団地では野生のフジウツギ、柳、池、蝶などが育つ自然庭園が造られた。共同の庭として開発されたものもあり、市民菜園に割り当てられたもの、有機野菜のマーケットとなったものもある。

こうした都市の緑地や都市公園が、交通の静かな緑の回廊によって結ばれ始めている。散歩者の団体である「ランブラーズ・アソシエーション」は、通常は「ぶらぶら歩き主義」という別の団体と協力して郊外で活動しているが、ロンドン市内においては緑の廻廊をつくるべく権利を主張している。北ロンドンのフィンスベリー公園のパークランド・ウォークのように、廃線となった線路を使って緑の回廊をつくることもできる。それらはまるで糸のように細い公園をつなげ、大きな空間同士のネットワークを作り出している。河川や運河も都市の自然緑道として機能している。これらは自治体ごとに組織されているが、都市再生という大きな環境において花開くものなのだ。

歴史的な庭園に関しては、新しい利用法の創造が急がれている。それらはみな美しく植栽され、1980年代までは丁寧に維持されてきた。しかし、都市公園を維持するコストは高いため、ごみや、ものの破損や、不安全などの問題が大きくなってきている。樹木のメンテナンスをしないということは、砂

漠のオアシスの木を切り倒すようなことであり、砂漠をより広範に広げることを許容するのと同じことである。公園には、鳥や、昆虫や、子供や若い人々が集うべきである。公園は空気を新鮮にして、都市が必要とする光と空気と緑を与えるべきである。都市公園には、都市の散歩道や自転車レーンが通じているべきであり、ほかの公共空間と同様に、都市を一体的に機能させる役割を持つべきである。両親とその子供たちのために、遠くに出かけることのできない年長者のために、友人とピクニックを楽しもうとする若い世代のために、都市公園は必要である。ガーデニングに直接興味はなくても、みながオープンになり、歩いたり走ったりして、都市の緊張から解放される。イギリスが生んだ都市公園は、だからこそ偉大な発明なのである。都市公園が丁寧に運営されて、人々が集まってくるならば、新たな住民も都市に惹きつけられ、移り住んでくるだろう。

既存の公園の保護とポケットパークの創造、街路の交通を減らし、歩きやすくすること。街路を清掃し、修繕し、その組織化をはかること。こうしたことの積み重ねが、市民参加と都市への貢献の意欲を沸き立たせていく。バルセロナ、ストラスブール、コパンハーゲン、ニューヨークはこうした方向性を進める市長を長きにわたって有している。だからこそ、これらの都市ではネイバーフッドの参加が機能しているのだ。イギリスの市長たちも同様のことを成し遂げることができるのだろうか？

5章で述べたように、都市の環境を本当に健全にするためには、エネルギー消費を少なくし、ごみの発生を抑えなければならない。住居、オフィス、工場などを省エネルギーの基本法に従ってデザインすれば、エネルギー消費は50%も減らすことができる[375]。その一方で、再生可能でクリーンなエネルギーの利用も可能になってきている。ロンドンのような都市が排出する廃棄物も、その大部分は再利用可能であるが、まだ焼却か埋め立てしか選択肢がない。焼却によってエネルギーとして再利用することが一般的ではあるものの、ニューキャッスルのバイカー団地の市民菜園が汚染されてしまっ

▲ ポートランド、アメリカ：強力な公共交通と「スマートグロース」という反スプロール政策により成功した都市
C.Bruce Forster/Viewfinders

項目	デザイン	組織
土地	・都市再生のマスタープラン ・公共スペースを創造し、その価値を高揚する ・コンパクトで用途混合の開発をデザインする ・既存開発地の利用を第一とし、リサイクルを最大限にする ・都市環境を美化する ・より小さな世帯のためにより多くをデザインする	・新規開発地の開放を制限する ・連続的な既存開発地優先手法を採用する ・修復と改良のための付加価値税と新規の建設を等しくする ・土地浄化を助成し、危険を最小限にする ・中心から外延に向けて再生する
経済的、社会的統合	・人々に好ましい社会的ビジョンの採用 ・デザインを通じて都市の開拓者の地位を得る ・用途混合のパターンを優先事項として処理する ・印象的なデザインによって投資家や企業を引きつける ・貧しい近隣地域の向上と統合	・近隣地域再生を組織する ・地方組織を促進し権限を与える ・若者志向の態度を育てる ・土地所有者と投資家の多様化を奨励する ・入居可能住居を支援、促進する ・私的ー公的企業心を支援する
交通	・デザインと技術が統合された交通 ・乗降者を促進するバス、トラム、鉄道をデザインする ・極小交通のための舗道、自転車とバス車両をデザインする ・パークアンドライドと狭軌路線（ライトレール）をデザインする ・住民とともにホームゾーンをデザインする ・都市間高速鉄道をデザインする	・速く、信頼のできるバス、トラムその他を組織化する ・徒歩、自転車、バス専用道を促進し保護する ・ホームゾーンを組織する ・駐車・渋滞税を導入する ・高齢者、家族連れ、障害者に優先権を与える ・貧しい近隣地域の接続を優先的に処理する ・車両交通偏重から移行する
都市の自治	・都市内部の近隣地域および団地のマスタープランを創造する ・人々の形式にとらわれない接触を最大限に増やし、人々の活動に焦点を充てたデザインによってそれを制御する ・デザインの決定に住民を巻き込む ・ランドマークとなる建物と建築を創造する ・街路とオープンスペースを再デザインする ・再生の手法を開発する ・質に焦点を合わせる	・長期間の維持管理にデザイナーを関わらせておく ・地域および都市領域の構造を支援する ・街区の中心と近隣地域マネージメントを実験する ・警備と特別看護の計画を制度化する ・都市再生および住宅供給会社を設立する ・地域間の二極化と人種間の分離を減少する
環境	・オープンスペース、ポケットパーク、緑地の価値を高める ・緑の回廊と植樹を創造する ・バルコニー、パティオ、庭園、広場をデザインする ・水路と河岸の小道を改善する ・最小の環境的インパクトを技術的に組織する ・最小のエネルギー消費をデザインする ・リサイクルシステムをデザインする ・古い建物とインフラを再デザインする	・極小から極大に至るあらゆるレベルにおける環境を保護する ・緑地と公園を再優先し保護する ・街路とオープンスペースに対するケア＝人間の存在 ・街路と小さなスペースを植栽する ・資源の再利用＝最低50％とする ・汚染と空気の質を制御する ・小規模な活動を奨励する

ているように、焼却炉に対しては大きな反対運動が存在している。しかし、廃棄物の焼却にいろいろ問題があったとしても、埋め立てよりも有用であろう。少なくともコ・ジェネレーションによって廃棄物から焼却熱と電気を生むことができる。それは通常の発電に比べて2倍以上も効率がよく、ヘルシンキでは家庭の90％がこの方法で熱を得ているほどである。ヨーロッパとアメリカの都市では、どこも50％の廃棄物を再利用するのに対してイギリスではわずか1％以下である[376]。1990年代の5年間で、ニューヨークが家庭廃棄物の再利用を4倍にしたのとあまりに対照的である[377]。都市はより多くの人を必要としているが、資源の消費とごみの利用についての運営方法を変えないかぎり、人々の増加は廃棄物の増加を意味してしまうのだ。

都市再生の解答

土地、環境、よい運営、経済の発展、公共交通と社会的統合。これらが都市を再び機能させるための解答である。その前提として、平和と繁栄、そして楽しく公平な都市環境が必須であり、だからこそ都市と建築、そして公共スペースのよい運営が求められているのだ。われわれの都市の未来をつくるのは、物理的な都市環境と、社会の枠組みの両方であり、それを育てていくのはわれわれすべての責任である。多くの都市がそれを見過ごし、衰退してしまった。われわれはその逆を成し遂げなければならないのだ。われわれが受け継いだもの以上に、よりよく運営され、よりサステナブルで公平な都市環境を未来の世代に手渡さなければならない。章の最初に挙げた5つのアイデアの要約は、表7.9に示してある。デザインと組織化によってこそ、都市は再生するのである。未来はわれわれの手のなかにあるのだ。

◀ 表7.9：都市への解答

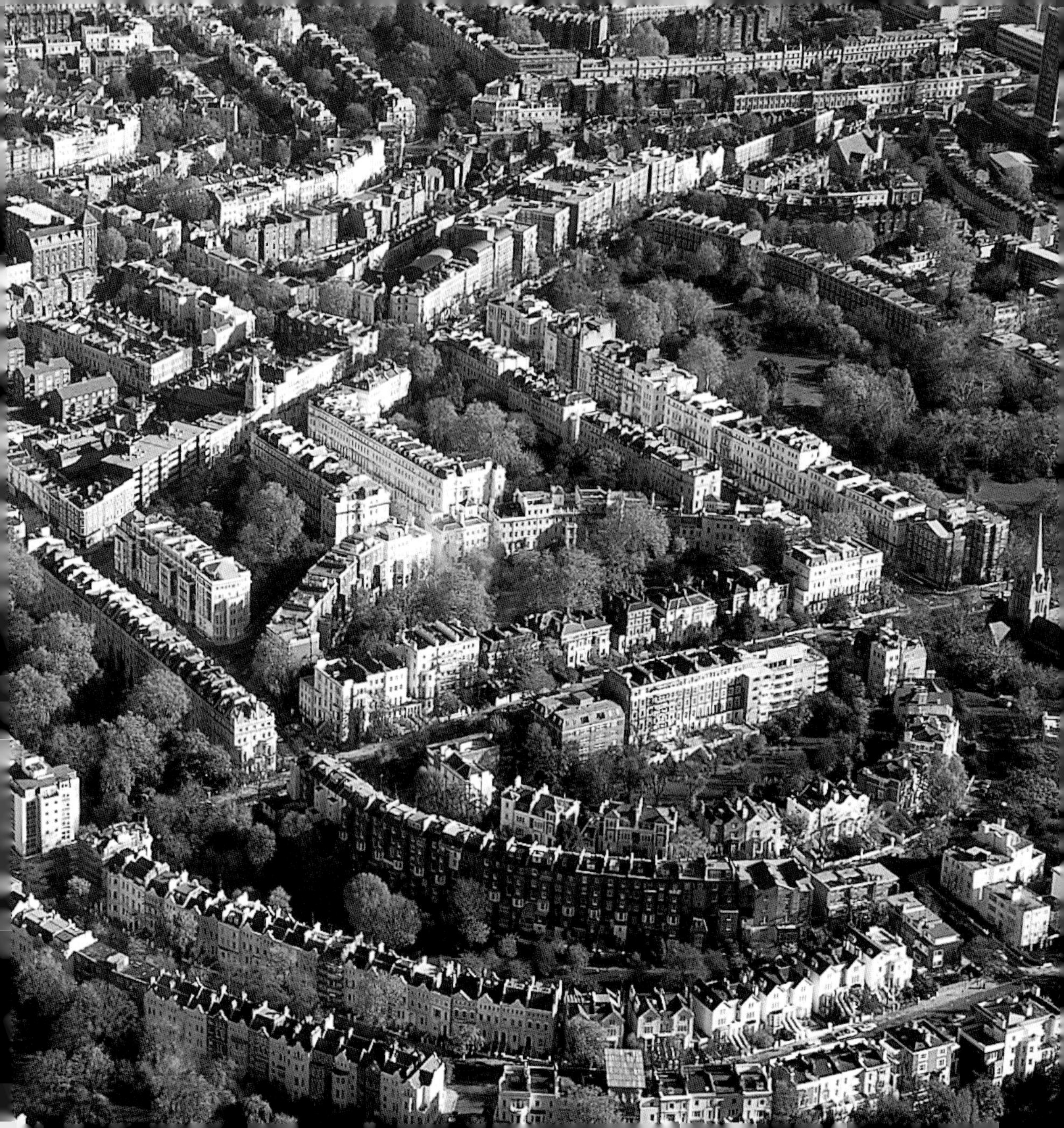

8　都市と市民

コンパクトシティ

結びついた都市

ネイバーフッドの再生

都市の将来

8 都市のない世界を想像することは不可能である。何千年もの間、都市は貿易や教育、文化、政治の核であり、さまざまな実験の場であった。より高密で、より物質的に進んだ今日の世界においても、都市は同じ理由で必要とされるだろう。しかしそれ以上に重要なことは、都市が、経済発展の格差によって生じた社会的な分裂を解くための方向性をわれわれに示していることである。格差は今日も広がりつつある。しかし都市こそが、人と、思想や経験を集約し、過剰開発によって生じた問題を解くための答えとなることができるのである。

市民社会とは、異なった人々が、共通の目的のために集まることである。だからこそ、都市にはさまざまなサービスが育ち、人々が集まることができる中心が必要なのである。そこでは公共空間が人々を招き入れ、多様なアクティビティを混じり合わせ、車から街路を解放させる公共交通が人の交流を増大させるだろう。成功した中心市街では、人々こそが街路の主役である。

30年前、バーミンガムはイギリスで最も醜い中心市街を持っていると評されていた。1960年代には、ブルリング・ショッピング・アーケードとコンクリートの高速道路が、人々を「ストリートライフ」から遠ざける巨大な障壁として機能していたのである。バーミンガムには高層ビルが300以上もあり、ヨーロッパのなかでも特に集中的な都市となっていた。実利的で、尊大で、人に厳しい都市であり、人々は、中心市街を避けて生活をしていたのである。そして今、バーミンガムは民族的なマイノリティが最も多い都市として、深刻な不平等を抱える都市となっている。グラスゴーもまた、同様の問題を持っている。失業率が最も高く、国中で最も暴力犯罪が多く、最も貧しい都市がグラスゴーである。やはり何百もの高層ビルを建てたのだが、それらの多くを郊外の団地に分散して建てたために、雇用や、商店や、パブや教会などの社会的ネットワークから人々が離れ、中心市街は衰退してしまった。たとえばイースト・エンド地区だけでも1960年から1975年の15年間に、70％の人口が失われてしまったのである。

▲ 前頁
ノッティングヒル：広場と庭園に富んだ高密度居住
Martin Jones/Arcaid

現在、バーミンガムとグラスゴーの中心市街はかつての状況から劇的な変化を見せている。2つの都市はコンパクトで、歩くことができる中心市街を再生させたのだ。文化施設、新しい商店、そしてリノベーションによる商店、カフェ、何よりも沢山の人々。公共空間を開放し、古い歴史的建築を復元する。そして歴史地区に居住するという新しいスタイルを生み出すことで、中心市街に新たな居住者を呼び戻しているのである。グラスゴーは主要な道をペデストリアン・ゾーンとしつつあり、世界中からの旅行者を魅了するアートセンターとなりつつある。評判が良くなかった共同住宅を、伝統的な都市コミュニティを保てるものへと改築し、密度感があり、進歩的な雰囲気を取り戻そうとしている。一方、バーミンガムが作り出したのは、アーケードに囲まれ、車が入ってくることのない広場とペデストリアン・ゾーン、そしてイギリス中で最も発展した運河のネットワークの再生である。それらがバーミンガムに新たな生命を与えたのであった。

これら2つの都市は、最も悪評が高かった都市である。しかし若々しく、ダイナミックで新たなイメージを得ることで、両者ともロンドンやエジンバラと競うまでの都市となりつつある。都市の中心市街で仕事とレジャーが一体となり、住宅と企業がストリートを共有し、古い建物と新しい建物が街のパターンを強調し、フィットしている。この20年の間に、この2都市は公共空間、そして都市と市民という概念を意識的に再生したのである。人々は中心市街に戻りつつあり、ダイナミズムや、新しい仕事、新しい都市生活と、新しい未来への参加を感じ取ろうとしている。都市の中心市街の再建こそが、われわれの出発点なのである。これらのダイナミズムは、貧困に喘いでいたネイバーフッドに影響を与え、都市の衰退と拡散に歯止めをもたらすのではないだろうか？　これらの中心市街に生じていた貧困が減少し、新たな都市として再生するならば、中心市街からの流出は好転するのではないだろうか？　よりコンパクトで、よりサステナブルな都市。それをいかに作ることができるかを素描してみよう。そしてそのイメージを、より強度のある、統合された都市の姿へと変えてみよう。

▲　現代オランダ住宅：住民それぞれが生活を楽しむ（設計：MRVD）
Richard Burdett

コンパクトシティ

近接することによって生じるエネルギー、さまざまなチャンス、多様性と刺激性こそが、市民がコンパクトシティに引き寄せられる理由である。しかし、魅力的で統合された都市環境は、簡単に作り出せるものではない。なぜなら選択と良いデザインが必要だからである。そしてコンパクトシティの実現は、個人や特定のグループによってなされるものでもない。集団的な努力に加え、われわれ1人1人の努力も必要なのである。

都市を全的に、またいかなる部分においても機能させ、何百もの要素を統合していくということは簡単なことではない。ビジョンだけではなく、建築も、エンジニアリングも、社会的なコミュニケーションも、組織もリーダーシップも必要である。既存の街区パターンやネイバーフッドのなかで、空間と建物を臨機応変に利用することも必要である。さらに注意深いデザインだけではなく、質の高い技術、ディテールへの配慮、厳しいコントロールと長期的な運営計画も忘れるわけにはいかないだろう。

都市とは何か。それは集団の目的のために空間を共有することでもある。建築は空間の共有に秩序を与えるものであり、空間はパートナーシップによって運営される。コンパクトシティは、人々を都市から離れさせるスプロールの対極にある。その実現のためには、多くのグループが協働し、都市の集合的な役割が強化されるべきである。人口の郊外への拡散と、コンパクトな都市パターンの破壊、そして単機能のゾーニングと高速道路によって失われた、都市の集合的な役割をわれわれは取り戻すべきなのだ。

コンパクトシティとは、近接性と相互作用の再発見であり、断片化した都市を統合する可能性の再発見であり、老朽化し、醜くなった都市のネイバーフッドを再生する試みでもある。バーミンガムとグラスゴーは、こうした試みの典型であろう。しかしそれには注意深いデザインとともに、異なったコミュ

▲ グラスゴー：稠密なグリッド・パターンの都市は現在再生しつつある
Ranald MacInnes/Homes for the future Catalogue

▲ リーズ：公共空間での都市生活
Bipinchandra/Photofusion

ニティを束ね、市民生活を分かち合っているという意識を育てる社会的なビジョンが必要である。建築家や、ディベロッパーやコミュニティの代表者は、社会的なグループや所得層を統合するために協働することができる。7章で見たように、それこそがグラスゴーの「ホームズ・フォー・フューチャー」やバーミンガムのCASPARプロジェクトで起こりつつあることなのである。

建築は都市の生成、そして再生について重大な役割を果たしてきた。それは市民の願いや秩序を表象し、美しく、そして何世紀にもわたって堅牢に存在してきた。そして公共空間は、人々に文化的、社会的な生活に参加することを呼びかけてきた。アイデアの交換、異なったバックグラウンドを持つ人々の交流。これらの活動は建築と公共空間において行われており、建築と公共空間はこれらを損なうことも、促進させることもできる。しかし都市の再生において重要なのは、何より市民の声である。人々は、老朽化し、過密で、不潔で疲弊した産業都市を拒絶し、可能ならばそこを去ろうと考えていた。そういう時期に都市計画家が、コミュニティの同意のないままに都市のコンパクトさを破壊してしまったのである。ようやく人々が都市に戻りつつある今、人々が求めているのは新しい密度の概念と、新たなサービスと楽しみ、そして社会参加と支え合いである。

再生しつつある中心市街のまわりには、都市のネイバーフッドがある。ロンドン・シティのセントポール大聖堂からテムズを越えてサウスバンクに架かるミレニアム・ブリッジは、ロンドンでも最も貧しく、教育荒廃と犯罪に悩まされた地区の近くにある。しかしこうした荒廃した地区こそが、中心市街を利用する人々を必要としているのである。市議会が地域の努力を支え、コミュニティに決定権を与えるのであれば、こうしたネイバーフッドはその内部に中心を得て、コンパクトなものとなり、個性を発揮することができる。バルセロナの成功のようにコンパクトなネイバーフッドは都市で働く人々の気を引いて、再生に寄与する新たな住民を獲得するのである。コミュニティの伝統も、ネイバーフッドの再生によって保たれていくだろう。さらに中心市街に乗り入

れる車が減るならば、都市や郊外のネイバーフッドは高速バスや郊外型の電車といった新たな公共交通を必要とするようになる。それによって、コンパクトで多用途にデザインされた中心市街の再生が都市全体の再生へと展開して、より統合され、より人々で賑わう都市が生まれるのである。スプロールに、このような魅力はあっただろうか。

着手すべきなのは、中心市街の周りのネイバーフッドを再び結びつけることである。ペデストリアン・ゾーンと自転車専用道、バスの復権などにより、分断の象徴であった自動車を減らすことは可能だろう。ネイバーフッドと中心市街が強固に結ばれれば、一方向に進むほかない道路システムは古めかしく、都市的ではなく見えてくる。交通を改善し、中心市街の衰退を食い止める。それができれば、住宅や商店、サービス業は成長の手がかりを得て、中心市街とネイバーフッドの環境的な可能性も明らかになってくる。交通の制限と公共空間の再整備、そして建築とネイバーフッドの再生。それとともに、緑地に対する要求も増えてくるだろう。そうなれば、行政が小さなきっかけを作るだけで、住民とオフィスが街に緑を持ち込み、都市をきれいで安全なものへと変えていくのである。

要約すると、コンパクトシティは4つの軸によって機能する。

1. ダイナミックで、密度の高い中心市街を作ること
2. 都市の内部のネイバーフッドを再生すること
3. 都市の公共交通を再編すること
4. 環境を守り、その働きを促進させること

こうした活動のネットワークを管理するのは誰であろうか？　都市には多くの人々の声があるから、活動は前進したり、予期せぬ出来事によって後退したりするだろう。そういうときに重要になるのは、地域や、人々や、組織の間の結びつきである。連繋こそが、都市の前途を照らすのだ。

結びついた都市

裕福な人と貧しい人が隣り合わせで暮らしているように、都市にはコントラストがある。そして、それは再生によって助長される可能性がある。たとえば都市の中心市街の成功は不動産価格を予想以上に高め、ごくわずかの人しか土地を取得できなくしてしまった。中心市街の密度、そのナイトライフ、街の雑踏や空間の個性は一部の人々にしか魅力を発していない。それ以外の人々、つまり高級アパートやウォーターフロントの集合住宅を必要としない人は、都市内のネイバーフッドを捨てて、静かで、緑の多い郊外へと出てしまう。しかし人口が減少する都市内のネイバーフッドの再生に必要なのは、こうした人々なのである。土地は不足し、世帯規模は縮小している。広大で未開発の都心の土地は住宅供給の鍵を握り、かろうじて生き延びているネイバーフッドは、近接性と用途混合、リノベーションの手がかりとなるだろう。コンパクトさは失われてしまっているかもしれないが、こうしたブラウンフィールドを丁寧に利用するのなら、その回復はきっと可能なはずである。

イギリスの世帯の多くを占めつつも、いまだ再開発に踏み切れない都市内の貧しいコミュニティの関心を、楽しく広い住宅や安全な居住環境、職場への近接性や良い学校、商店、交通といった良質のコミュニティの形成へと向けていくことは可能だろうか？ 教育、所得、居住水準、そして環境は平等ではなく、貧しいネイバーフッド人を遠ざけている。これらの不平等を解決することは不可能だと思われている。しかし都市が社会的、経済的、人種的そして物質的な格差を軽減しなければ、貧しいコミュニティはさらに貧困に陥り、都市そのものの機能不全を引き起こすだろう。20世紀のイギリスのスラムクリアランスのほとんどは、半世紀にわたって貧しいネイバーフッドを無視することによって起こされたものだった。その誤りを繰り返してはならない。

貧しいネイバーフッドの改善のために、われわれは資源を共有することが必

要である。都市においては、企業や市民の購買力、技術、責任担当能力に応じてそれぞれが手にする資源は変化する。それゆえに、富んでいるにせよ、貧しいにせよ、普通の働く人々を郊外に流出させることは、資源の分極化を引き起こすだろう。かつての福祉国家は、すべてが貢献し、すべてが獲得するのだと、コンパクトさを基本としていた。公共サービスは人々のサポートとして強い効力を持っていたが、それは富める者が貧しい者の側に所得を流入させることで、双方が利益を得るようになっていたからである。われわれの都市も、同じようにコンパクトさの上に建設されているのだ。貧困層は都市の中で最も悪い状況に陥ってしまうが、富裕層はそこから逃げることができている。社会的疎外という永き伝説に打ち勝つために、都市は富める者のコミュニティも、貧しい者のコミュニティも保持しつつ、それらを一体のものとして作り直すべきである。技術や資源は共有されるべきである。だからこそ、ネイバーフッドの改善はすべての人のためのものなのだ。

都市内のネイバーフッドからは望みが失われ、その貧困はいよいよ強固になっている。とはいえ、そのコミュニティはまだ生きているのだ。アメニティはまだ機能しているし、住民は街が機能するべく努力を続けている。サバイバルによって新たなチャンスが生まれているのだ。中心市街に通勤する人々は、都市内のネイバーフッドに近接性とダイナミズム、そして社会的混合を見出して、遠く退屈な郊外よりも魅力を感じるであろう。都市の内部には空き家があり、それ以外にも新たな用途を待っている空間がある。ネイバーフッドの再生は、たとえ小さくとも、行政のサポートがあれば生き物の胚のように大きく成長することができる。むしろ都市の再生は、街区ごと、そして通りごとの再生といったシンプルな取り組みから出発しなくてはならないのである。労働者が自信をもって都心にとどまるためにも、彼らの権利は尊重されるべきであり、問題とその展望を見定めていくコミュニティは、その近くにあるべきである。教師、医者、警察、そして交通を適正に分布させることが、彼らを助けていくこととなるだろう。そうすれば古い住民は都市内に留まろうとするし、新たな住民も移り住みたいと思うのである。

いかにしたらこれらの都市をデザインし直し、魅力を引き出すことができるであろうか？　第1に、われわれは既存のコミュニティや生活をもとにした行動計画をつくるべきであろう。それによって、まずネイバーフッドを再生させるのである。最初は小さいだろうが、住民の声がなによりも重要である。第2に、ネイバーフッドの中心部を重点的に開発する必要がある。安全できれいな道、良質の学校、そして雇用といった地域目標を都市計画の優先事項としていくことが考えられる。第3に、セキュリティの高い環境をつくる必要がある。タワー式のCCTVカメラをつけたとしても、監視員や警官、ケアテイカーに勝るものはない。学校や商店、バスのルート、ヘルスセンターなどの施設によって、地域が息づいているような雰囲気になったとしたら、それこそが安心感をもたらすはずである。人口の減少を埋め合わせるためにも、密度感があり、親密な雰囲気のネイバーフッドをわれわれは作るべきなのである。1人暮らしや単身家族といった小さな世帯ほど、友だちやアメニティの近くにありたいと思うものである。都市のブラウンフィールドを利用しようという動きは、都市内のネイバーフッドを再生し、郊外環境を守り、中心市街を活性化するチャンスを与えるのである。

まとめると、都市内の連繋に関する4つの軸は次のようになる。

1. 技術と雇用機会を高めることによって地域経済を刺激し、それを中心市街へと連繋させること
2. 地域をまとめていくための、住民の声
3. ネイバーフッドの運営など、平等な公共サービス
4. その地域に住んできた人々に自信を与えるような物質的、環境的な配慮

ネイバーフッドの再生

荒廃しきったコミュニティの再生は、衰退を阻止するよりもはるかに困難である。それは多くの都市がそうした地域を切り捨てることを選択していること

にも表れている。しかし、本来ならば沢山の人々が居住できたはずの都市の衰退はアフォーダブル住宅の不足を招き、それは社会の水準が上がるにつれて深刻化しつつある。都心部の古い住宅は、多くのスペースとオリジナリティ、そしてモダンな住宅には見られない曲線を使ったデザインを持っている。しかし社会的な疎外と開発の停滞によってそれは放棄され、まったく乱暴に扱われるようになったのだ。これを逆に考えると、こうした住宅を使い始めれば、それは次の活動を呼ぶだろう。つまりブラウンフィールドの開発によって、建物のメンテナンス、改装、環境管理、交通やサービスなど、都市的な仕事を生み出すことも可能なのである。

雇用こそ、貧困と疎外を克服する鍵である。だからこそわれわれは都市に対して豊かなアプローチを試みて、人々や企業を魅了し、空間をデザインし、管理し、コンパクトな中心市街とネイバーフッドを活性化させるべきなのである。密度を上げ、リノベーションをし、あらゆる都市サービスを拡張することが重要である。商店、レストランやカフェ、保育所、メンテナンス、セキュリティや介護。新たな職業が都市に生まれることになる。教育、ネットワークやサービス業には、立ち後れてしまったコミュニティの再統合を助ける力がある。そうでなければ、都市の貧困に対する答えは取り壊しか、一層のスプロールしかないのである。ニューキャッスルが現在主張しているのが、都市内における大規模な取り壊しであるが、それはもう3度目のものである。

都市が最良の状態になってはじめてわれわれは都市を愛し、また最悪の状態になってから都市を嫌うようになる。われわれは都市にちらばるブラウンフィールドを再評価して、そこにグリーンな建築を建てていくことができる。市民にシンプルな変化を求め、セキュリティや街路樹、清潔な環境、歩行者とバスの優先権、良質の学校とリサイクルといった都市環境を改善していくことができる。都市居住は多くの面において人工的であり、自然環境とおなじく人間社会にも負荷を与えるものである。しかし周辺の自然環境に依存しつつも、都市によって人々は集約的に生活することができるのである。その

ことが環境を持続、補完し、社会の再生をもたらすのである。

都市の物質的な形態と社会的な状況は密接に連結しており、それぞれが人間の努力によってもたらされたものである。それら2つを一緒に扱わないかぎり、都市の発展はないであろう。ネイバーフッドに問題が生じれば、都市はそのダイナミズムを失うのである。人々と場所との見えない結びつきが、世代を越えて都市を機能させていくことがある。そうした一貫性こそが、都市のネイバーフッドの再生の推進力となるのである。

都市の将来

小さな村から大きな都市まで、すべての社会はコンパクトで高い結束力を持っているとき、はじめて機能することができる。それと同時に、われわれは廃棄物を減らしてエネルギーと資源と土地を保全しなくてはならない時代を迎えている。だからこそ、われわれはすでに開発した土地を十分に機能させる必要があるのである。これは決して土地の活用を抑えるということではない。ネイバーフッドが安全できれいになれば、コミュニティにさまざまな人々が混じり合い、技術は共有されて、社会の水準も上がるのである。その効果はすでに学校における読み書きと算数の能力の向上によって示されているであろう。また、空間を減らすのではなく、無駄にしてもいけない。古い集合住宅もデザインによって、魅力のある空間を持つ住居にすることができるのである。そして緑も増やしていかなければならない。皆が目指すのであれば、窓まわりの花、プラントボックス、街路樹や庭園、公園に広場がどこにでもある都市が実現するのである。それから車を全くなくそうと考えてもいけない。数を抑えることで、公共交通をスムーズで効率的なものにして、経済的で、楽しい移動を実現させることが重要なのである。そして安全をおろそかにしたり、醜い建築を人々に強いてはいけない。居住環境をよりよくデザインし、配慮の行き届いた、安全な住居とネイバーフッドを実現させるべきなのだ。大規模な取り壊しがすべていけないということでもない。コミュニティを存続

させ、育てていくことの方が取り壊しよりも重要ということなのだ。だから新しい建築は肯定的に捉えられるべきである。平面計画がコンパクトであり、都市の新しい発展を織り込み、連携していくものであれば、環境的なインパクトは少なくなり、地域との結びつきはより強まっていくのだから。

次の世代の終わりごろには、世界の人々のほとんどが都市に住むようになるだろう。彼らは効率的に都市に住み、クリティバの人々のようにコンパクトに、サステナブルに生活するであろう。都市をサステナブルにするということは、都市をもっと結束の強いものに、もっと魅力あふれるものにするということである。自然環境を圧迫し、格差によって特徴づけられるような今日の都市とは違い、市民それぞれが都市に対する発言権を持って、都市を機能させ、シンプルで、平和な環境を求めるようになるだろう。

この混み合った地球において、そしてこの緑のイギリスにおいて、われわれのほとんどが都市に依存して生きている。ポスト産業時代の社会の衰退を迎えたとしても、われわれには都市を機能させていくことができる。騒音、雑踏、そして都市の攻撃性は人を恐れさせることもあるだろう。しかしデザインと、マネージメントと、教育と市民サービス、そしてリーダーシップによって、人口が多く、高度に発展し、競争の激しい世界に向かい合うことができるのだ。発展途上国や先進国を通じて起きている世界の変化は、何よりも都市においてその姿を力強く見せている。都市には問題も生じるが、同時に答えもあらわれている。それこそがわれわれに都市が生き生きと教えているものなのである。未来への鍵は、都市そのものなのだ。

▶ ロンドン：ノッティングヒルのカーニバル
Kaherine Miles/Environmental Images

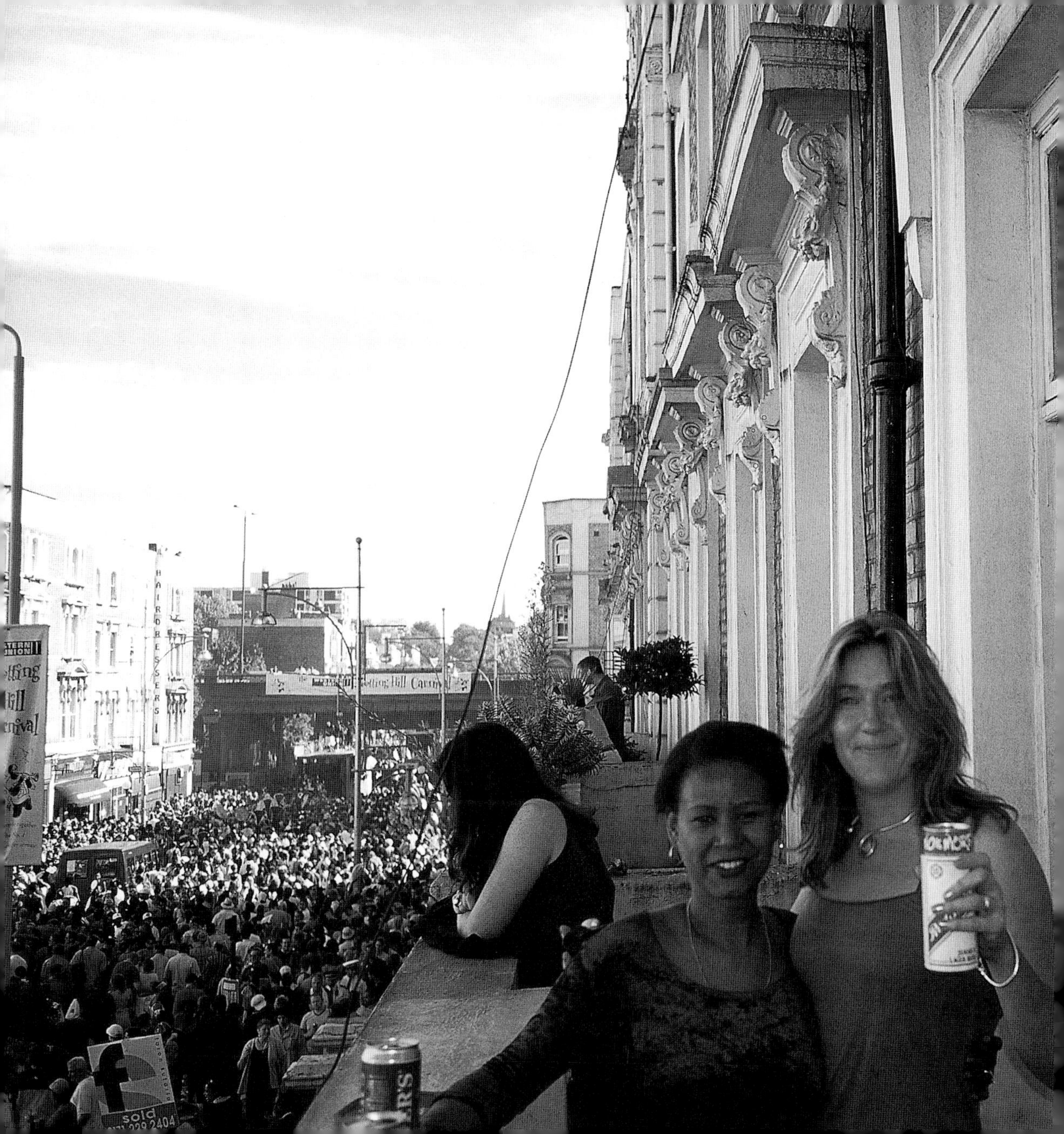
HAIRDRESSERS
sold

Notes

1. Esteban, J (1999)
2. Glasgow City Council (1999)
3. Esteban, J (1999)
4. City of Barcelona (1999) Crime survey
5. Esteban, J (1999)
6. Power, A, and Mumford, K (1999)
7. Power, A (2000) RSA lecture
8. Interview with senior manager in international electronics firm wanting to relocate, August 1999
9. North Manchester Regeneration Panel (1999)
10. Perlman, J, Mega-cities project, quoted in Girardet, H (1996)
11. Gehl, J (1996a; 1996b; 1999)
12. Times Atlas of the World (1997)
13. Urban Task Force (1999)
14. Sassen, S (1994)
15. Hall, P (2000a)
16. Cullingworth, JB (1979)
17. Turok, I, and Edge, N (1999); British Business Parks (1999)
18. Jargowsky, PA (1996); Wilson, WJ (1996)
19. The Economist (2000c)
20. SEU (1998a)
21. DETR (1999p)
22. Arendt, H, in Rowe, P (1999)
23. Rowe, P (1999)
24. Halsey, AH (1988); UNEP (2000)
25. London Borough of Islington (1968)
26. Burrows, R, and Rhodes, D (1998)
27. IPPR (2000)
28. Briggs, A (1983)
29. Briggs, A (1968)
30. The People's Panel (1999)
31. Travers, T (1998)
32. UTF (1999b)
33. SEU (1998a)
34. Burnett, J (1991)
35. Crookston, M (1999)
36. Halsey, AH (1988)
37. ONS 1951-1991 census data
38. Abercrombie, P (1945)
39. Power, A (1987)
40. DoE (1968)
41. DETR (1999n)
42. Holman, B (1999a)
43. SEU (2000a)
44. Bramley, G, et al (1999)
45. Power, A, and Mumford, K (1999)
46. Turok, I, and Edge, N (1999)
47. DfEE (1999c)
48. Hills, J (1998)
49. Turok, I, and Edge, N (1999)
50. Lupton, R (forthcoming)
51. Rose, J (1969)
52. SEU (2000b)
53. Rose, J (1969)
54. DoE (1974-1997)
55. Peach, C (1998a; 1998b); Modood, T, et al (1997)
56. Modood, T, et al (1997)
57. HUD (1999)
58. Commission for Racial Equality (1998a; 1998b)
59. ONS (2000); Halsey, AH (1988)
60. Ibid
61. Glennerster, H, and Hills, J (1998); Modood, T, et al (1997)
62. Power, A, and Mumford, K (1999)
63. Power, A, and Tunstall, R (1995)
64. Hills, J, et al (1999)
65. Davies, N (1999)
66. SEU (2000b)
67. DfEE (1999b)
68. OFSTED (2000)
69. City of Newcastle, Department of Education, 1999
70. Estate agents' evidence
71. Blunkett, D (1999)
72. Home Office (2000)
73. Ibid
74. Hall, P (1998)
75. Power, A, and Mumford, K (1999)
76. SEU (2000b)
77. DETR (1999n)
78. DETR (1999l)
79. Ibid
80. The Economist (2000d)
81. DETR (1999l)
82. Turok, I, and Edge, N (1999)
83. Giddens, A (1990)
84. Kontinnen, S (1983)
85. Ibid
86. Henderson, T (1999)
87. House of Commons Select Committee on Environment, Transport and Regional Affairs (1999)
88. Howard, E (1898)
89. Jacobs, J (1990)
90. Gwilliam, M, et al (1998)
91. Gehl, J (1996b)
92. DoE (1991)
93. Halsey, AH (1988)
94. Thomson, F.ML (1990)
95. Burnett, J (1991)
96. Hill, O (1883)
97. Burnett, J (1991)
98. GLC Housing Committee minutes 1976
99. Hall, P, and Ward, C (1998)
100. Hall, P (1990)
101. Swenarton, M (1981)
102. Experience in the North Islington Housing Rights Project 1974-1980 showed that inner London residents were screened for their work record to ensure that the New Towns would be 'economically viable'; Glasgow City Council (1999); DoE (1974-1977)
103. Gwilliam, M, et al (1998)
104. Holmans, A (1987)
105. Saunders, P (1990)
106. Donnison, D (1967)
107. Ministry of Housing and Local Government (1969)
108. Lockwood, C (1999); HUD (1999)
109. Katz, B, and Bradley, J (1999)
110. Crookston, M (2000)
111. Burdett, R (2000)
112. Thomson, FML (1990)
113. Ibid
114. House of Commons Committee on Housing in Greater London (1965)
115. Thomson, FML (1990)
116. Author's visit to Federal Department of Housing and Urban Development (2000)
117. Simmins, M (1999)

118 UTF (1999b); DETR (2000a)
119 DoE (1974-1977)
120 Power, A (1987)
121 Dunleavy, P (1981)
122 Ibid
123 Power, A (1993)
124 Hamilton, R (ed) (1976)
125 Macey, J, and Baker, CV (1964); the GLC closed its waiting lists in the 1960s because of the problem of rehousing from slums
126 Ministry of Housing and Local Government (1969)
127 Crossman, RHS (1977)
128 Priority Estates Project (1982; 1984)
129 Power, A (1987)
130 London Borough of Islington (1968)
131 Power, A (1987)
132 Harloe, M (1995); Dunleavy, P (1981)
133 DoE (1987)
134 Power, A (1999)
135 DoE (1974-1977)
136 McLennan, D (1997)
137 DoE (1974)
138 Power, A, and Tunstall, R (1995)
139 Ratcliffe, P (2000)
140 BBC (1995)
141 Power, A, and Mumford, K (1999)
142 Rudlin, D (1998)
143 DETR (1999n; 2000a)
144 Bramley, G, et al (1999)
145 London Borough of Hackney (1999)
146 Power, A (1999); HTA (1998)
147 Ibid (Trellick Tower, Kensington and Chelsea)
148 SEU (1998a; 2000b)
149 Gehl, J (1999)
150 DETR (1998c)
151 DETR (1999j)
152 Millennium Dome, Transport Zone (2000)
153 *The Economist* (2000c)
154 Jowell, R, et al (1999)
155 DETR (1999i)
156 DETR (1999f); Audit Commission (1999a)
157 Ibid
158 HUD (1999)
159 DETR (2000f)
160 DETR (199f); Audit Commission (1999a)
161 AA (2000a; 2000b)
162 UN (1997)
163 Gehl, J (1996b); Appleyard, D (1981)
164 *British Medical Journal* (1999)
165 Power, A, and Tunstall, R (1997)
166 Ibid
167 HUD (1999)
168 Lockwood, C (1999)
169 Fialka, J (2000); HUD (1999)
170 Atkinson, M, and Ellliott, L (1999)
171 Power, A, and Wilson, WJ (2000); Jargowsky, P (1997); HUD (1999)
172 Massey, DS, and Denton, NA (1993); HUD (1998)
173 HUD (1999)
174 Centre for Architecture and the Built Environment, author's personal communication
175 Castells, M (1999)
176 Sassen, S (1994)
177 Jowell, R, et al (1999)
178 Grayling, S, and Glaister, S (2000); Curitiba Municipal Secretariat for the Environment (1992)
179 DETR (1999f)
180 DETR (1999f)
181 Statement by the Chief Executive, Railtrack, after the Paddington rail crash, 5 October 1999
182 BBC Panorama (1999a)
183 *The Economist* (2000b)
184 Millennium Dome, Transport Zone (2000)
185 Virgin Trains (2000)
186 BBC Panorama (2000a)
187 Ibid
188 Walters, J (2000)
189 AA (2000a)
190 Gehl, J (1996a; 1999)
191 City of Strasbourg (1999)
192 DETR (1999e)
193 DoT (1996)
194 Sustrans (2000)
195 DETR (1999i)
196 HUD (1998; 1999)
197 Satterthwaite, D (ed) (1999)
198 UNEP (2000)
199 Parliamentry Office of Science and Technology (1998)
200 DETR (1998i)
201 Author's visit to World Bank, Washington, May 2000
202 House of Commons Select Committee on Environment, Transport and Regional Affairs (2000a)
203 DETR (2000g)
204 Rees, W, in Satterthwaite, D (ed) (1999)
205 UNEP (2000)
206 Rees, W, in Satterthwaite, D (ed) (1999)
207 National House Builders Council (1998)
208 Power, A, and Mumford, K (1999); Power, A (2000)
209 Giddens, A (1999)
210 Power, A (1999)
211 *The Economist* (2000d)
212 Ibid
213 Nivola, PS (1999)
214 Girardet, H (1996)
215 UNCHS (1996)
216 UN (1997)
217 Girardet, H (1996); Satterthwaite, D (ed) (1999)
218 Brown, P (1999)
219 Watanabe, N (2000); Girardet, H (1996)
220 UNEP (2000)
221 Ibid
222 Katz, B, and Bradley, J (1999)
223 Freedland, J (1999)
224 Meadows, D H, et al (1972)
225 May, R (2000)
226 World Bank (2000); DETR (1999q)
227 Rees, W, in Satterthwaite, D (ed) (1999)
228 Nivola, P S (1999)
229 National Parks (1999)
230 Danish National Urban Renewal Company (1989); information received by the author
231 Manchester City Council, Regeneration Panel, comparative property values from Grimley Eve Surveyors, 1999
232 LPAC (1999)
233 DETR (1999n)
234 LPAC (1999)
235 Halifax Building Society (1999)
236 Holmans, A, and Simpson, M (1999)
237 Power, A, and Tunstall, R (1997); DETR (1999n)

238 Murphy, M (2000)
239 DETR (1999p)
240 Cherry, A (1999)
241 DoE (1992)
242 Holmans, A (1995)
243 Pfeiffer, U (1999)
244 KPMG (1998; 1999)
245 DETR (2000c)
246 Kent Thames-Side (1999)
247 DoE (1995)
248 Hall, P (2000b)
249 Urban Splash (1998a; 1998b); Freedman, C (1996)
250 School Spending Allowance
251 DoH (1998; 1999)
252 SEU (2000b)
253 UTF (1999b)
254 Weaver, M (2000)
255 JRF (2000)
256 HTA (1998)
257 UTF (1999b)
258 Thamesmead Annual Reports 1983-1999
259 DETR (2000g)
260 Walker, L (2000); Kirby, P (2000)
261 Richard Rogers Partnership (1998); Latham, I, and Swenarton, M (1999)
262 British Business Parks (1999)
263 Gavron, N (2000)
264 Crime Concern (2000)
265 Webster, D (1999d)
266 British Airports Authority (1998); meeting at the London School of Economics
267 Power, A, and Bergin, E (1999); The Economist (2000d)
268 Best, R (2000)
269 British Business Parks (1999)
270 Cheshire, P, and Shepherd, S (1999); Pennington, M (1999)
271 Hall, P, and Ward, C (1998)
272 DoE (1992)
273 Thomson, D (2000)
274 'The people - where are they coming from? The housing consequences of migration' (1999) Joseph Rowntree Foundation seminar, September 20
275 Blair, T (1999a)
276 LGA (2000)
277 Llewellyn Davies (2000); Urbanisme (1999)
278 Power, A (1999)
279 Rudlin, D, and Falk, N (1999); Latham, I, and Swenarton, M (1999)
280 KPMG (1998; 1999); UTF (1999b); Royal Town Planning Institute (1999)
281 Rudlin, D (1998b)
282 UTF (1999b)
283 Llewellyn Davies (2000)
284 Latham, I, and Swenarton, M (1999)
285 See Hall, P (2000) Work and the places to be for the experience of Skipol
286 Llewellyn Davies (2000)
287 Pennington, M (1999)
288 BBC (1995); Patten, C (2000)
289 Power, A, and Mumford, K (1999)
290 JRF (1998)
291 DoE Urban Development Corporation reports 1981-1998
292 Henney, A (1982)
293 Millennium Footbridge closure, 12 June 2000
294 DETR (1998l)
295 HM Treasury (2000)
296 DETR (1998l)
297 Land Planning Act 1981
298 KPMG (1999); UTF (1999b)
299 Savills, FDP Survey of Residential Property (1998)
300 Power, A (1995)
301 LPAC (1999)
302 Glasgow City Council (1999)
303 Hebbert, M (2000)
304 LPAC (1999)
305 Power, A, and Tunstall, R (1993); James, O (1995)
306 Newman, K (1999)
307 Llewellyn Davies (2000)
308 British Airports Authority report to author (1998)
309 Rees, W, in Satterthwaite, D (ed) (1999)
310 Guggenheim Museum, New York
311 Newcastle City Council (1999)
312 Ibid; Power, A, and Mumford, K (1999)
313 Jacobs, J (1996)
314 Wilson, WJ (1987)
315 Burbridge, M, et al (1981)
316 JRF (1998)
317 Power, A (1999)
318 Llewellyn Davies, UCL Bartlett School of Planning and COMEDIA (1996)
319 Briggs, A (1983)
320 Rogers, R (1997)
321 Gehl, J (1996b)
322 Mercer, W M (2000b)
323 Patten, C (2000)
324 Atkinson, M, and Elliott, L (1999)
325 DoE (1993a)
326 Patten, C (2000)
327 Curitiba, Municipal Secretariat for the Environment (1992)
328 UTF (1999a)
329 UNCHS (1996)
330 Ibid
331 DETR (2000c)
332 Bannon, M, (1985)
333 Power, A (2000)
334 ONS (2000)
335 Power, A (1974)
336 DETR (2000b)
337 New York City Council Information (2000)
338 Power, A, and Bergin, E (1999)
339 PEP (2000)
340 Power, A (1999)
341 Hills, J (1998)
342 JRF (2000)
343 Ibid
344 Glasgow City Council (1999)
345 Power, A (1993)
346 Bramley, G, et al (1999)
347 National Federation of Housing Associations (1986)
348 Foyer Federation (1999)
349 LPAC (1999)
350 Crookston, M (1999; 2000); SEU (1998a)
351 Pitt, J (1999)
352 Ibid
353 HUD (1999); Turok, I, and Edge, N (1999)
354 Castells, M (1999)
355 Power, A, and Bergin, E (1999)
356 Hume Regeneration Company (1999); evidence from author's visit

295

357 Power, A, and Bergin, E (1999)
358 DETR (2000d)
359 UTF (1999b); SEU (2000b)
360 Association of Town Centre Managers report to the UTF (1999)
361 Power, A (1992)
362 Power, A, and Bergin, E (1999)
363 Curitiba, Municipal Secretariat for the Environment (1992)
364 City of Strasbourg (1999)
365 Grayling, T, and Glaister, S (2000); Curitiba, Municipal Secretariat for the Environment (1992)
366 Ibid
367 DETR (1999g)
368 *The Economist* (1998)
369 *The Economist* (2000b); Caisse des Dépôts et Consignations Comité d'Evaluation (2000)
370 Putnam, R D (1993)
371 Caisse des Dépôts et Consignations Comité d'Evaluation (2000)
372 Greenhalgh, L, and Worpole, K
373 Opening of Murray Grove, Peabody Trust, 10 November 1999
374 Estebán, J (1999)
375 Borer, P, and Harris, C (1998); Girardet, H (1998)
376 Girardet, H (1998)
377 Girardet, H (1998)

References

AA (2000a), Great British Motorist 2000 survey

AA (2000b), 'UK motorists get Europe's raw deal', *AA Members' Magazine*

Abercrombie, P (1945), Greater London Plan 1944, London: HMSO

Appleyard, D (1981), Liveable Streets, Berkeley: University of California Press

Asbury, P (1999), Bowes Park Action Group, letter to author (7 December)

ASDA (1999), 'ASDA plans to roll out 50 new ASDA fresh stores in five years', press release (15 November)

Atkinson, M, and Elliott, L (1999), 'He means business', interview with Digby Jones, Director General of CBI, Guardian (20 November)

Audit Commission (1996), *Misspent youth . . . young people and crime*, London: Audit Commission

Audit Commission (1998), *Home alone: the role of housing in community care*, London: Audit Commission

Audit Commission (1999a), *All aboard: a review of local transport and travel in urban areas outside London*, London: Audit Commission

Audit Commission (1999b), *A life's work: local authorities, economic development and economic regeneration*, London: Audit Commission

Bailey, N, Turok, I, and Docherty, I (1999), *Edinburgh and Glasgow: contrasts in competitiveness and cohesion*, Interim report of the Central Scotland Integrative Case Study, Glasgow: University of Glasgow, Dept of Urban Studies

Baldwin, P (1999), 'Postcodes chart growing income divide', *Guardian* (25 October)

Ball, M (1998), *School inclusion: the school, the family and the community*, York: Joseph Rowntree Foundation

Bannon, M J (1984), *A hundred years of Irish planning: the emergence of Irish planning 1880-1920*, Dublin: Turoe Press

Barcelona, City of (1999), *Delinquency in Barcelona City*, Barcelona: PSC-Secretaria

Bartlett, S, et al. (1999), *Cities for children: children's rights, poverty and urban management*, London: Earthscan

BBC (1995), *The New Jerusalem*

BBC News (1999), Summary of the rail survey by Tim James (29 November)

BBC Panorama (1999a), 'The great train jam' (29 November)

BBC Panorama (1999b), 'The house price lottery' (28 June)

BBC Track Record (1999), Key issues: a guide to the main issues by BBC transport correspondent Tom Heap (29 November-4 December)

Best, R (1999), Director, Joseph Rowntree Foundation, letter to Julian Pitt, Hertfordshire CC (21 December)

Best, R (2000), Chartered Institute of Housing plenary speech (13 June)

Blair, T (1999a), Annual Beveridge Lecture (18 March)

Blair, T (1999b), Prime Minister's New Year Message, Sedgefield (29 December)

Blayey, S (2000), 'Urban shambles', Observer (23 January)

Blunkett, D (1999), *Social exclusion and the politics of opportunity: a mid term progress check*, Speech by the secretary of state for education and employment (3 November), London: DfEE

Borer, P, and Harris, C (1998), *The whole house book: ecological building design and materials*, Powys: Centre for Alternative Technology

Boseley, S, et al. (2000), 'Incinerator cancer threat revealed', *Guardian* (18 May)

Boylan, E (2000), Speech at Chartered Institute of Housing annual conference (June)

Bramley, G (1998), *Housing surpluses and housing need*, paper presented to the Capital's Housing Action Conference, University of York

Bramley, G, et al. (1999), *Low demand housing and unpopular neighbourhoods. Second draft report to the DETR*, Edinburgh: School of Planning and Housing, Edinburgh College of Art/Heriot-Watt University

Braunstone New Deal Task Force (1999), *New Deal for Braunstone: delivery plan*, Leicester

Briggs, A (1968), *Victorian cities*, Harmondsworth: Penguin Books

Briggs, A (1983), *A social history of England*, Harmondsworth: Penguin Books

Brindle, D (1999), 'Potted history', *Guardian* (27 October)

British Business Parks (1999), *Briefing paper on British Business Parks*, Walsall: British Business Parks

British Medical Journal (1999), 'Preventing Osteoporosis, falls and fractures among elderly people', *British Medical Journal*, vol. 318, pages 205-206 (23 January)

Brown, P (1999), 'Washed up', *Guardian* (27 October)

Burbridge, M, et al. (1981), *An investigation of difficult to let housing*, London: Department of the Environment

Burdett, R (2000), *Density and quality of life in cities*, LSE London Lecture (10 May)

Burnett, J (1991), *A social history of housing 1815-1985*, London: Routledge

Burrows, R (1997), *Contemporary patterns of residential mobility in relation to social housing in England. Research report*, University of York: Centre for Housing Policy

Burrows, R, and Rhodes, D (1998), *Unpopular places? Area disadvantage and the geography of misery in England*, Bristol: Policy Press

Cabinet Office (1999), *Sharing the nation's prosperity: variations in economic and social conditions across the UK. A report to the prime minister* (December)

Carvel, J (1999), 'University drop-out rates reflect class roots', *Guardian* (3 December)

Castells, M (1999), *The Information Age: economy, society and culture*, London: Blackwell

Centre for Regional Economic and Social Research (1999), *Landlords*, Sheffield: Sheffield Hallam University, in association with the Housing Corporation

Cherry, A (1999), Evidence presented to the UTF

Cheshire, P, and Sheppard, S (1997), *Welfare economics of land use* regulation, Research Papers in Environmental and Spatial Analysis No 42, London: London School of Economics, Dept of Geography

Cheshire, P, and Sheppard, S (2000), *The political economy of containing urban sprawl: sustainability or asset values?* Paper presented at the World Congress of Regional Science, Lugano, Switzerland (May)

Cheshire, P (1990), 'Explaining the recent performance of the European Community's major urban Regions', *Urban Studies*, vol 27, no 3, pages 311-333

Cheshire, P (1999), 'Cities in competition: articulating the gains from integration', *Urban Studies*, vol 36, nos 4-6, pages 843-864

Cheshire, P, and Carbonaro, G (1996), 'Urban economic growth in Europe: testing theory and policy prescriptions', *Urban Studies*, vol 33, no 7, pages 1111-1128

Cheshire, P, and Sheppard, S (1999), 'Land strapped - constrained land supply skews prices', *ROOF*, Winter

Cheshire, P, and Sheppard, S (2000), 'Building on brown fields: The long term price we pay', *Planning in London*, 33, April/June, pages 34-36

CLES (1999), *Homes with jobs: delivering New Deal through social landlords*, Manchester: CLES, Building Positive Action

Cole, I, Kane, S and Robinson, D (1999), *Changing demand, changing neighbourhoods: the response of social landlords*, Sheffield: CRESR, Sheffield Hallam University/London: Housing Corporation

Commission for Racial Equality (1998a), *Reform of the Race Relations Act*, 1976, proposals for change, submitted to the Secretary of State for the Home Department (30 April)

Commission for Racial Equality (1998b), *Stereotyping and racism*, report of two attitude surveys carried out by the CRE into identities, stereotypes and experiences of racism among South Asians, African Caribbeans and white people, London: CRE

CPRE (1996), *Housing with hindsight. Household growth, housing need and housing development in the 1980s*, London: CPRE

CPRE (1999a), Housing and the Environment, London: CPRE

Housing types and tenure

Plan, monitor and manage

Spatial distribution of additional development and impact on urban areas and sustainability

Urban renaissance and countryside protection

CPRE (1999b), *The Crow Report: a CPRE critique of housing proposals in the report of the Public Examination of Regional Planning Guidance for the South East*, London: CPRE

Crime Concern (1998a), *Reducing neighbourhood crime: a manual for action*, report prepared by Crime Concern for the Crime Prevention Agency at the Home Office, London: CPA

Crime Concern (1998b), *Safe as houses: a community safety guide for registered social landlords*, published by Crime Concern for the Housing Corporation, Swindon: Crime Concern

Crime Concern (2000), President's Council Meeting (11 May)

Crookston, M (1999), Evidence presented to the UTF

Crookston, M (2000), *Calling suburbia: Richard Rogers has a plan for you . . .* , London: Llewelyn Davies

Crossman, R H S (1977), *The diaries of a cabinet minister. Secretary of State for Social Services, 1968-70*, London: Hamish Hamilton/Cape

Cullingworth, J B (1979), *Essays on housing policy: the British scene*, London: Allen and Unwin

Curitiba Municipal Secretariat for the Environment (1992), Curitiba. *The ecological revolution*, Curitiba: Municipal Secretariat for the Environment

Davies, N (1999), 'Schools in crisis', series of articles, *Guardian* (14-16 September)

DETR (1998a), *A New Deal for transport: better for everyone*, London: Stationery Office

DETR (1998b), *Housing Investment Programme: Housing Annual Plan*, London: DETR

DETR (1998c), *Road accidents in Great Britain 1998: the casualty report*, London: Stationery Office

DETR (1998d), *The impact of large foodstores on market towns and district centres: executive summary*, London: HMSO

DETR (1998e), *The impact of urban development corporations in Leeds, Bristol and Central Manchester*, Regeneration Research Summary No 18, London: DETR

DETR (1998f), *Government Statistical Service Information Bulletin: land use change in England*, London: DETR

DETR (1998g), *New Deal for Communities*, London: DETR

DETR (1998h), *Planning for sustainable development: towards better practice*, London: DETR

DETR (1998i), *Planning for the communities of the future*, London: DETR

DETR (1998j), *The Government's Response to the Environment, Transport and Regional Affairs Committee. Session 1997-8, Housing*, London: Stationery Office

DETR (1998k), *Transport Statistics Report: walking in Great Britain*, London: Stationery Office

DETR (1998l), *Urban development corporations: performance and good practice*, Regeneration Research Summary No 17, London: DETR

DETR (1998m), *Walking in Great Britain*, London: Stationery Office

DETR (1999a), *Annual Report 1999: The Government's Expenditure Plans 1999-2000 to 2001-02*, London: DETR

DETR (1999c), *Quarterly bulletin of rail statistics*, Transport Statistics Division (TSA) (December 12)

DETR (1999d), *Cross-cutting issues affecting local government*, London: DETR

DETR (1999e), *Cycling in Great Britain*, Personal Travel Factsheet 5 (December), London: DETR

DETR (1999f), *From workhorse to thoroughbred: a better role for bus travel*, London: Stationery Office

DETR (1999g), 'Lord Whitty Announces nine Home Zone sites', press release no 788 (4 August)

DETR (1999h), *National land use database: provisional results for previously developed land in England*, Government Statistical Service Information Bulletin no 500 (20 May)

DETR (1999i), *National Travel Survey: update 1996/98*, London: DETR

DETR (1999j), *Travel to school*, Personal Travel Factsheet 2 (June), London: DETR

DETR (1999k), *Where does public spending go? Pilot study to analyse the flows of public expenditure into local areas*, London: DETR

DETR (1999l), *1998 Index of Local Deprivation: a summary of results*, London: DETR

DETR (1999m), *Land use change in England*, No 14, London: DETR

DETR (1999n), *National Strategy for Neighbourhood Renewal: unpopular housing*, Report of Policy Action Team 7, London: DETR

DETR (1999o), 'Household growth down - John Prescott', press release (29 March)

DETR (1999p), *Projections of households in England to 2021*, London: DETR

DETR (1999q), *Quality of life counts: indicators for a strategy for sustainable development for the United Kingdom. Baseline assessment*, London: DETR

DETR (1999r), *Interim evaluation of English Partnerships*, Regeneration Research Summary no 24, London: DETR

DETR (2000a), *Housing Green Paper*, London: DETR

DETR (2000b), *Housing*, Planning Policy Guidance Note no 3, London: DETR

DETR (2000c), 'Prescott announces more responsive approach to meeting South East's housing needs', press release (7 March)

DETR (2000d), '£280 million budget bonus for transport - public transport and pensioners gain', press release 225 (23 March)

DETR (2000e), *Quality and choice*, London: DETR

DETR (2000f), *Tomorrow's roads: safer for everyone. The Government's road safety strategy and casualty reduction targets for 2010*, London: DETR

DETR (2000g), *Waste Strategy 2000 England and Wales, Parts 1 and 2*, London: Stationery Office

DfEE (1999a), *Excellence in cities*, London: DfEE Publications

DfEE (1999b), *School performance league tables*, London: HMSO

DfEE (1999c), *A fresh start: improving literacy and numeracy*, report of the working group chaired by Sir Claus Moser, London: DfEE Publications

DfEE (1999d), *Jobs for all: National Strategy for Neighbourhood Renewal*, report of the Policy Action Team on Jobs, London: DfEE Publications

DoE (1968), *Old houses into new homes*, London: HMSO

DoE (1974), *Difficult to let*, unpublished report of postal survey

DoE (1974-77), *Inner areas studies*, London: HMSO

DoE (1987), *PEP guide to local housing management, vols 1, 2, 3*, DoE for the Priority Estate Project

DoE (1991), 'City Challenge', press release

DoE (1992), *The relationship between house prices and land supply*, London: HMSO

DoE (1993a), *East Thames Corridor: a study of development capacity and potential*, London: HMSO

DoE (1993b), *The use of density in land use planning*, Planning Research Programme, London: HMSO

DoE (1995), *The Thames Gateway planning framework*, London: HMSO

DoE (1996), *Urban trends in England: latest evidence from the 1991 Census*, London: HMSO

DoH (1998, 1999), Statistics, London: DoH

Donnison, DV (1967), *The government of housing*, Harmondsworth: Penguin Books

Donnison, D, and Middleton, A (eds) (1987), *Regenerating the inner city: Glasgow's experience*, London: Routledge & Kegan Paul

DoT (1996), *The National Cycling Strategy*, London: DoT

DSS (1999), *Opportunity for all: tackling poverty and social exclusion. First annual report*, London: Stationery Office

Dunleavy, P (1981), *The politics of mass housing in Britain, 1945-1975: a study of corporate power and professional influence in the welfare state*, Oxford: Clarendon Press

Dwelly, T (ed) (1999), *Community investment: the growing role for housing associations*, York: Joseph Rowntree Foundation

Economist, The (1998)

    'Britain's provincial cities. In London's shadow' (1 August)

    'Birmingham. From workshop to melting pot' (8 August)

    'Cities. The leaving of Liverpool' (15 August)

    'Glasgow. Refitting on the Clyde' (22 August)

    'Leeds. Streets paved with brass' (29 August)

    'Middlesborough. Rejuvenating Hercules' (5 September)

Economist, The (1999a)

    'Urban sprawl: to traffic hell and back' (8 May)

    'Urban sprawl: a hydra in the desert' (17 July)

    'Urban sprawl: wired in the woods' (31 July)

    'Urban sprawl: right in the governor's back yard' (24 July)

    'Urban sprawl: people want a place of their own' (7 August)

    'Urban sprawl: aren't city centres great?'(14 August)

    'Urban sprawl: not quite the monster they call it' (21 August)

Economist, The (1999b), 'Poverty' (23 October)

Economist, The (1999c), 'Poor students' (30 October)

Economist, The (1999d), 'How rich is London?' (18 December)

Economist, The (1999e), 'Blair's baby' (18 December)

Economist, The (2000a), 'Fewer and wrinklier Europeans' (15 January)

Economist, The (2000b), 'France - a city revived' (26 February)

Economist, The (2000c), 'Oxera study on rail and road investment and costs' (22 April)

Economist, The (2000d), 'A continent on the move' (6 May)

Empty Homes Agency (1999a), Letter from the Chief Executive to the Urban Task Force (7 August)

Empty Homes Agency (1999b), 'England's empty homes', press release (3 March)

Environment and Urbanisation (1996), vol 8, no 1, April, London: IIED

Environment and Urbanisation (1999), Sustainable cities revisited II, vol 11, no 2, October, London: IIED

Esteban, J (1999), *El Projecte Urbanistic - valorar la periferia I recuperar el centre*. Barcelona: Aula

Fialka, J (2000), 'Campaign against sprawl overruns a county in Virginia and soon perhaps much of nation', *Wall Street Journal* (4 January)

Finch, J (1999), 'House prices to jump again', *Guardian* (30 December)

Fischel, W (1999), *Sprawl and the federal government*, Cato Policy Report, September/October

Foyer Federation (1999), *Annual report*, London: Foyer Federation

Freedland, J (1999), 'Powerless people', Guardian (1 December)

Freedman, C (1996), 'Northern exposure', Estates Gazette (3 June)

Gavron, N (2000), Report to the Urban Task Force on London's capacity for housing

Gehl, J (1996a), *City quality - the Copenhagen way. Public spaces and public life in the city centre 1962-1996*, paper for Car-free Cities conference, Copenhagen, 6-7 May 1996

Gehl, J (1996b), *Life between buildings: using public space*, Copenhagen: Arkitektens Forlag

Gehl, J (1999), *Creating a human quality in the city*, paper for Living and Walking in Cities conference, Brescia, 14-15 June

Gehl, J, and Gemzoe, L (1996), *Public spaces public life*, Copenhagen: Architectural Press

Geitner, P (1999), *Germans find happiness without autos*, Associated Press

Giddens, A (1990), *The consequences of modernity*, Cambridge: Polity in association with Blackwell

Giddens, A (1999), *Runaway world: how globalisation is reshaping our lives*, 1999 Reith Lectures, London: Profile

Girardet, H (1996), *Gaia atlas of cities: new directions for sustainable urban living*, Stroud: Gaia

Girardet, H (1998), Report to the UTF

Glasgow City Council (1999), Homes for the future, Glasgow: Glasgow City Council

*Glennerster, H, and Hills, J (1998) Ed. The state of welfare II: the economics of social spending/Martin Evans et al. Oxford, New York: Oxford University Press

Glennerster, H, Lupton, R, Noden, P, and Power, A (1999), *Poverty, social exclusion and neighbourhood: studying the area bases of social exclusion*, London: CASEpaper 22

Government Office for the East of England (1999), *Draft regional planning guidance for East Anglia*, report of the Public Examination Panel (June)

Government Office for the North West, *Town centre management in the North West of England*, Manchester: GONW

Government Office for the South East (1999), *Regional planning guidance for the South East of England*, report of the Public Examination Panel (September)

Grayling, T (2000), 'Fairer fares', *Guardian* (9 January)

Grayling, T, and Glaister, S (2000), *A new fares contract for London*, London: IPPR

Greenhalgh, L, and Worpole, K (1995), *Park life: urban parks and social renewal*, London: DEMOS/Comedia

Groom, B (1999), 'Inspectors recommend 1m new homes for south-east', *Financial Times* (9-10 October)

Guardian, The (2000), 'A new century, a new resolution', supplement with WWF (1 January)

Gwilliam, M, et al (1998), *Sustainable renewal of suburban areas*, London: Joseph Rowntree Foundation

Halifax Building Society (1999), Index of average house prices, fourth quarter

Hall, P (1990), *Cities of tomorrow: an intellectual history of urban planning and design in the twentieth century*, Oxford: Blackwell

Hall, P (1996), *Building a new Britain*, London: Town and Country Planning Association

Hall, P (1998), Evidence presented to the Urban Task Force (November)

Hall, P (1999a), 'Growing sense of emptiness', *Guardian* (15 September)

Hall, P (1999b), 'Sirens sound over the countryside', *Financial Times* (2 November)

Hall, P (1999c), *Sustainable cities or town cramming?* London: Town and Country Planning Association

Hall, P (2000a), Work and the places to be, *Town and Country Planning Magazine*

Hall, P (2000b), Evidence presented to the UTF

Hall, P, and Pfeiffer, U (1999), *The urban future 21*, Bonn: Empirica

Hall, P, and Ward, C (1998), *Sociable cities: the legacy of Ebenezer Howard*, Chichester: Wiley

Halpern, D (1995), *More than bricks and mortar? Mental health and the built environment*, London: Taylor & Francis

Halsey, A H (1988), *British social trends since 1900: a guide to the changing social structure of Britain*, Basingstoke: Macmillan

Hamilton, R (ed) (1976), *Street by street*, London: Shelter

Harloe, M (1995), *The people's home? Social rented housing in Europe and America*, Oxford: Blackwell

Hebbert, M (2000), *Singing streets of London*, Third Eila Campbell Memorial Lecture, Birkbeck College, London, 1 March 2000

Hencke, D (2000), 'Children at risk from poisoned ash on paths', *Guardian* (8 May)

Henderson, T (1999), 'Byker Wall homes saved by heritage housing plan', *The Journal* (23 December)

Henney, A (1982), *Inside local government*, London: Sinclair Browne

Hetherington, P (1999a), 'Alarm over targets for south-east homes', *Guardian* (8 October)

Hetherington, P (1999b), 'Fat south, thin north', *Guardian* (14 October)

Hetherington, P (1999c), 'Plan to rebuild Newcastle is biggest since war', *Guardian* (1 December)

Hetherington, P (1999d), 'Rebirth of bombed city centre', *Guardian* (22 November)

Hill, O (1883), *Homes of the London poor*, London

Hills, J (1998), *Income and wealth: the latest evidence*, York: Joseph Rowntree Foundation

Hills, J (2000), *Reinventing social housing finance*, London: IPPR

Hills, J, et al (1999), *Persistent poverty and lifetime inequality: the evidence*, proceedings of a workshop held at H M Treasury, chaired by Professor John Hills, 17-18 November 1998, CASEreport 5, London: CASE

HM Treasury (2000), *Comprehensive Spending Review*, London: HM Treasury

Holman, B (1997), *FARE dealing: neighbourhood involvement in a housing scheme*, London: Community Development Foundation

Holman, B (1999a), *Faith in the poor*, Oxford: Lion Publishing

Holman, B (1999b), 'Limited imagination', *Guardian* (31 March)

Holmans, A, Morrison, N, and Whitehead, C (1998), *How many homes will we need? The need for affordable housing in England*, London: Shelter

Holmans, A (1987), *Housing policy in Britain*: a history, London: Croom Helm

Holmans, A (1995), *Housing demand and need in England 1999-2011*, London: Joseph Rowntree Foundation

Holmans, A (2000), Letter to author on population growth and housing demand

Holmans, A, and Simpson, M (1999), *Low demand: separating fact from fiction*, York: Joseph Rowntree Foundation

Home Office (1998), *Concern about crime: findings from the 1998 British Crime Survey*, Research Findings no 83, London: Home Office Research Development and Statistics Directorate

Home Office (2000), *Recorded crime statistics: England and Wales, October 1998 to September 1999*, Issue 1/00 (January), London: Home Office Research Development and Statistics Directorate

House of Commons Committee on Housing in Greater London (1965), Report of the committee on housing in Greater London, chairman Sir Milner Holland, presented to parliament by the minister of housing and local government, London: HMSO

House of Commons Select Committee on Environment, Transport and Regional Affairs (1999), *Twentieth report: town and country parks*, London: Stationery Office

House of Commons Select Committee on Environment, Transport and Regional Affairs (2000a), Sixth report: *Environment Agency*, London: Stationery Office

House of Commons Select Committee on Environment, Transport and Regional Affairs (2000b), Proposed White paper. Vol 1, Report and proceedings of the committee. Eleventh Report, London: Stationery Office

Howard, E (1898), *Tomorrow: a peaceful path to real reform*, London

HTA (1998), Project profiles on Waltham Forest tower blocks

HUD (1997, 1998, 1999), *The state of the cities*, Washington: US Department of Housing and Urban Development

IIED (1999), *Addressing environment and development in urban areas: the work of IIED's Urban Group*, London: IIED

IPPR (2000), Results of survey conducted for the IPPR Review of Housing, London: IPPR

Jacobs, J (1990), *The economy of cities*, New York: Random House

James, O (1995), *Juvenile violence in a winner-loser culture*, London: Free Association Books

Jargowsky, PA (1997), *Poverty and place: ghettos, barrios and the American city*, New York: Russell Sage Foundation

Jencks, C, and Peterson, P E (1991), *The urban underclass*, Washington: Brookings Institution

Jenkins, S (1999), 'The lure of lucre is robbing England of its countryside', *Sunday Times* (24 October)

Joseph Rowntree Foundation (1998), CASPAR market research

Joseph Rowntree Foundation (2000), *The secrets of CASPAR*, York: Joseph Rowntree Foundation

Jowell, R, et al (1999), *British Social Attitudes: the sixteenth report*, Aldershot: Ashgate

Jupp, B (1999), *Living together: community life on mixed tenure estates*, London: Demos

Katz, B, and Bradley, J (1999) *Divided we sprawl*. Atlantic monthly (December) Boulder USA

Kent Thames-side (1999), *Looking to an integrated future: land use and transport planning in Kent Thames-side*, Gravesend: Kent Thames-side

Kirby, P (2000), Evidence presented to the UTF on land reclaim

Kleinman, M (1999), *A more normal housing market? The housing role of the London Docklands Development Corporation 1981-1998*, Discussion paper no 3, London: LSE

Konttinen, S (1983), *Byker*, London: Jonathan Cape

KPMG (1998), *Fiscal incentives for brownfield sites*, report to the Urban Task Force (November)

KPMG (1999), *Brownfield housing projections: model assumptions*, report for the Urban Task Force, London: KPMG

Latham, I, and Swenarton, M (1999), *Brindley Place: a model for urban regeneration*, London: Right Angle Publishing.

Laurin, Y (nd), *The tram: a new concept of urban life*, Strasbourg: Transports et Stationnement

*Llewelyn Davies (2000), *Sustainable residential quality: exploring the housing potential of large sites*, London: LPAC in association with Urban Investment and Metropolitan Transport Research Unit

Llewelyn Davies, UCL Bartlett School of Planning and COMEDIA (1996), *Four world cities: a comparative study of London, Paris, New York and Tokyo*, London: Stationery Office for DoE and Government Office for London

Local Government Association (2000), Annual Housing Conference (February 24)

Lockwood, C (1999), *Urban sprawl: creating sprawl*, three-part series, Environmental News Network (October 28)

London Borough of Hackney (1999a), *Comprehensive Estates Initiative: laying foundations for a sustainable future. CEI Review 1992-1998*, London: London Borough of Hackney

London Borough of Hackney (1999b), Consultation over proposed regeneration plans involving demolition (unpublished)

London Borough of Islington (1968), Medical officer of health's report, 1961 and 1968 census

LPAC (1999), *London housing capacity guidelines 1992-2016: supplementary advice*, London: LPAC

Lupton, R (forthcoming), Report on the first stage of the Areas Study for the CASE, London: LSE

Lyons, M (1999), *Some reflections on the government of towns and cities*, inaugural lecture, Birmingham University (26 November)

MacCormack, R (date unknown), Urban Task Force, Working Group One: Residential densities on brown field sites

Macey, J, and Baker, C V (1965, 1978 & 1982), *Housing management*, London: The Estates Gazette

Maclennan, D (1997), *Britain's cities: a more positive future*, Lunar Society Lecture (November)

Manson, F (1998), *Urban living*, report to UTF (23 October)

Massey, D S, and Denton, N A (1993), *American apartheid: segregation and the making of the underclass*, Cambridge, Massachusetts: Harvard University Press

Mathiason, N (2000), 'Tesco Metros close as high rents bite', *Observer* (21 May)

May, R (2000), Millennium Supplement, *Observer* (January 2)

McSmith, A (1999), 'Hague to jobless: get off your bikes', *Observer* (31 October)

Meadows, D H, et al (1972), *The limits to growth: a report for the Club of Rome's project on the predicament of mankind*, New York: New American Library

Meek, J (1999), 'Muslim neighbourhoods proposed to revive rundown city suburbs', *Guardian* (12 November)

Mercer, W M (2000a), World city rankings, *Guardian* (13 January)

Mercer, W M (2000b), Cost of living survey, http://www.wmmercer.com

Ministry of Housing and Local Government (1969), *Council housing purposes, procedures and priorities*, ninth report of the Housing Management Sub-Committee of the Central Housing Advisory Committee (the 'Cullingworth Report'), London: HMSO

Modood, T, et al (1997), *Ethnic minorities in Britain: diversity and disadvantage*, London: Policy Studies Institute

Moser, C (1996), *Confronting crisis: a comparative study of household responses to poverty and vulnerability of four poor urban communities*, ESD Studies and Monographs Series no 8, Washington DC: World Bank

Mumford, K (2000), *Talking to families in East London*, London: CASE

Murphy, M (2000), Evidence on demographic trends, London School of Economics

National Federation of Housing Associations (1986), *NFHA Jubilee 1935-1985*, Peter Jones, produced by Liverpool Housing Trust Information Services, London: NFHA

National House-Builders Council Conference (1998), *Sustainable housing - meeting the challenge* (11 September)

National Parks (1999), *Lake District National Park: annual report*

New Internationalist, The (1999), 'Green cities', issue 313, June

Newcastle City Council (1999), *Going for growth: a citywide vision for Newcastle 2020*, Newcastle: Newcastle City Council

Newman, K (1999), *Falling from grace: downward mobility in the age of affluence*, University of California Press

NHF (1999), *Special report: planning for affordable homes in London*, London: National Housing Federation

NHF (South East) (1999), *Who needs housing?* London: NHF

Nivola, P S (1999), *Laws of the landscape: how policies shape cities in Europe and America*, Washington DC: Brookings Institution

North Manchester Regeneration Panel (1999), North Manchester Regeneration Report, Manchester: Manchester City Council

Nutall, N (1998), 'Five reasons why official housing figures may be wrong', *The Times* (28 January)

OECD (1998), *Territorial development: integrating distressed urban areas*, Paris: OECD Publications

Office for National Statistics (1991), 1991 Census

Office for National Statistics (1998), *Statistics press release: focus on London 98 1* (April)

Office for National Statistics (1999a), General Household Survey

Office for National Statistics (1999b), Labour Force Survey

Office for National Statistics (1999c), *Social trends, 29th edition*, London: Stationery Office

Office for National Statistics (2000), *Social trends, 30th edition*, London: Stationery Office

Office for Standards in Education (2000), Inspection of Bradford Local Education Authority, May 2000, Office of Her Majesty's Chief Inspector of Schools in conjunction with the Audit Commission

Pacione, M (ed) (1997), *Britain's cities: geographies of division in urban Britain*, London: Routledge

Parliamentary Office of Science and Technology (1998), *A brown and pleasant land: accommodating household growth in England on brownfield sites*, London: Parliamentary Office of Science and Technology

Patten, C (2000), *Reith Lectures: Respect for the earth*, Lecture 1: Governance, BBC Radio 4

Pawley, M (1998), *Terminal architecture*, London: Reaktion

Peach, C (1996a), 'Does Britain have ghettos?' *Transactions of the Institute of British Geographers*, NS 21, pages 216-235, London: Royal Geographical Society

Peach, C (ed) (1996b), *Ethnicity in the 1991 census. Vol 2: The ethnic minority populations of Great Britain*, London: HMSO

Peckham Partnership (1994), *Peckham Partnership: a bid for single regeneration budget funding*, London: London Borough of Southwark/Peckham Partnership (September)

Pennington, M (1999), 'Free market environmentalism and the limits of land use planning', *Journal of Environmental Policy Planning*, 1, pages 43-59

People's Panel, The (1999), Issue 2: January, London: Service First Unit, Cabinet Office.

Pfeiffer, U (1999), Study of elderly housing choices, Bonn: Empirica

Phillips, E M (1999), *Growing old gracefully*, London: William Sutton Trust

Pitt, J (1999), *Conversions could provide the answer*, Forward Planning Unit, Hertfordshire County Council

Plunz, R (1990), *A history of housing in New York City: dwelling type and social change in the American metropolis*, New York: Columbia University Press

Power, A, and Bergin, E (1999), *Neighbourhood management*, CASEpaper 31, London: LSE

Power, A, and Mumford, K (1999), *The slow death of great cities?*

Urban abandonment or urban renaissance, York: Joseph Rowntree Foundation

Power, A, and Tunstall, R (1995), *Swimming against the tide: polarisation or progress on 20 unpopular council estates 1980-1995*, York: Joseph Rowntree Foundation

Power, A, and Tunstall, R (1997), *Dangerous disorder: riots and violent disturbances on 13 areas of Britain 1991-92*, York: Joseph Rowntree Foundation

Power, A, and Wilson, WJ (2000), *Social exclusion and the future of cities*, CASEpaper 35, London: CASE

Power, A (1974), *David and Goliath*, London: Shelter

Power, A (1987), *Property before people: the management of twentieth-century council housing*, London: Allen and Unwin

Power, A (1992), *Empowering residents*, London: LSE

Power, A (1993), *Hovels to high rise: state housing in Europe since 1850*, London: Routledge

Power, A (1995), *Trafford Hall: a brief history of the National Tenants Resource Centre 1987-1995*, Chester: Trafford Hall

Power, A (1996), *Perspectives on Europe: unpopular estates in Europe and what can we learn from Europe?* London: Housing Corporation

Power, A (1999), *Estates on the edge: the social consequences of mass housing in Northern Europe*, London: Macmillan

Power, A (2000), 'Social exclusion', *RSA Journal*, no 5493, 2/4, pages 46-51

Pratty, J (2000), 'Cardboard cities', in *Hotline London*, Spring, Virgin Trains

Prescott, J (1998), 'The Green Belt is safe with us', *The Times* (28 January)

Priority Estates Project (1982; 1984), Reports to DoE and DoE Welsh Office (unpublished)

Priority Estates Project (2000), Caretaking Plus London: PEP

Putnam, R D (1993), *Making democracy work: civic traditions in modern Italy* (with Robert Leonardi and Raffaella Y Nanetti), Princeton NJ: Princeton University Press

Rabobank (1998), *Sustainability: choices and challenges for future development*, Leiden: Rabobank International

Railtrack (1999a), *Railtalk*, April

Railtrack (1999b), *Railtalk*, October

*Raoul, JC (1997), 'How high speed trains make tracks', Scientific American

Ratcliffe, P (2000), *Improving South Asian access to social rented housing in Bradford*, Bradford: Bradford City Council

Rayner, J. (1999), 'Our five challenges to the Mayor of London', *Observer* (24 October)

Richard Rogers Partnership (1998), Greenwich Peninsula Master Plan

RICS Research Foundation (1999), *2020: visions of the future*, London: RICS Research Foundation

Rogers, R (1997), *Cities for a small planet*, London: Faber and Faber

Rose, E J (1969), *Colour and citizenship: a report on British race relations*, London: Oxford University Press for the Institute of Race Relations

Rowe, P (1999), *Civic realism*, London: MIT Press

Royal Commission on Environmental Pollution (2000), *Energy: the changing climate*, 22nd report, London: Stationery Office

Royal Town Planning Institute (1999), Report to the Urban Task Force

Rudlin, D (1998a), Evidence presented to the Urban Task Force

Rudlin, D (1998b), *Tomorrow: a peaceful path to urban reform*, Friends of the Earth/URBED

Rudlin, D, and Falk, N (1999), *Building the 21st century home: the sustainable urban neighbourhood*, Oxford: Architectural Press

Sassen, S (1994), *Cities in a world economy*, California: Pine Forge Press

Satterthwaite, D (ed) (1999), *The Earthscan reader in sustainable cities*, London: Earthscan

Saunders, P (1990), *Owner occupation*, London: Unwin Hyman

Savills, FPD Savills International Property Consultants (1998), *Land use in cities*. Summer edition.

SEEDA (1999), *Building a world class region: an economic strategy for the South East of England*, Guildford: South East England Development Agency

SERPLAN (1999), Regional Planning Guidance for the South East: Report of the Public Examination Panel, draft SERPLAN response (conference, 18 November)

Shiva, V (2000), *Reith Lectures: Respect for the earth*, Lecture 5: Poverty and globalisation, BBC Radio 4.

Simmons, M (2000), *Housing capacity in Greater London*, paper presented at Housing in London conference (27 January)

Smart Growth Library (1999), 'Clinton-Gore livability agenda: building livable communities for the 21st century', press release (8 September)

Social Exclusion Unit (1998a), *Bringing Britain together: a national strategy for neighbourhood renewal*, London: Stationery Office

Social Exclusion Unit (1998b), *Truancy and school exclusion*, London: Stationery Office

Social Exclusion Unit (1999), *Bridging the gap: new opportunities for 16-18 year olds not in education, employment or training*, London: Stationery Office

Social Exclusion Unit (2000a), *National Strategy for Neighbourhood Renewal: Policy Action Team report summaries - a compendium*, London: SEU

Social Exclusion Unit (2000b), *National Strategy for Neighbourhood Renewal: a framework for consultation*, London: Cabinet Office

Sparkes, J (1999), *Schools, education and social exclusion*, CASEpaper 29, London: CASE

Strasbourg, City of (1999), *Trams*, Strasbourg: Mayor's Office

Summers, A, Cheshire, P, and Senn, L (1999), *Urban change in the United States and Western Europe: comparative analysis and policy*, Washington DC: Urban Institute Press

SUSTRANS (2000), *National Cycle Network*, Bristol: SUSTRANS

Swenarton, M (1981), *Homes fit for heroes: the politics and architecture of early state housing in Britain*, London: Heinemann Educational

Taplin, M (1999), *The history of tramways and evolution of light rail*, http://www.lrta.org/mrthistory.html

Teitz, M (1999), 'Urban sprawl: the debate continues', *Inside America*, November

Thomson, D (2000), interview in *Housing*, June

Thomson, F M L (1990), *Cambridge social history of Britain 1750-1950*, Cambridge: Cambridge University Press

Times Atlas of the World (1997), London: HarperCollins

Town and Country Planning (1999), *Town and Country Planning*, vol 68, no 8/9

Travers, T (1998), 'High hopes', *Guardian* (17 June)

Turok, I, and Edge, N (1999), *The jobs gap in Britain's cities: employment loss and labour market consequences*, Bristol: Policy Press

UCAS (1999), Annual Statistical Tables:1998 Entry, Cheltenham: UCAS

UN (1997), Kyoto Protocol to the United Nations Framework Convention on Climate Change (December 11)

UNCHS (1996), *An urbanising world: global report on human settlements*, Oxford: Oxford University Press

UNEP (2000), *Global environment outlook*, London: Earthscan

Urban Splash (1998a), *Lofts: the hard sell*, Smithfield Buildings, Manchester: Urban Splash

Urban Splash (1998b), *No two lofts are the same*, Manchester: Urban Splash

Urban Task Force (1998), Working Group One: Urban attitudes

Urban Task Force (1999a), *Towards an urban renaissance*, executive summary, London: DETR

Urban Task Force (1999b), *Towards an urban renaissance: final report of the Urban Task Force*, London: Stationery Office

Urban Task Force (2000), *Paying for an urban renaissance: The Urban Task Force's submission to the Government's Spending Review*, London: Stationery Office

Urbanisme (1999), 'Le XXe siècle: de la ville a l'urbain - chronique urbanistique et architecturale de 1900', B, 1999

*Virgin Trains (2000), 'Frontline', in *Hotline*, London: Virgin Trains

Walker, J (1999), 'Green walks', *Rambling Today*, Summer, London: Rambler's Association

Walker, L (2000), Evidence presented to the UTF on land reclaimation

Walters, J (2000), 'Safety casts a shadow over rail summit', *Observer* (21 May)

Watanabe, N (2000), *Why Japanese housing does not last*, thesis for MSc Housing (International), London School of Economics

Weaver, M (2000), 'Island wins right to cut VAT on repairs', *Housing Today* (30 March)

Webster, D (1999a), *Employability and jobs: IS there a jobs gap?* Memorandum of evidence submitted to the House of Commons Employment Sub-Committee (October 11)

Webster, D (1999b), 'Targeted local jobs', *New Economy*, vol 6, issue 4, December

Webster, D (1999c), *Unemployment convergence in 1990s Britain: how real?*, forthcoming in Employment Audit (EPI)

Webster, D (1999d), *Corrected ONS unemployment rates for July 1999, unemployment change 1998-1999 and employment change 1997-1998*, Glasgow City Housing (October 5)

Weinstock, M, and Woodgate, S (ed) (2000), *Living in the city*, London: The Architecture Foundation

Wenban-Smith (1999), *Plan, monitor and manage: making it work*, London: CPRE

Wighton, D, and Tucker, E (1999), 'Brussels ruling may hit land regeneration scheme', *Financial Times* (7 October)

Wilcox, S (1999), *Housing finance review*, York: Joseph Rowntree Foundation

Willmot, P (ed) (1994), *Urban trends 2: a decade in Britain's deprived urban areas*, London: Policy Studies Institute

Wilson, WJ (1987), *The truly disadvantaged: the inner city, the underclass, and public policy*, Chicago: University of Chicago Press

Wilson, WJ (1997), *When work disappears: the world of the new urban poor*, New York: Alfred A Knopf

World Bank (2000), *Entering the 21st century: world developments report 1999-2000*, New York: Oxford University Press

Worpole, K (1999), *The value of architecture*, London: RIBA

Wright, P (1992), *A journey through ruins*, London: Flamingo

Zogolovitch, R (1998), Urban Task Force, Working Group One: The density issue (October 23)

索引

CASPARプロジェクト：243-6

アッシュフォード：170
アーバークロンビーの大ロンドン計画：66,68,237
アーバン・タスク・フォース：161,167,184,185,227,231
アフォーダブル住宅：239-47
アムステルダム：13,112,121
イギリスの密度：15,226
イズリントン：238,270
移民：35,141
ウェルウィン田園都市：64
ウィンドフォール：190-1,194
運河：26,178
エジンバラ：93,111,115
エベネザー・ハワード：57,64-9,182
エリアス・トーレス：6-7
オックスフォード
　交通問題：92,111,121
　統合された交通：113,259
オランダの密度：13

開発のインパクト：144-6
拡張都市：66-9
過剰開発と環境：138-48
過剰供給：148-52
家族の変化：37-42
学校
　安全：41-2
　交通：94,102
　選択：44
　緑化：270
ガバナンス：233-5,262-7,275
環境と都市：126-73,213-15
環境問題：234-5,267-75
急速な成長：12-13
行政：233-5,262-7,275
クライストチャーチ：177-8
グラスゴー：16,29,279-81
　「ホームズ・フォー・ザ・フューチャー」：243-6
　公営住宅：80
　鉄道網：115
　都市空間：204
　密度：186,187
グリーンフィールド：179-181,188
グリーンベルト：192-3
クリティバ：13,111,126,129-31,290
　都市再生：129-31
グリニッジ半島：164-5,238
クローリー：170-1
経済と社会的統合：233,234,250-7,275,280-91
経済的・社会的統合：233-4,250-7,275,280-91
ゲイツヘッド：223-5
建築の役割：281-3
建築規制：191
公営住宅：75-84,162,242
公園：259,265,272
交通：13,18
　公共交通：93-5,98-9,103,108-17,123-5
　交通の統合：113,114,129-30,259
　交通と都市：88-125,233

　雇用への影響：106-8,121-3
　渋滞税：106-8,123-5
　主要なテーマ：232-5,257-62,275
　データ：92-101,106-8
郊外
　インフラクストラクチャー：71-2
　可能性：247-50
　資産：69-75
　人口流出：52-8,147-8
　スプロール：71-4,84-7,147-8,157,177-8
公共空間の重要性：19,84-7
高速鉄道：262
国際化：8
コベントガーデン：196
コベントリー：34
コペンハーゲン：13,88
　交通問題：91-2,111,118,121
　公共空間：88,91-2
　都市空間：88,91-2
　ホームゾーン：260-1
ゴミの再利用：131,132-7,272-3
コミュニティの感覚：57,72-3,102-5,153,205,229-30
雇用：30-5,170
　雇用開発：288-91
　交通の影響：106-8,121-3
　雇用のスプロール：163-70
雇用問題：30-5,106-8,121-3,170,288-90
コンパクトシティ：236,281-4
　開発：91-2,125,179-82,186,215
　破壊：52-87

サービス業：12-15,32-5,109,212-15,250-3
産業革命時代のインフラストラクチャー：26-7
産業革命時代の負債：25-8,35
サンフランシスコ：13,102,104-5
私営住宅：27,74-7
シエナの都市空間：205
シェフィールド：34,40
資源の活用：131-4
自転車：92,93,118-23,258-60
自動車：97-8,118-21
自動車道：95-7
市民参加：8,230-5,264,280,288-90
社会
　変化と断片化：21-51
　結びつき：12-13,15-16,179,201,285-90
　衰退：41
　疎外：47-51
　分極化：12-5,33-5,42-51,141,151,223-5
ジャイメ・ラーネル：129-31
ジャカルタ：13
上海：13
住宅需要：169
収入格差：33-5,36
手工業の衰退：31-5
商業：107,166-7,213,249
消費税：159-60
ジョージア朝様式：62-3,84,223
ジョセフ・ロンツリー財団：243-4
人口
　過密：187
　減少：28-31
　データ：141
　変化：152-6

問題：15,18,19,34-5,226
スタンステッド：170
ストラスブール：108,111,118-20,125,258
　　トラム：258
スプロール：27-31,71-4,84-7,146-9,157,177-8
スラムクリアランス：23-5,27,35,55-61,63
世界エネルギー消費：132-3
世帯の変化：37-42,70,152-7
先進国の相互依存：142
密度：17
ゾーニング：192,260

大学：9-12
大気汚染のコントロール：147
建物の再利用：133-5,159-60,228
地域の個性：262-7
地域計画の開発：8
地球温暖化：141,144
地方自治体：9,26,27,233-5,262-7,275
中心市街：195-200
　　計画：200
　　港湾地域：197-9
　　再生：28-9,91-2,174-215,213-15,225-30,280-4
　　衰退：8-9,16-18
　　ネイバーフッド：210-4,237-8
　　貧困：8-9,18,27,29,33-5,50-1
　　文化的資産：16
デザイン：232
　　組織化：231-5
鉄道
　　ネットワーク：26,111-7
　　利点：119
テムズヘッド：161
テラスハウス：59,62-3
田園都市：63-6
東京：13
都市デザイナー：226-30
都市
　　都市の解決法：275
　　環境：127-73,211-15
　　きめ細かさ：177-87
　　空間の改善：204-7
　　交通：89-125,233
　　再利用：194-5
　　秩序：58-62
　　田園との相互依存：170-3
　　美徳：207-15
　　負債：25-8.35
　　未来：1-19,289-90
都市計画：26,27-8,185-6
都市再生：203,194-215
　　その必要性：141-2
都市犯罪：8,15,16,29,42-8,84-7
都市のネイバーフッド：201-4,237-8
土地：231-50,275
　　再利用：132-4,142-62,171-3,233,235-46
　　放棄：169
　　圧力：170-3,233-5
　　土地の銀行：151
土地利用
　　ゾーニング：192
　　解放：228
ドックランド：197-9
徒歩：118-23
トラム：111-13

ニューキャッスル：192,223-6
　　学校：42
　　雇用問題：34
　　スラムクリアランス：55
　　世帯：40
　　統合された交通：113
　　バイカー地区：52,55-6
　　分極化：223-5
　　密度：17
ニュータウン：64-9,159
ニューヨーク
　　移民：35
　　私営住宅：74
　　都市再生：13,195,265-7
ネイバーフッド：57,72,102-6,204,229-30
　　運営：254-7,287
　　再創造：287-91
　　サービス業：253-7
　　社会的再生：253-4
　　問題：231-2
ノッティンガム：34,187
ノッティンヒル：276

バーミンガム：33-4,40,279,281
　　公営住宅：80
　　交通網：112-3,115
　　交通問題：97
　　都市空間：206
　　密度：186,187
バイカー地区：55-6,272
バス：111
パスカル・マラガル：5
パディントンの列車事故：93-5
パラダイス・ロウ：23-5
パリ：13,202
バルセロナ：3-8,204,269
　　オリンピック：5
　　公共空間：2-8
　　都市空間：1-8
バングラデッシュ：15
ビクトリア朝様式：60,62-3
ビルバオ：219-23
　　グッゲンハイム美術館：219-22
フィレンツェの都市空間：240-1
ブラウンフィールド
　　コストと利益：152,154,157-60
　　開発：156-69
　　障壁：160-2
プリマス：34
ブリュッセル：112,187
プレストン：34,193
ヘメル・ヘムステッド：193,237
ベルリン：13,187
ポートランド：13,273
ホーム・ゾーン：260-1

マルティネス・ラペーニャ：6-7
マンチェスター：8-12,15.19,51
　　科学産業：12
　　公営住宅：82
　　公共空間：11
　　雇用問題：29-35
　　社会的再生：253
　　商業：9

衰退：8-9,210
世帯：40
スプロール：178
鉄道：9,12,19,115
トラム：9,113
都市空間：204,206
都市再生：9,13,19,115,201,206-7
ヒューム地区：252
密度：186,187,210
マンチェスター症候群：148-51
マン島：160
密度
　オプション：180-91
　過密さ：187
　計画：187-8
ミドルスブラ：51
ミルトン・キーンズ：170-1
ミレニアム・ドーム：164-5,238
結びついた都市：285-7
メキシコシティ：13
目標設定：8

ジョセフ・ロンツリー財団：243
ヨーク：93,113,121

ラルフ・アースキン：55-6
リーズ：28,34,40
　統合された交通：113
　密度：187

リーダーシップと都市のガバナンス：233-5,266
リスボン：187
リバプール：34,40,51
　交通リンク：115
　密度：186,187
緑化：267-73
リヨン：13,113
歴史的な中心市街：196-7
レスター：33
レッチワース：64
ローマ：13,187,216
ロッチデール：51
ロッテルダム：13
ロンドン
　アーバークロンビー大ロンドン計画：66,68,237
　交通問題：95-7,109-11
　公営住宅：81-3,161
　サウスバンク：197
　社会的分極化：47-51
　住宅資源：190-1
　シティセンター：196-8
　人口：13,28,34-5
　世帯：40
　ブラウンフィールド開発：156-60,164-5
　分極化：47-51
　密度：187,188-91,276
ワイト島：132

著者略歴

リチャード・ロジャース

1933年、イタリア・フィレンツェ生まれ。ロンドンAAスクール、イェール大学にて建築を学ぶ。現在、世界的建築家の一人として知られ、パリのポンピドー・センター、ストラスブールのヨーロッパ人権裁判所、そしてロンドンのロイズ・オブ・ロンドンやミレニアム・ドームなどの作品がある。またテムズ川の再生計画や、フィレンツェのピアナ・ディ・カステッロ、マジョルカ島のパークBIT、そして上海のビジネス地区のマスタープランなども手がけている。

その他の活動として、テート財団そしてアーツ・カウンシルの議長を務めた後、ナショナル・テナンツ・リソース・センターと、建築財団の議長を務め、21世紀のアーバニゼーションに関する国連世界委員会、およびバルセロナの都市戦略諮問委員会のメンバーとしても活動を続けている。1995年にはBBCにおいて「都市 この小さな惑星の」の講義を行い、1998年には副首相によって、政府の緊急都市問題対策本部、アーバン・タスク・フォースの議長に任命され、イギリスの都市と街の再生に取り組むこととなった。最近では、ロンドン市長によって、シティ・アーキテクトにも任命されている。受賞歴としては、RIBAゴールドメダル（1985）、トーマス・ジェファーソン記念財団メダル（1999）があり、2000年には高松宮殿下記念世界文化賞の建築部門の受賞者となっている。また1986年にフランスのレジオン・ドヌール勲章を、1991年にはナイトの爵位を、1996年には一代貴族の爵位を受けている。

アン・パワー

ロンドン大学政治経済学部教授。1965年より、ヨーロッパとアメリカの住宅供給と都市問題の研究をはじめる。1966年、マーティン・ルーサー・キング牧師のシカゴにおけるスラム撲滅キャンペーンに参加し、イギリスに帰国後、イズリントンのコミュニティ改善プログラムに関わる。1979年から1989年の間は、プライオリティ・エステーツ・プロジェクト（PEP）の設立に尽力し、イングランドとウェールズの地方政府とともに、荒廃した集合住宅の再生に関わった。1991年、彼女はナショナル・テナンツ・リソース・センターの創始者となり、チェスターのトラフォード・ホールにおいて、低所得者の職業訓練のプログラムを実践した。住民参加の促進と再生への功績が認められ、2000年6月、大英帝国勲章を受章している。

アン・パワーはアーバン・タスク・フォースのメンバーであり、政府の住宅政策の代弁者でもある。著書には『Estates on the Edge』（1999）、『The Slow Death of Great Cities?』（1999）、『Dangerous Disorder』（1997、キャサリン・マンフォードと共著）、『Swimming against the Tide』（1995、レベッカ・タンストールと共著）、『Hovels to High Rise』（1993）、『Property Before People』（1987）などがある。

訳者解説／桑田 仁

本書を理解するうえで役に立つと思われるキーワードと、参考文献を解説しよう。都市論の用語だけでなくサステナビリテイに関する用語まで広がっているが、これは本書の包括する範囲の幅広さを物語っているといえよう。

ブラウンフィールド／グリーンフィールド

ブラウンフィールドとは、特に土壌汚染された・もしくはその危険がある工場跡地を指す場合もあるが、本書ではより広く、一度開発されながら、現在は低未利用地となっている土地を指している。一方グリーンフィールドとは、これまで開発されたことのない土地を指している。人口の保全に向けて、今後の住宅世帯数増加に伴って必要とされる新規住宅開発のうち、60%をブラウンフィールド内で行うことを英国政府は決定していることが、本書で述べられている。

ネイバーフッド

「近隣」、「近隣地区」、「近隣界隈」、はては「ご近所」など、これまでさまざまな訳語があてられている。しかしながらいずれも一長一短があり、無条件にしっくりくる語はない。意味としては、徒歩圏内程度の広がりを持つ、領域性の高い地区といったところである。物理的側面、および社会的側面の両面での同質性が感じられる空間的・心理的な広がりである。「近隣」、「近隣地区」、「近隣界隈」といった訳語は地区の広がりに関する物理的側面に重きを置いており、一方「ご近所」は地区の社会的同質性により注目しているといえよう。

ウィンドフォール敷地

「ウィンドフォール」を直訳すれば「予期しない収穫・たなぼた」である。ウィンドフォール敷地とは、開発される可能性を持っているが、それがいつ生じるかがからないために、行政が公式の開発計画を割り当てていない敷地を指している。たとえば工場敷地が該当する。すなわち、移転した後は住宅地の開発が可能であるが、いつ発生するかわからない移転を前提として、行政がそこを住宅開発用地として計算に入れることができない。これに対してロジャースは、ブラウンフィールド内の開発の推進を実現するためには、こういった土地が活用される仕組みが必要であり、そのためには現在のイギリスにおける土地利用制限が厳しすぎると述べている。日本でも、都市内の密度を上げる方策はほとんど無いに等しいが、それが土地利用制限のゆるさに起因していることと対照的である。

テラスハウス

3戸建て以上の連続住宅を指し、ロジャースもコンパクトな居住形式として高く評価している。しかしながら日本では、階級に応じたテラスハウスのタイプや、その間取りについての解説といった、テラスハウスの立体的な解説はあまり見受けられない。そのようななか、文献2は非常に参考となる。たとえば貴族から労働者まで、7段階の階級それぞれに応じたテラスハウスのタイプの紹介や、これだけバリエーションがあるにもかかわらず間取りはほとんど共通であることなどが分かりやすく解説され、興味深い。図版やイラストも豊富で楽しめる。

コンパクト／コンパクトシティ

本書では、都市に対する肯定的な評価を与える形容詞として、コンパクトが多用されている。そして、コンパクトシティを今後の望ましい都市形態のあり方として捉えている。すなわち、都市をコンパクトにデザインすることにより持続可能性を高め、徒歩による移動を可能にし、市民のコミュニケーション機会を増大させることができると強調されている。加えて、「コンパクトシティ」というフレーズそのものに、なにかしら魅力的な言葉がある事実だろう。しかしながら、コンパクトシティに関する議論が90年代に盛んに行われた欧米では、肯定論だけでなく、懐疑論・否定論も同時に主張されており、かならずしも評価が定まっているわけではないことにも触れておく必要がある。現実の都市が既に拡散してしまっていること、またそもそも低密な都市形態のほうが資源循環やその他からサステナブルではないかといった批判もあることが文献4では紹介されている。いずれにせよ、コンパクトシティに関する都市像に始まり欧米・日本の都市政策に至るまで、包括的な整理がなされている文献4は参考になる。

イギリス都市政策・都市住宅史について

特に本書3章で多く述べられているイギリスの都市史および政策史に関しては、多少の補足があれば、さらなる理解を深める上で役立つだろう。その点から見ると文献5は非常に良い。19世紀末の田園都市思想からはじまり、第一次世界大戦後の保全に向けて「英雄にふさわしい住宅」運動による住宅建設、第二次世界大戦後のニュータウン政策を経て、高層住宅の否定と低層モデルの追及（1960-70年代）、ペリメーターハウジング理論の実践（1970年代）、そして80年代以降の持ち家政策と団地再生からアーバンヴィレッジまで、簡潔ながら実に要領よく紹介されている。

イギリスの都市再生戦略について

80年代以降、イギリスにおける規制緩和の流れとそれに対する評価については、文献6に詳しい。ドックランズ開発で有名になった都市開発公社、エンタープライズゾーンなどの手法・仕組みを整理するとともに、特に近年における都市再生プログラムについて、事例を通じて検証している。ロンドン以外の情報は日本ではきわめて少ないなか、18の地方都市を紹介しており貴重である。

望ましい都市像の実現に向けて

近年のイギリスおよびECにおける、望ましい都市像の実現に向けた具体的な動きについて取り上げよう。

アーバンビレッジ

コンパクトシティに関して肯定論だけではないことを述べたが、それでもイギリスにおいては、中央政府と地方自治体の、両側からのコンパクトな都市形態の実現に向けて、政策的なアプローチが進行しているといってよいだろう。その具体的な都市形態の1つが、「アーバンビレッジ」であり、その名を冠した中・広域の地区開発が各都市で行われている。代表的な例としては、ロンドン・グリニッジ半島のラルフ・アースキンによるミレニアム・ビレッジなどが挙げられる。

サステナブルシティ

ここでイギリスからより広く目を向け、EUにおける取り組みを見てみよう。都市化の進んだヨーロッパでは、環境問題の解決に向けて都市の果たす役割が大きいことがECでは早くから認識されていたことが文献7から分かる。この中でEUにおけるサステナブル都市プロジェクトの2大成果として、持続可能な都市についての包括的な研究・実践成果をまとめた「サステナブル都市最終報告書」、および持続可能性を目指す都市のネットワークづくりを支援する「ヨーロッパサステナブル都市キャンペーン」が紹介されている。さらに国境を越えた都市連携、および都市と周辺の緑地を含むリージョンを単位として持続可能性に取り組むシティ・リージョンへの動きについても言及されており、きわめて興味深い。

参考文献

1) ジェーン・ジェイコブズ「アメリカ大都市の死と生」、鹿島出版会（1977）
2) 川井俊弘「イギリスの住まいとガーデン」、TOTO出版（2003）
3) WWF（世界自然保護基金） LIVING PLANET REPORT 2002（生きている地球レポート2002）
4) 海道清信「コンパクトシティ」、学芸出版社（2001）
5) イアン・カフーン「イギリス集合住宅の20世紀」、鹿島出版会（2000）
6) イギリス都市拠点事業研究会「検証 イギリスの都市再生戦略─都市開発公社とエンタープライズ・ゾーン」風土社（1997）
7) 岡部明子「サステナブルシティ」学芸出版社（2003）

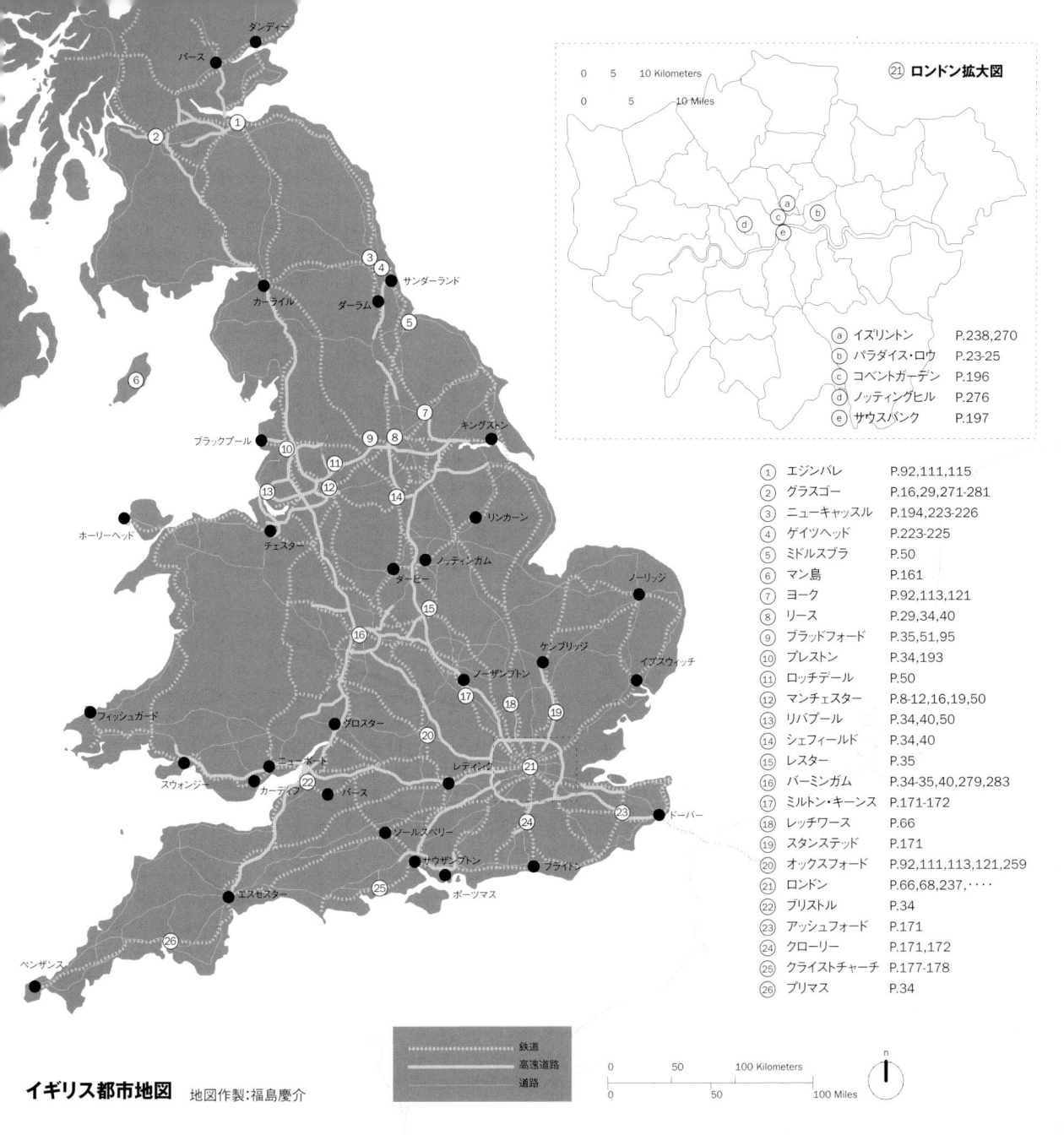

イギリス都市地図

地図作製：福島慶介

㉑ ロンドン拡大図

- ⓐ イズリントン　P.238,270
- ⓑ パラダイス・ロウ　P.23-25
- ⓒ コベントガーデン　P.196
- ⓓ ノッティングヒル　P.276
- ⓔ サウスバンク　P.197

① エジンバレ　P.92,111,115
② グラスゴー　P.16,29,271-281
③ ニューキャッスル　P.194,223-226
④ ゲイツヘッド　P.223-225
⑤ ミドルスブラ　P.50
⑥ マン島　P.161
⑦ ヨーク　P.92,113,121
⑧ リーズ　P.29,34,40
⑨ ブラッドフォード　P.35,51,95
⑩ プレストン　P.34,193
⑪ ロッチデール　P.50
⑫ マンチェスター　P.8-12,16,19,50
⑬ リバプール　P.34,40,50
⑭ シェフィールド　P.34,40
⑮ レスター　P.35
⑯ バーミンガム　P.34-35,40,279,283
⑰ ミルトン・キーンズ　P.171-172
⑱ レッチワース　P.66
⑲ スタンステッド　P.171
⑳ オックスフォード　P.92,111,113,121,259
㉑ ロンドン　P.66,68,237,‥‥
㉒ ブリストル　P.34
㉓ アッシュフォード　P.171
㉔ クローリー　P.171,172
㉕ クライストチャーチ　P.177-178
㉖ プリマス　P.34

凡例：鉄道／高速道路／通路

地図上の都市：ダンディー、パース、エジンバレ、グラスゴー、カーライル、ダーラム、サンダーランド、ニューキャッスル、ゲイツヘッド、ミドルスブラ、ブラックプール、マン島、ホーリーヘッド、キングストン、プレストン、ロッチデール、リーズ、ヨーク、ブラッドフォード、マンチェスター、リバプール、シェフィールド、チェスター、リンカーン、ノッティンガム、ダービー、ノーリッジ、レスター、バーミンガム、ノーザンプトン、ケンブリッジ、イプスウィッチ、フィッシュガード、グロスター、ミルトン・キーンズ、レッチワース、スタンステッド、オックスフォード、スウォンジー、ニューポート、カーディフ、バース、レディング、ロンドン、ドーバー、ソールズベリー、サウザンプトン、ブライトン、ポーツマス、エクセター、クライストチャーチ、ペンザンス、プリマス

訳者あとがき

2003年の夏、ノーザンプトンという人口10万人のイギリスの小都市に不意に立ち寄ったときのことである。公営駐車場に車を停め、良く晴れた午後の日差しのなかを歩いていくと、只ならぬ数の人で街が溢れているのに気付かされた。平日の午後だというのに、若者も、子供も、老人も買い物にいそしみ、街路脇のカフェで話を弾ませたり、木陰で本を読んだりしている。広場の一角を占めるマーケットは店じまいの最中であったが、商いの余韻は残り、都市と人々の生活が繋がっていることが、殆ど売り切れとなった果物屋から伺える。一瞬の訪問ではあったが、通りを行き交う人々の表情から読み取れることがある。それは、彼らは都市が好きだということである。

数時間ほど歩いてみれば、この小都市のあちこちで、人々が集まったり、腰掛けたり、遊んでいるのを見ることができる。皆が思い思いに居場所を見つけ、また都市も、それぞれが豊かな時間を過ごせるようにデザインされている。たとえば教会の脇には若い夫婦が乳母車とともに休んでいたが、それは街のバリアフリー化が徹底されてはじめて可能になることである。車から降りたわれわれがすぐに都市の構造を把握できたのは、地図を無料で配るツーリスト・インフォメーションがあったからである。そして通りを見てみれば、ワードゥン（監視人）たちが、さりげなく平和な午後をパトロールしているのが見える。空間のデザインとともに、それを機能させる社会的な仕組みがあり、それらが連携してこの小都市の日常を支えていたのだった。

ノーザンプトンに立ち寄ったのは、本書に登場するイギリスの都市再生の事例を見るために、共訳者の桑田仁とレンタカーの旅を続けていたからである。われわれはバーミンガムでは運河沿いのブラウンフィールドの再生を、グラスゴーでは街を縦断するペデストリアン・ゾーンを、ニューキャッスルではリノベーションによる現代美術館を目の当たりにし、イギリスの都市再生の息吹を確かに感じ取っていた。各都市に共通していたのは、中心市街の歩行者への開放、ウォーターフロントを重点開発、産業時代の建物のリノベーションによる新住民の誘致、そして都市運営への市民参加などであった。つまり本書でリチャード・ロジャース氏とアン・パワー氏が紹介している手法は、すでに実践論としてどの都市にも共有されていたのである。

しかし一番驚かされたのは、たまたま立ち寄ったノーザンプトンのような小都市でもこれらの手法が実践され、空間と社会の連携が取られていたことだった。北部のチェスター（人口8万人）においても、スコットランドのダンディー（人口15万人）においても、やはり同様である。つまり都市再生の波はイギリスの端々に行き渡り、一種の社会改革運動のように広く実践されていたのだった。このような印象は、続いてフランスとドイツの小都市を訪れた共訳者の南泰裕と樫原徹によっても裏づけられた。ニーム（人口14万人）、ナンシー（人口10万人）、モンペリエ（人口23万人）やフライブルグ（人口20万人）。ヨーロッパのあちこちの小都市で、中心市街が活気を取り戻

し、人々が都市生活を楽しみつつある。都市を肯定し、その再生をはかる機運が、同時性をもってあらわれていたのである。

読者の方々に是非とも念頭に置いて頂きたいのが、本書がそのような状況から生まれているということである。実は7章の後半でも触れられているのだが、多数の都市を「シティ・リージョン」としてネットワーク化しつつ、都市それぞれの自立性も高めていくという発想は、EUの都市戦略の骨子である。都市再生は大都市だけのものではない。だからこそ、リチャード・ロジャース氏とアン・パワー氏は、都市性の根拠を規模に求めるのではなく、人々の交流の密度や社会的バランス、そして自発的な市民性に見ようとするのである。日本のわれわれにとって本書が提起的であるとしたら、それは何より多数存在する小都市においてではないだろうか。そのようにさまざまな地域で都市が機能し、それが豊かな連関をもってはじめて、われわれの都市再生が可能になるのだと私は思う。

本書の翻訳にあたっては、1、2章と7章の後半を樫原徹が、3章、6章を桑田仁が、4章と7章の前半を南泰裕が、5章と8章を太田浩史が分担し、用語と語調の統一を太田が担当した。ブラウンフィールド／グリーンフィールド、ネイバーフッドの3つの用語については、前書である『都市　この小さな惑星の』においては訳語が存在したが、あまりにも重要な用語であるため、そのままカタカナ表記している。なるべく専門用語は用いず、平易な表現となることに注意を払ったが、それは都市計画や建築の専門家だけではなく、都市の将来に興味を持つ人々すべてに読まれることを想定したからである。

最後に、訳書の上梓にあたってお世話になった方々に感謝をささげたい。野城智也先生には、訳出の計画を後押しして下さっただけでなく、前書『都市　この小さな惑星の』での経験を丁寧に伝えていただいたことに改めてお礼を申し上げたい。ロジャース事務所の蔭山晶久氏には、刊行したての原書をいただき、この計画の扉を開けていただいた。同事務所の内山美之氏にはロンドンから翻訳について重要な示唆をいただいた。鹿島出版会の相川幸二氏には、訳出の苦労にあえぐわれわれを幾度も励ましていただいた。前書との連続性は、氏のご配慮によるものである。

　　　　　　2004年8月　訳者を代表して　太田浩史

訳者略歴

太田浩史 Hirosi Ota
- 1968年　東京都に生まれる
- 1993年　東京大学大学院工学系研究科修士課程修了
- 1993～98年　東京大学生産技術研究所助手・キャンパス計画室助手を兼任
- 2000年～デザイン・ヌーブ共宰
- 2003年～東京大学国際都市再生研究センター特任研究員

樫原徹 Toru Kashihara
- 1972年　兵庫県に生まれる
- 1996年　京都大学工学部建築学科卒業
- 2000年～デザイン・ヌーブ共宰。慶応大学、横浜国立大学非常勤講師
- 2001年　東京大学大学院工学系研究科博士課程中退

桑田仁 Hitoshi Kuwata
- 1968年　埼玉県に生まれる
- 1991年　東京大学工学部都市工学科卒業
- 1995年　東京大学大学院工学系研究科博士課程中退（工学博士）
- ～芝浦工業大学助教授

南泰裕 Yasuhiro Minami
- 1967年　兵庫県に生まれる
- 1991年　京都大学工学部建築学科卒業
- 1997年　東京大学大学院工学系研究科博士課程中退
- ～アトリエ・アンプレックス設立
- 2000年～東京外国語大学非常勤講師
- 2004年～明治大学非常勤講師

都市　この小さな国の

2004年9月30日　発行©

著者	リチャード・ロジャース＋アン・パワー
訳者	太田浩史＋樫原 徹＋桑田 仁＋南 泰裕
日本語カバー・デザイン	工藤強勝
本文DTP	しまうまデザイン（高木達樹）
発行者	鹿島光一
発行所	鹿島出版会

〒107-8345 東京都港区赤坂6丁目5番13号
電話03(5561)2550　振替00160-2-180883

印刷	壮光舎印刷
製本	アトラス製本

ISBN4-306-04443-2 C3052　Printed in Japan
無断転載を禁じます。落丁・乱丁本はお取替えいたします。

本書の内容に関するご意見・ご感想は下記までお寄せください。
URL: http://www.kajima-publishing.co.jp
E-mail: info@kajima-publishing.co.jp